BEIHEFTE ZUR
ZEITSCHRIFT FÜR ROMANISCHE PHILOLOGIE

BEGRÜNDET VON GUSTAV GRÖBER
FORTGEFÜHRT VON WALTHER VON WARTBURG
HERAUSGEGEBEN VON KURT BALDINGER

114. HEFT

Manfred Höfler

Untersuchungen zur Tuch- und Stoffbenennung in der französischen Urkundensprache

MAX NIEMEYER VERLAG TÜBINGEN
1967

Untersuchungen zur Tuch- und Stoffbenennung in der französischen Urkundensprache

Vom Ortsnamen zum Appellativum

von
Manfred Höfler

MAX NIEMEYER VERLAG TÜBINGEN
1967

Die vorliegende Arbeit wurde 1965 von der Philosophischen Fakultät
der Universität Heidelberg als Dissertation angenommen

Gedruckt mit Unterstützung der Deutschen Forschungsgemeinschaft

Satz und Druck von Poppe & Neumann, Graph. Betrieb, Konstanz
Einband von Heinr. Koch, Tübingen

Vorwort

Die vorliegende Untersuchung verdankt ihr Entstehen einer Anregung meines verehrten Lehrers, Herrn Prof. Kurt Baldinger, der schon vor Jahren meine Aufmerksamkeit auf das noch weitgehend unerforschte Gebiet der französischen Textilterminologie lenkte. Wertvolle Hinweise steuerte auch Herr Prof. Bodo Müller bei. Ihm und allen meinen akademischen Lehrern sei an dieser Stelle mein aufrichtiger Dank ausgesprochen. Besonders verpflichtet bin ich Herrn Prof. Walther von Wartburg für die Bereitstellung der noch unveröffentlichten Materialien des Französischen Etymologischen Wörterbuchs sowie Herrn Robert Harsch-Niemeyer für die verständnisvolle verlegerische Betreuung. Danken möchte ich auch Frau Gisela Möller-Pantleon für die mühsame Arbeit des Korrekturenlesens.
Vielfältigen Dank schulde ich Herrn Prof. Kurt Baldinger. Er hat mir die umfangreichen Materialien seines in Vorbereitung befindlichen onomasiologischen Wörterbuchs der altgaskognischen Urkundensprache zur Verfügung gestellt und meine Arbeit in die Reihe der von ihm herausgegebenen Beihefte zur Zeitschrift für romanische Philologie aufgenommen. Vor allem aber hat er in mir das Verständnis für linguistische Fragestellungen geweckt, mich stets mit seiner nie versagenden Hilfe begleitet und so das Zustandekommen dieser Arbeit überhaupt erst ermöglicht.

Heidelberg, im Juli 1967 — Manfred Höfler

Inhaltsverzeichnis

Einleitung

Die Textilindustrie ist einer der bedeutendsten Zweige der Wirtschaftsgeschichte des Mittelalters. Inventare und Testamente, Rechnungsbücher und Zolltarife sowie die zahlreichen uns überlieferten Statuten zeugen in gleicher Weise von der besonderen Beachtung, die diesem zentralen Lebensbereich zu allen Zeiten geschenkt wurde. So ist auch die Literatur zu diesem Fragenkomplex reich an Arbeiten kulturgeschichtlicher wie sprachhistorischer Art. Schon früh entwickelte sich in Frankreich und den daran anschließenden Gebieten Flanderns eine Textilindustrie, die sehr rasch über die Grenzen hinaus zu internationaler Bedeutung gelangte. Der grundlegende sprachgeschichtliche Beitrag zur flandrischen Tuchfabrikation ist das dreibändige Werk von Guy de Poerck, *La draperie médiévale en Flandre et en Artois. Technique et terminologie,* Brugge 1951, in dem de Poerck das gesamte fachsprachliche Vokabular der flandrischen Textilindustrie des Mittelalters untersucht, wobei neben dem Altfranzösischen auch das Flämische Berücksichtigung findet. Im Gegensatz dazu beschränkt sich Kurt Zangger in seiner 1945 erschienenen Zürcher Dissertation *Contribution à la terminologie des tissus en ancien français,* Bienne 1945 auf die Behandlung einer Reihe altfranzösischer Stoff- (meist Tuch-)bezeichnungen, wobei er den geographischen Rahmen weiter als de Poerck spannt, indem er neben altfranzösischen und altprovenzalischen Stoffbezeichnungen auch die italienischen, spanischen, deutschen und mittellateinischen Entsprechungen untersucht. Doch abgesehen von der oft recht zufälligen Auswahl der behandelten Termini geht auch seine Darstellung im wesentlichen nicht über eine reich dokumentierte Materialsammlung hinaus[1]. Daneben bestehen zahlreiche vorwiegend etymologisch orientierte kleinere Arbeiten über einzelne Stoffbezeichnungen, von denen vor allem die Untersuchung von Weckerlin zu fr. *écarlate* durch die geschickte Verbindung von Sach- und Wortgeschichte besondere Beachtung verdient[2].

Doch beschränkt sich die mittelalterliche Textilindustrie keineswegs auf die gewiß im Vordergrund stehende Tuchfabrikation Flanderns. Ohne des-

---

1 Cf. auch die Kritik von Carlo Consiglio in RFE 30,171–176. – Nicht eingesehen wurde die noch unveröffentlichte Dissertation von Nanny v. Schulthess-Ulrich, Romanische und orientalische Gewebebezeichnungen, Diss. Zürich 1957.

2 J.-B. Weckerlin, Le drap 'escarlate' au moyen âge. Essai sur l'étymologie et la signification du mot *écarlate* et notes techniques sur la fabrication de ce drap de laine au moyen âge, Lyon 1905.

sen Bedeutung zu erreichen, ist auch Paris ein wichtiges Zentrum der Tuchindustrie und zählt zu den *villes drapantes,* die in der Hanse von London zusammengeschlossen sind[3]. Ein Blick auf die Rôles de la Taille von 1292 und 1300 genügt, um ihre hervorragende Stellung innerhalb der gesamten Industrie und des Handels jener Zeit aufzuzeigen. 1292 finden wir in Paris unter den bedeutendsten Berufsgruppen nicht weniger als 14 *brodeeurs* und *broderesses,* 19 *drapiers* (marchands de draps), 8 *fileresses de soie,* 24 *foulons,* 15 *teinturiers,* 11 *teliers* (tisserands de toiles), 82 *tisserands* und *tisserandes* sowie 20 *tondeurs.* In der Steuerrolle von 1300 erhöhen sich diese Zahlen auf 23 *brodeurs,* 56 *drapiers,* 36 *fileresses de soie,* 83 *foulons,* 33 *teinturiers,* 9 *tisserands de toiles,* 360 *tisserands* und 36 *tondeurs.* Neu hinzu kommen im Jahr 1300 noch 46 *ouvriers* und *ouvrières de soie*[4]. Das gleiche Bild ergibt sich 1313, wo die Textilarbeiter gleichfalls den größten Anteil aller Berufsgruppen stellen[5]. Die *tisserands* und *drapiers* beschränken sich nicht auf die Herstellung der Stoffe, in ihren Händen liegt auch der Handel auf den großen Märkten Europas. So werden Tuche aus Paris im *Dit du Lendit rimé*[6] aus dem 14. Jh. ebenso wie auf den Märkten der Champagne erwähnt[7]. Im Gegensatz dazu ist der Handel mit Seidenstoffen ein Privileg der *merciers.* Nach ihren ersten Statuten aus dem Jahr 1324 scheint ihre Aufgabe zunächst nur im Handel mit Seide und Seidenstoffen zu liegen, doch kommen bald auch Woll- und Baumwollstoffe hinzu, die sie in Paris verkaufen[8]. Während die Tuche zu jener Zeit vorwiegend aus Flandern kamen, wurden die Seidenstoffe vor allem aus Italien und dem Orient importiert[9]. Zum Teil wurde die Seide aber auch in Ballen aus dem Orient geliefert und erst in Frankreich zu Stoffen verarbeitet[10]. Doch konnte sich dieser Zweig der Textilherstellung erst sehr viel später gegen das starke Übergewicht des direkten Imports behaupten.

In der vorliegenden Untersuchung soll nur ein kleiner Ausschnitt aus dem weiten Gebiet der französischen Stoffbezeichnungen[11] dargestellt werden. Bei der Auswahl des zu berücksichtigenden Wortmaterials haben wir uns von folgenden Gesichtspunkten leiten lassen. Zum einen beschränken wir uns ebenso wie Zangger und de Poerck auf nichtliterarische Texte[12], zum

---

[3] FagniezEt 19f.; allerdings fehlt Paris in der Liste der 22 *villes drapières* der Hanse von London aus der Mitte des 13. Jhs., abgedruckt bei FagniezDoc 1,205f.

[4] Nach FagniezEt 7ff.

[5] Ib. 20.

[6] FagniezDoc 2,173ff.

[7] FagniezEt 20.

[8] S. dazu die Statuten der merciers in LespMét 2,232–285.

[9] S. dazu besonders MichEt passim.

[10] S. dazu EBoileau 66ff.; LespMét 2,289ff.

[11] Unter der Bezeichnung 'Stoff' werden im folgenden ausschließlich Gewebe verstanden, während Wirkwaren ebenso wie Spitzen unberücksichtigt bleiben.

[12] Doch werden die uns aus Wörterbüchern und der Sekundärliteratur zugänglichen Belege aus der Literatursprache, soweit sie unserer Fragestellung förderlich sind, stets herangezogen werden. Auf eine systematische Exzerption literarischer Texte wurde jedoch bewußt verzichtet.

andern haben wir uns als zeitliche Grenze die Wende vom 17. zum 18. Jh. gesetzt[13]. Geographisch umfaßt unsere Untersuchung das gesamte französische Sprachgebiet, d. h. Nordfrankreich einschließlich Flandern und Brabant. Daneben wurden, weniger systematisch, Belege aus Südfrankreich und von Fall zu Fall aus den übrigen romanischen Sprachen herangezogen, ohne daß hierfür Vollständigkeit angestrebt wurde.

Da sich im Laufe unserer Untersuchungen das Hauptinteresse auf die Frage der Benennungsmotivation konzentrierte, hat diese Fragestellung zunächst auch bei der Gliederung des gesamten Wortmaterials im Vordergrund gestanden. Die Arbeit sollte damit eine Antwort auf die Frage geben, über welche Möglichkeiten das Französische bis zum 17. Jh. zur Benennung von Stoffen verfügte. Doch zeigte sich bald, daß eine solche Untersuchung weit über den Rahmen der vorliegenden Arbeit hinausgegangen wäre, so daß eine weitere Beschränkung angestrebt werden mußte, die sich in der Folge aus dem bearbeiteten Material anbot. Da der Benennung eines Stoffes nach seiner Herkunft nicht nur der wohl bedeutendste Platz im Rahmen der französischen Stoffbenennung zukommt, die damit verbundene Entwicklung vom Ortsnamen zum Appellativum auch zahlreiche sprachliche Probleme berührt, denen bisher nur wenig Aufmerksamkeit geschenkt wurde, scheint uns eine Beschränkung auf diesen kleinen Bereich innerhalb der französischen Stoffbezeichnungen durchaus gerechtfertigt.

Aus einer ursprünglich onomasiologisch ausgerichteten Arbeit ergab sich somit eine vorwiegend etymologisch-wortgeschichtliche Untersuchung, die zugleich einen Beitrag zur Wortbildungslehre liefern möchte. Daher bleiben auch Entlehnungen aus anderen Sprachen im allgemeinen unberücksichtigt, soweit sie keine eigenständigen Bildungen innerhalb des Französischen neben sich haben. Die zu behandelnden Stoffbezeichnungen werden im folgenden Materialteil regional nach den Orts- bzw. Ländernamen, aus denen sie hervorgegangen sind, gegliedert. Wenn daher auch die etymologischen Fragen im Vordergrund stehen, so soll diese Gliederung doch zugleich einen Einblick in Wesen und Bedeutung der verschiedenen Textilzentren in ihrer Entwicklung vom Mittelalter bis zum Beginn der Neuzeit vermitteln.

[13] Durch den aufblühenden Stoffhandel mit dem Orient und die Neuorientierung nach England einerseits und das Fortschreiten der Industrialisierung im 18. Jh. andererseits hat das uns beschäftigende Vokabular eine grundlegende Umgestaltung erfahren, die uns diese – nicht zu starr gehandhabte – Grenzziehung zu erlauben scheint.

ERSTER TEIL

FRANZÖSISCHE STOFFBEZEICHNUNGEN

Flandern und Niederlande

Eine Vorrangstellung innerhalb der mittelalterlichen Tuchindustrie nehmen die Provinzen Flandern und Brabant ein[1]. So sind auch die Quellen aus diesem Gebiet in besonders reichem Maße überliefert. Vor allem die vierbändige Urkundensammlung von GEORGES ESPINAS und HENRI PIRENNE[2], in der die wichtigsten Dokumente bis zum Ende des 14. Jhs.[3] publiziert sind, soweit sie die Textilindustrie[4] Flanderns betreffen, unterrichten uns über die Bedeutung dieses in voller Blüte stehenden Industriezweigs. Eine Synthese aufgrund dieses Materials liegt vor in der Arbeit von GEORGES ESPINAS, *La draperie dans la Flandre française au moyen-âge,* 2 vol., Paris 1923[5]. Für die Zeit nach 1400 bereitete HENRI-E. DE SAGHER eine entsprechende Edition vor, von der bisher zwei Bände erschienen sind[6]. Einen Überblick über die Geschichte der flandrischen Tuchindustrie gibt E. COORNAERT, *Draperies rurales, draperies urbaines. L'évolution de l'industrie flamande au moyen âge et au XVIe siècle*[7]. Daneben liegen zahlreiche Monographien über die bedeutendsten Industriezentren vor, über die H. VAN WERVEKE in einer bibliographischen Zusammenstellung in Pck 1,21–25 orientiert.

Die Bedeutung Flanderns im Rahmen der Textilindustrie geht weit über den lokalen Charakter hinaus. Schon im 12. und 13. Jh. beherrschen die flandrischen Erzeugnisse den gesamteuropäischen Markt. Tuche aus Gent und Ypern, Douai und Brügge sind auf den Messen der Champagne ebenso be-

---

1 S. dazu DehHist 40, 322f.; Pck 1,7–21.

2 EspPirDoc. Als Ergänzung dazu EspPirAdd.

3 Als zeitliche Grenze nennen die Herausgeber das Jahr des Regierungsantritts Philipps des Kühnen (1384), s. EspPirDoc 1,XIII.

4 Nicht berücksichtigt sind Erwähnungen flandrischer Erzeugnisse in Handlungsbüchern jener Zeit, s. dazu ib. 1,XIV.

5 Zur Geschichte der flandrischen Tuchindustrie s. speziell 1,25–55.

6 SagherDoc. S. dazu die Besprechung von HEKTOR AMMANN in Hansische Geschichtsblätter 72, 1954, 136–138.

7 Rbelge 28, 1950, 59–96.

gehrte Handelsobjekte wie in Paris oder Genua, auf der Iberischen Halbinsel oder im Ostseegebiet[8].

Daß diese industrielle Vorrangstellung nicht ohne sprachliche Auswirkungen blieb, braucht nicht zu überraschen, wenn man bedenkt, daß das sich allmählich zur Schriftsprache herausbildende Zentralfranzösische lange Zeit dem nordostfranzösischen und flämischen Einfluß ausgesetzt war. Dieser Einfluß wird schon sehr früh, d.h. mit dem Einsetzen der volkssprachlichen Urkunden spürbar und führt zum Eindringen mundartlicher Elemente in die französische Schriftsprache. Als Zeugnis dafür seien nur einige Beispiele genannt. Afr. *canon* 'bobine' (1282–1459), FEW 2,201b und fr. *carde* 'outil à carder' (seit 13. Jh.), BlWtbg, die sich schon aufgrund der lautlichen Gestalt als nicht einheimisch erweisen, sind von Flandern aus in die Schriftsprache gelangt. Nicht in gleicher Weise erfolgreich war die regionale Form bei einem anderen Wort aus dem Bereich der Textilterminologie. Neben aflandr. *canevach* 'grosse toile de chanvre' (1281–16. Jh.), *kennevach* (1379–16. Jh.), FEW 2,212a konnte sich im Schriftfranzösischen bis zum Ende des 15. Jhs. lautgerechtes *chenevas*[9] behaupten, ehe sich die Form der flandrischen Textilzentren endgültig durchzusetzen vermochte. Die Form *canevas*, eine Kontamination dieser beiden Typen, die nach FEW 2,214a im 16. Jh. in Paris durchgedrungen ist, läßt sich schon im 14. Jh. in Nordostfrankreich nachweisen, so z.B. 1324 pour LII aunes de *canevas* pour mettre empres le feurre, Mahaut 407; 1326 pour *canevas* et corde a le ensarpillier, DehDoc 269; 1339 Cent platez ... couvertez de *canevas*, R 33,355; 1382 XXII fers de coton et I de *canevas*, R 35,410; schon 1296 De chescun millier de *canevaz*, Bulletin de la Commission Royale d'Histoire 80, 1911, 538. Für Paris wird sie indirekt durch die Ableitung *cannevacier* im 14. Jh. bezeugt: 1396 Quiconques veult estre *cannevacier* à Paris, LespMét 3,66[10], doch wird sie erst im 16. Jh. zur allgemein gebräuchlichen Form.

---

[8] Ammann 11,17. S. noch ib. 12 die Skizze über die Verbreitung der Tuche von Ypern im 12.–14. Jh. Speziell zu Genua s. Reynolds, Doehaerd und FinotGênes, zur Verbreitung in Spanien und Portugal VerlContr.

[9] Daneben auch häufig die Form *chanevas*, für die das FEW keine Belege gibt. So z. B. 1282 napes et *chanevaz* convenables, DocAng 2,262; 1367–70 pour XVI aulnes de *chanevaz*, CptNav 187 (und oft); 1388 grosse toille de *chanevas*, Inv Bourg 2,453; 1389 4 aunes de toille de *chanevaz*, ib. 2,541; 1412 Item pour quatre douzaines de *chanevas*, LabordeDucs 1,89; 1419–20 pour deux aulnes de *chanevas*, ib. 1,176.

[10] FEW 2,212b belegt nur afr. *chanevacier* 'fabricant de grosse toile' (13.–14. Jh.), apr. *canabassier*, nfr. *canevassier* 'marchand de toile' (Mon 1636–Flick 1802). Doch bedeutet schon afr. *chan(n)evacier* 'marchand de toile', so auch bei EBoileau 121f. Ebenso das im FEW nicht verzeichnete Femininum: 1645 Que nulle ne pourra estre reçeue marchande maistresse toillière, lingère, *canevassière* en ceste Ville de Paris, LespMét 3,75. – Die Kollektivablt. *chanevacerie* 'ensemble du linge d'un inventaire', nach FEW l.c. 1352 belegt, findet sich schon 1327 in der Form *chenevacerie*, MaillardCptRoy 2,185, ebenso 1387 *chenevacerie*, Douët NArg 150 und *chanevacerie*, ib. 153.

Neben diesen dialektalen Elementen hat auch das benachbarte germanische Idiom, das Niederländische, wesentlich zur Herausbildung der französischen Textilterminologie beigetragen. In diesem Zusammenhang sind nicht nur vereinzelte Grenzentlehnungen wie alütt. *gerardrie* 'appareillage du drap' (1344), FEW 16,31a (< mndl. *gereiderie*) oder apik. *laine mecter yeke* 'laine pourvue encore du suint' (St-Omer 1281), FEW 16,279a[11] (< mndl. *wolle metter ieken*) zu erwähnen, auch so bedeutende Termini wie *nope, noper*[12] oder *fauder*[13] gehen auf mndl. Ursprung zurück.

So verwundert es kaum, daß auch zahlreiche Ortsnamen der Gebiete um Flandern als Herkunftsbestimmung von Stoffbezeichnungen auftreten[14]. Dabei fällt allerdings auf, daß im Französischen, im Gegensatz zum Provenzalischen und den anderen romanischen Sprachen, die Ortsnamen nur selten zu Appellativa wurden, wohingegen der periphrastische Typus *drap de* + ON überaus geläufig ist.

Als einziges Beispiel der Verwendung eines Ortsnamens als Tuchbezeichnung im Französischen ist hier die Stadt Brüssel zu nennen.

broisselle m., **brucelle** f.

'sorte de drap fin' < (*drap, écarlate* etc. *de*) *Bruxelles*[15]; 1373–1429[16]. – FEW 1,579b; BarbProc 2,396; VidosNoms 172–174.

> 1373 pour une cote hardie et un mantel qui seront fourrez de gris, X aulnes de *broisselle* marbré en graine, MandCh 508; 1397 Quatre aulnes de *Brusselles,* et deux estrenes d'autre drap, VidosNoms 172 n2; 1429 pour deux aulnes de fine *Brucelle* vermeille dont fut faicte la dicte robe, LabordeDucs 3,310.

In Verbindung mit einer Stoffbezeichnung tritt der Ortsname seit dem 13. Jh. auf, VidosNoms 172ff.; cf. noch ca. 1296 Le petit *drap de Bresselles,* Douët Tarif 219; 1299 *drap de broiselles,* CptJoyAngl 520; im 14. Jh. dann besonders häufig, während im darauffolgenden Jahrhundert die Belege selten werden.

> 1304–5 pour II *dras de Bourseles,* DehDoc 160; 1317 *marbré de Broisselles,* MaillardCptRoy 2,161 (ebenso 1327, ib. 2,182); 1327 *pers de Broisselles,* ib. 2,183; 1328 *marbriés de Bruxelles* et de Louvain, DehDoc 278; 1367–70 *demi gris neif de Broisselles,* CptNav 176; *drap sanguin lonc de Broisselles,* ibid.; *pers de Broisselles,* ib. 177; 1370–71 *draps de*

---

[11] Ebenso Ende 13. Jh. (Ypern) Item, nus marchans de fileit puet son fileit porter au marchiet a toute le *yeke,* Pck 2,223.

[12] S. dazu FEW 16,601b.

[13] S. dazu FEW 3,383f.

[14] Cf. auch afr. *drap flamenc* 'sorte d'étoffe de Flandre' sowie elliptisch afrb. *flamein* 'id.', FEW 3,599a.

[15] Zu den verschiedenen Namensformen im Alt- und Mittelfranzösischen s. die Belege weiter unten.

[16] Nach FEW hap. 1429.

Brocelles, DehDoc 501; 1376 *drap de Broussełle,* ib. 537; 1377 pour deux *draps* et demi *de Brusselles,* MandCh 697; *drap de Broisselle,* ib. 746; 1387 *drap fin blanc de Bruxelles ... escarlate vermeille de Brucelles ... escarlate rosée de Brucelles,* DouëtNArg 120 (und oft); 1394 *drap mabre rouget de Brucelles,* TestParis 36; 1405 une piechette de *drap de Brouxelles,* DehDoc 891; Une *escarlatte de Bruxelles vermeille* entiere, ib. 901; ebenso in mlt. Texten 1349 vestem meam de *acoley de Brusselle,* forratam minutis variis ... bonam robam meam de *mabrello de Brusselle,* TestOffBes 1,391; 1403 aut unum alium mantellum de *panno de Brucellis,* TestParis 109; im Alyon. 1321 *quamelin vyolet de Brucella,* LDrapLyon 432; ca. 1323 per I terz de *sorcille de Brucella,* ib. 438.

Wie aus den Belegen hervorgeht, hat die Verkürzung zu einfachem *broisselle, brucelle* im Französischen nur vereinzelt stattgefunden, ohne daß sich in allen Fällen mit Sicherheit nachweisen ließe, daß tatsächlich ein Appellativum vorliegt (cf. den Beleg von 1397).

Nfr. *bruxelle* 'tapisserie faite à Bruxelles' nach FEW l.c. seit Trév 1743 bezeugt, läßt sich schon bei Rich 1680 nachweisen[17]. Cf. auch schon 1664 *Tapisseries* vieilles et neuues *d'*Anuers et *Bruxelles,* Tarif 95.

Drei weitere Ortsnamen Flanderns und des Artois leben nur in Südfrankreich und den anderen romanischen Sprachen als Stoffbezeichnungen weiter, während sie im Französischen diese Entwicklung nicht mitgemacht haben.

apr. **bruges**[18]

'sorte de drap' < (*drap de*) *Bruges;* Narbonne, hap. 13. Jh., FEW 1,560b. – VidosNoms 170–172; VidosEmprunt 241ff.

13. Jh. Raz, e *Bruges,* e barracans, e estansfortz de Sant Omier, Fagniez Doc 1,330.

Ebenso asp. *brujas* (13. Jh.), pg. *brugia* (schon 1253 in einem mlt. Text; cf. noch 1461 *brujes*), Maçãs 204; Machado 143f.; Vidos l.c.

Zu den bei Vidos angeführten Belegen von *Bruges* als Ursprungsort von Tuchen adde ca. 1296 Les royés et les plains *draps de Bruges,* DouëtTarif 220; auf der Pyrenäenhalbinsel schon 2. Hälfte 11. Jh. De *trapo brugeso* et de scarlata, LacarraArancel 35; im Mlt. Genuas 1298 ballas quinque *pannorum virgatorum de Bruges* et de Guanto, Doehaerd 3,863.

---

[17] »Il y a d'autres tapisseries qu'on apelle tapisseries de Flandre et de ces tapisseries les unes se nomment *Brusselles* et elles sont fort fines et les autres *Oudenardes* et *Anvers*«, Rich 1680 s.v. *tapisserie.* – Dieser Beleg korrigiert gleichzeitig FEW 7,445a *(Oudenarde)* und ergänzt FEW 1,102b *(Anvers),* wo diese Form nicht verzeichnet ist. Zu fr. *oudenarde* s. jetzt auch B. E. Vidos, Prestito, espansione e migrazione dei termini tecnici nelle lingue romanze e non romanze, Firenze 1965, 197f.

[18] Aus dem Beleg geht kein Genus hervor. Ist kein Genus zu ermitteln, so wird dies im folgenden nicht besonders gekennzeichnet.

apr. raz

'sorte de drap' < *Raz* (fr. *Arras*); Narbonne, hap. 13. Jh.

> 13. Jh. *Raz*, e Bruges, e barracans, e estansfortz de Sant Omier, e sayas, e ychartres, e draps de Rens, per cascuna pessa, deu hom donar a corratier III deniers. – Draps de color e blanx de Fransa, e estamforz de Arraz e de Paris, et estamforz pelos, VI deniers narbones la pessa, FagniezDoc 1,330.

Die apr. Form *raz* ist sicher zu trennen von fr. *ras* 'nom donné à plusieurs étoffes croisées, dont le poil ne paraît point' (< lt. RASUS), das erst seit ca. 1570 belegt ist, weshalb FEW 10,104a n18 den oben zitierten Beleg als „vielleicht verlesen" betrachtet. Auf eine mögliche Herleitung aus dem Ortsnamen *Arras* geht von Wartburg nicht ein, nachdem er im Artikel *Arras* geschrieben hatte: „Die im mittelalter berühmte stoffindustrie dieser stadt hat ihren namen als bezeichnung von tüchern in fast alle länder Europas getragen: it. *arazzo* 'ein tapetenstoff', pg. *arrás*, mhd. *arras* 'leichter wollstoff' engl. *arras*, ndl. *ras*, nhd. *rasch*, schweiz. tirol. *rass*. In Frankreich selber ist von einer solchen benennung keine spur zu finden. Vgl. aber RASUS", FEW 1,144a[19].

Doch weist der folgende mlt. Beleg aus Portugal deutlich auf den Ortsnamen *Arras* bzw. eine verkürzte apr. Form *Raz* als Ausgangspunkt der Form aus Narbonne.

> 1253 Et cobitus de meliori bifa ualeat unam libram. Et cobitus de meliori branqueta de Camina ualeat unam libram. Et cobitus de bono panno de Abouuila ualeat unam libram. Et cobitus de meliori uiado de Lila aut de Ipli esforciato ualeat unam libram. Et cobitus de meliori brugia fraldada aut de meliori stanforte de Brugiis ualeat quindecim solidos. Et cobitus de aliis brugiis ualeat quatordecim solidos. Et cobitus de Sancto Omer ualeat tredecim solidos. Et cobitus de sargia ualeat tredecim solidos. Et cobitus de pruys[20] ualeat tredecim solidos. Et cobitus de prumas de Normandia et de Roan et de Chartes et de Rocete ualeat tredecim solidos. Et cobitus de *arraiz*[21] ualeat undecim solidos ... Et cobitus de barragam ualeat octo solidos. Et cobitus de chartes ualeat decem solidos, Rolin 35.

Wir haben hier im wesentlichen die gleichen Stoffbezeichnungen, die auch in dem Dokument aus Narbonne auftreten, so daß an einem Zusammenhang von apr. *raz* (oder eher *Raz*?) und dem Ortsnamen *Arras* kaum zu zweifeln ist[22]. Ebenso im Asp. 1268 la vara del mejor *panno de Ras* seys sueldos e

---

[19] FEW 10,104a n18 wird d. *rasch* ebenso wie e. *rash* als Entlehnung aus ndl. *ras* und dieses aus fr. *ras* (< lt. RASUS) betrachtet. Anders KlugeM s.v. *Rasch*.

[20] = Provins.

[21] Zu apg. *arraiz* s. auch Machado 141; zu apg. *panos d'arrazes* s. jetzt auch Mettmann, Z 82, 1966, 314f.

[22] Cf. noch den folgenden Beleg von ca. 1296, wo mit *biffe* und den beiden Ortsnamen *Provins* und *Arraz* drei Bezeichnungen aus dem pg. Dokument wiederkehren: Item les draps plains de *Provins*, XVIIId. – Les *biffes* royées dudit lieu, XIId. – Les petiz royés et les bloerez d'icelle ville, VId. – Chaalons, XVIIId. – *Arraz*, XVIIId., DouëtTarif 219.

medio de dineros alfonsis; de Brujas la vara del mejor siete sueldos, Rolin 31, das PoerckCongr 526 zu Recht zum Ortsnamen *Arras* (bzw. sp. *Raz, Arraç*) stellt[23].

Abgesehen von dem völlig vereinzelten apr. Beleg aus Narbonne hat der Ortsname *Arras* in Frankreich keine Spuren als Stoffbezeichnung hinterlassen. Dagegen finden sich im 15. und 16. Jh. in der französischen Schweiz (Freiburg) die Formen *arras* (1450; 1552), *erras* (1450) in der Bedeutung 'sorte d'étoffe, servant à confectionner des vêtements' (GPSR s.v. *arras*), die in enger Beziehung zu den gleichbedeutenden Formen *Arras, Arrass, Ariss* in der deutschen Schweiz stehen; s. dazu SchwId 1,386 sowie hier n23.

adauph. ***melinas**[24]*

'sorte de drap' < (*drap de*) *Melinas, Malinas* (fr. *Malines*); Valence (Drôme), 1429, FEW 6,109a n1.

1429 II capucia quorum unum est de *melinar* rubeum et aliud est de percico, InvJTourn 465.

Das Wort ist auch im Asp. und Altarag. als *melinas, mellinas* belegt, s. FEW l.c.; Zangg 10; für das Kat. gibt Alcover nur die periphrastische Form *mesclat de Melines* (1307). Als Appellativum findet sich *mellines* 1429 in Perpignan: les altres calses de *mellines* vermelles, ChampFig 4,314.

Als Ursprungsort von Tuchen wird *Malines*[25] seit dem 13. Jh., vor allem aber im 14. und 15. Jh. recht häufig erwähnt:

ca. 1296 Douay. Tous draps de Douay, III s. – ... Louvaing, II s. – *Malines*, II s. – Cambray, XVIII d., DouëtTarif 219; 1302 *drap meilé de Maalines*, DehDoc 142; 1325–26 *dras de Maslinnes*, ib. 267; 1327 *marbré de Malines*, MaillardCptRoy 2,171; *escarlate de Malines*, ib. 2,174; 1367–70 *iraigne de Maalines*, CptNav 176; 1387 *iraingne de Malines*, DouëtNArg 239; *drap pers de Malines*, ib. 244; 1390 *drap de Malines*, Laborde

---

[23] De Poerck l.c. erwähnt noch akat. *ras* (12. Jh.) sowie die volle Form mit anlautendem *ar-* in deutschen Urkunden aus Straßburg und Zürich. Cf. auch 1451–53 (St. Gallen) Item Hansen von Cappel CCLV guldin by tůch, *araß* und andern dingen, Peyer 1,140; 1511 Item ain gantz barchat oder *arras tuch*, ib. 1,466; allen satin, allen *Arras*, ib. 1,468; sowie Fritz Renken, Der Handel der Königsberger Großschäfferei des Deutschen Ordens mit Flandern um 1400, Weimar 1937,111. Ebenso im Mlt. Genuas 1200 *aracios* III, Doehaerd 2,4; 1203 pecias IIII de *Araço*, ib. 2,79; 1232 pecias tres et medium viridis Claaloni et peciam unam *Aracii*, ib. 2,231.

[24] Im Text steht *melinar*, das v. Wartburg sicher zu Recht in *melinas* verbessert.

[25] Zur Geschichte der Tuchindustrie von Mecheln s. H. Joosen, Recueil de documents relatifs à l'histoire de l'industrie drapière à Malines (des origines à 1384), Bulletin de la Commission Royale d'Histoire 99, 1935; id., De buitenlandsche inrichting van Mechelen's lakenhandel gedurende de middeleeuwen, Handlingen Kring van Oudheidkunde van M. 43, 1938; id., Mecheln's lakenuitvoer in de middeleeuwen, Tijdschrift voor geschiedenis en folklore 5, 1942, zit. nach Ammann 20 n40. – Zu nfr. *malines* f. 'dentelle de prix' (seit Trév 1752) s. FEW 6,109a.

Ducs 3,50; 1397–98 *escarlate vermeille de Malines*, ib. 3,153; 1412 *drap de Malines*, ib. 1,41; ebenso mlt. 1349 vestem meam de *mabrello de Mallines*, TestOffBes 1,391; 1402 de *panno scarlatico de Mellinis*, TestParis 85. Im Apr. 1397 (Carpentras) *vert escur de Mallinas*, CptMercGilb 153; im Alyon. 1320–23 *quamelim contrafillé de Malines*, LDrapLyon 431; *megrana de Malines*, ib. 433 (weitere Belege ib. passim). Im Mlt. Genuas 1312 duo *mixeti de Malignes* et duo scarlati, Doehaerd 3,1056; 1342 ballas octo *pannorum de Malinges*, ib. 3,1165. Für das Altarag. s. Tilander, RFE 22,136f.; Pottier, Vox 10,177.

FEW 2,1260a zitiert noch, im Anschluß an Gay, mfr. *courtrai* 'forte toile fabriquée à Courtrai' (1429). Doch ist ein mfr. *courtrai* nie belegt, die von Gay angeführte Stelle entstammt vielmehr einem akat. Dokument aus Perpignan:

1429 Dos robes de velut carmesi, la una de var, l'altra folrata de *cortray* vermell, Gay s. v. *courtrai*[26].

Es ist nicht einzusehen, warum Gay diese Form mit 'forte toile' definiert, die folgenden Belege lassen eher einen Wollstoff vermuten:

1409 (Albi) panni vocati Brussiqui de Verduno et decem palmorum *panni vocati Garansa de Cortray*, RegNotAlbi 76; 1494 (Brügge) changer leurs laines Dangleterre aux *draps de Courtray*, CartConsEsp 172.

Ebenso kat. *contrai* (1479–1599), Alcover[27]; sp. *contrai* 'especie de paño fino' (seit 15. Jh.)[28], Corom; pg. *contra(r)i*[29].

Wohl aus sp. *contrai* entlehnt ist vereinzeltes abearn. *contray*, so 1563 (Pau) Cargue de *contray* d'Espaigne, tres liures tournesis, WGask.

Als Ursprungsort von Leinwandstoffen sind uns für Courtrai erst Belege seit dem 17. Jh. bekannt, so z. B. 1681 Pour chacune piece d'Hollande, demi Hollande, *Toille de* Gand, *Courtray*, Malines[30]; 1777 Pour 18 aunes de *toile de Courtray* pour faire six peignoirs ...; pour 18 aunes de *toile Courtray*, WGask. Daraus dann auch vereinzelt elliptisches *courtray*, so 1786 toiles de cretonne, guibert, *courtray*, frise, hollande, Hav s. v. *guibert*, wo die ursprüngliche Bildung *toile de* + ON jedoch noch deutlich spürbar ist. Im Sp. finden wir im 18. Jh. die Form *Cortracos* 'toiles de Courtrai', LefEsp 43; über deren Verwendung in fr. Texten des 18. Jhs. s. HerbEsp 70.

---

[26] Der gleiche Beleg bei ChampFig 4,314: Dos robes de velut carmesi, la una se var, l'altra folrada de *Cortray* vermell.

[27] Auch Alcover definiert mit 'classe de tela'.

[28] S. noch Pottier, Vox 10,134; InvCabAstr 205, 210; MichEt 1,325.

[29] So z. B. 1522 muytos borcados, veludos, velutados, cetis, damascos pretos e de cores, tafetaes, chamelotes, finas marchas, limistas, graãs, *contraes*, solias, olandas e outros muytos panos de muytas sortes e desvayrados preços, Archivo Historico Portuguez 8, 1910, 402; 1534 It. De *comtray*, dezaseis covados e terça, InvJoão 386.

[30] Ordonnance de Louis XIV, Roy de France et de Navarre, donnée à Versailles, au mois de Juillet 1681, Paris 1714, 59.

Der Name zweier weiterer flandrischer Textilzentren, Gent und Ypern, wurde gleichfalls nur außerhalb der Galloromania zur Bezeichnung von Wollstoffen verwendet. So findet sich im Asp. *gante* (1351, Corom), das sich jedoch nicht gegen die im 13. und 14. Jh. häufig belegten periphrastischen Formen *camelin de Gante, escarlata de Gante* etc.[31] zu behaupten vermochte. Im Französischen findet sich kein Beleg für appellativische Verwendung des Ortsnamens, s. dazu FEW 16,12a; VidosNoms 175f.[32]

Das vom FEW hierhergestellte kat. *gant* 'stoff aus Gent'[33] ebenso wie sp. *gante* 'especie de lienzo crudo' (seit 1739, VidosEmprunt 241; s. noch weiter unten), das Vidos[34] als Verkürzung dieser Fügungen betrachtet, ist dagegen anders zu beurteilen. Neben der chronologischen Diskrepanz zeigt schon die Bedeutung – auch kat. *gant* bedeutet 'tela crua ques fabrica en la ciutat del mateix nom', s. VidosNoms 176 –, daß zwischen den alten und den modernen Formen keine direkte Beziehung besteht[35]. Seit dem 16. Jh. werden Genter Leinenstoffe nach Spanien exportiert. Dies wird bezeugt durch sp. *lienzos de Gante* (16. Jh., VidosNoms 176), aus dem dann das Appellativum nsp. *gante* hervorging. Nach SagherDoc 2,593 ist dieses schon 1662 bezeugt, doch gibt Sagher keinen Beleg[36]. Parallel dazu entstanden ist kat. *gant;* zum Pg. s. Maçãs 205.

Vereinzelt tritt sp. *gante* im Rahmen der regen Handelsbeziehungen auch in fr. Texten auf, so im folgenden Beleg von 1630, der zugleich erlaubt, das Erstdatum des sp. Wortes weiter heraufzurücken:

> 40 pièces d'anascotes de Bruges, deux ballots de Bramantes, un autre ballot de *Gantes* toutes toiles qui soient fines, FrainEsp 16; ebenso 1783 *Gante* crudo se vend la vare, s. dazu HerbEsp 80f.

Während *Ypres* im Französischen ebenfalls nur als Herkunftsbestimmung von Stoffnamen auftritt[37], wird der Ortsname im Spanischen und Katalani-

---

[31] S. dazu VidosNoms 176.

[32] Zu den bei Vidos zitierten Belegen für fr. *roié de Gand, soye* [= *saye*] *de Gand* etc. adde ca. 1296 Tous *draps plains de Gant,* III s., DouëtTarif 219; 1327 Pour 2 *raiez de Gant,* MaillardCptRoy 2,173; 1328 Draps pris chez Guillaume Le Flamenc ... marbriés de Bruxelles et de Louvain, *rayés de Gand,* DehDoc 278; ebenso alyon. 1321 *r*[e]*ya maubré vert de Guam ... reya de Guam,* LDrapLyon 432.

[33] „Das ist ein zeugnis der bedeutung der Genter tuchindustrie", FEW 16,12a.

[34] Ebenso VidosNoms 176.

[35] Auch bei Corom werden diese beiden Bedeutungen nicht geschieden. – Aus den gleichen semantischen Gründen erscheint auch die Zugehörigkeit von venez. *gandzo* 'brokat' (FEW l.c.) zu dieser Wortfamilie zumindest fraglich.

[36] Cf. jedoch 1664 Ghelyck noch jeghenwoordelyck in Spaignien de lynwaeten ghenaemt worden *Gantes,* ten respecte dat die eerst van Ghendt ende van daerontrent syn ghecommen ende vercocht, SagherDoc 2,597.

[37] Cf. die Belege bei VidosNoms 177f. Weitere Belege ca. 1296 Les *plains draps d'Ypre,* DouëtTarif 219; Ende 13. Jh. un couvretoir de *noir drap d'Ypre,* Deh Doc 113; 1405 *escarlatte vermeille d'Yppre* ... Item, I *drap vert d'Yppre,* ib. 901; apr. 1277 (Montsalès, Aveyron) per XIIII aunas de *bruneta d'Ypre,* AlauzierEtQuercy 89; 1368–69 (Albi) *drap d'Ipre,* VidalPrix 70 n2; alyon. 1320–23 *cuverta d'Ipra,* LDrapLyon 435.

schen vereinzelt auch als Appellativum verwendet. So sp. *ypre* 'tissu' (14. Jh.), kat. *ipre* (16. Jh.) neben zahlreichen Belegen für den periphrastischen Typus Stoffname + ON, s. VidosNoms 178f. Zu pg. *ipres, ypres* 'panos de Ypres' s. Machado 185; BolFil 9,123.

Wohl auch hierher gehört fr.

frise f.

'sorte d'étoffe de laine' < (*manteau de*) *Frise* (Friesland); seit 1386; zur Geschichte dieses Wortes s. unseren Beitrag Zur Frage des Genus der aus Ortsnamen entstandenen Appellativa im Französischen, Z 80,433–454, speziell 436ff. (s. dort auch weitere Literatur).

Belege 1386–1394 s. ibid.; 1453 Item, la *frise* destrée blanche, contenant 28 aulnes et demye, JCœur 1,58; 1457 ung lopin de grosse *frize* rouge, ib. 638; 1460–61 une piece de *frixe* tenant 24 alne et 3 quarts, CptMetz 74; 1463 demie aulne de *frise* pour les chapperons, CptDamePar 218; 1482 une robe à us d'omme, d'escarlate, fourré par le bas d'une panne de gris et par le hault de *frise* noire, InvCours 259; 1507 doblé de *frize* perce, DrotMin 14; de *frize* vert, ib. 15; 1510 Une piecze de *frisse* noire. Item de *frisse* blanche, Gdf; 1514 *frize* noyre, InvVal 104; 1517 *frize* de coleur, DrotMin 417; 1538 bougran, *frize*, toille d'argent, CptBâtRoy 2,406[38]; 1542 Draps d'Aumalle, Beauuais, ... fellins et *frises d'Angleterre*, et autres semblables petis draps, Fontanon 2,352; 1544 les *frizes* servans à faire doubleures seulement, Isamb 12,882; 1551–56 draps frizez fins appellez *frize d'Espaigne*, ChambRevGéogr 31,292; *frises* à faire doubleures, ib. 31,374; 1552 doublé de *frize d'Angleterre* ... doublé de *frize* grise, DrotMin 20; 1560 doublé de *frize* noire, ib. 33; 1570 lesdictes *frizes* et doublures, Thierry 2,792; 1571 Pour toutes sortes de *frizes* et draps à doubler, comme reuesches, *frizes d'Angleterre*, Fontanon 1,821; draps, sarges, estamets, *frizes*, felins, carisez et autres sortes, GuitardDrapLang 19; 1573 Draps frizez fins, appellez *frizes d'Espaigne*, NicolayLyon 176; 1582 *Frizes* de Cotton ... *Frizes* seiches d'Estatour ... *Frizes* ordinaires, Fontanon 1,824; La piece de *frize d'Espagne* ou de Flandres, non manufactures d'Angleterre, ib. 2,393; 1584 forré de velours et de grosse *frisse* estret d'entree, Hermite 62; 1585 doublée de *frise* violet, DrotMin 77; 1610 brocatels, *frises*[39] *sur frises* et aultres estoffes de grand drap, FagniezInd 302; 1613 fustaines, doubleures, *frises*, revesches, LespMét 2,272; 1614 La *frise* de laine d'Espagne et de Languedoc sera autant et plus salubre que la panne de soye, la pluche et les velours qu'il faut faire venir des pays estrangers, AdvisLuxe 440; 1624 Trante huict aulnez *frize* noir

[38] Vom Hg. in den Rectifications et additions (ib. 2,425) in *bougran frizé* geändert, was nicht nötig ist. Ebenso 1533 *bougran frizé*, ib. 2,225; 1537 Dix aulnes *frizé* pour doubler lesd. cottes, ib. 2,398, wo sicher auch *frize* zu lesen ist.

[39] Lies *frisés*. So auch bei Rabelais, s. MichEt 2,467.

fine *d'Espaigne* double ranforcé, Roy 95 (s. noch ib. 117, 166); 1640 *Frises,* frisons d'Espagne, d'Holande, d'Angleterre et autres lieux, blanches ou taintes, Tarif 21; ebenso 1664, Tarif 17,63; 1669 Quelques-uns desdits Espagnols ont aussy d'autres manufactures d'estoffes de laines, comme cazes, *frizes* et estamines. L'Angleterre aussy en fournit beaucoup; quoyqu' aussy de France viennent *frizes,* elles ne sont si propres ni à si bon marché comme celles d'Angleterre, CorrLouis 3,436.

Wie aus den zitierten Belegen hervorgeht, wird der Stoff seit dem 16. Jh. vor allem aus Spanien[40] und England importiert. Zum Import aus England s. noch BoissRHist 135,18; Tanguy 29[41]; EstèbeToul 192; Trocmé 132.

Aus dem von *frise* abgeleiteten Verb *friser* (seit 1448, BlWtbg) entstand im 15. Jh. *drap frisé,* das nur vereinzelt zu *frisé* m. 'étoffe à poil frisé' verkürzt wurde. So vielleicht 1453 *Frisé* tanné de Castelloigne. Une pièce tenant 3 aulnes tiers, JCœur 69[42]. Weiterhin 1477–78, MollatNorm 162; 1545 *frisé* rouge de Flandre, DoucetLaran 86; 1561 *frisé* noir de Paris, ibid., jedoch alle ohne Beleg. Im Gegensatz dazu ist it. *frisato* 'specie di panno ordinario di lana' (seit 17. Jh., BattAl)[43], das vielleicht nach fr. *(drap) frisé* gebildet wurde, recht lebensfähig[44].

Nicht mit Sicherheit bestimmen läßt sich die Entstehung von fr.

frison m.

'espèce de drap de laine'. Aus dem bisherigen Erstbeleg von 1474 (Gdf) geht die Bedeutung von *frison* nicht eindeutig hervor. Gay und im Anschluß daran FEW 3,795a definieren mit 'fourrure d'agneau crépu'. Sicher liegt nicht die von DG und Gam angenommene Bedeutung 'étoffe de laine' vor. Als Stoffbezeichnung läßt sich *frison* erstmals im Altgaskognischen 1442 in Bordeaux nachweisen: Item, una perpunta de pauca balor, un blanquet de *frison,* WGask[45]. Dann auch 1607 im Regionalfr. von Bordeaux: dix aulnes de *frizon* noir, ibid. (s. auch Hav); im Fr. erstmals 1582 Frizes blanches appellees de cotton ... Ferlins ... *Frizon* contenant chacune piece depuis douze iusques à quatorze aulnes, Fontanon 2,394; ebenso 1640 Frises,

[40] Sp. *frisa* schon 1220–1250, CoromBr. Im Mlt. Portugals 1253 Et cobitus de *frisa* ualeat octo solidos, Rolin 35; s. noch Maçãs 205; Machado 148.

[41] Besonders berühmt sind die *frises de Bristol,* so auch 1582 *Frizes* que l'on appelle *de Bristo,* Fontanon 2,394; cf. noch ca. 1585 Item, for Burdows in gaskoine, blacke *Bristowe frizes* and medleye fryses, ReadTrade 521.

[42] Oder ist hier in *frise tannée* zu verbessern?

[43] So z. B. 1605 Una veste longa di panno mischio verde, guarnita con passamano et allamari di seta verde, fodrata di *frisato* verde, vecchia, InvMon 33.

[44] Im Gegensatz zu den fr. und it. Formen bezeichnet sp. *frisado* (seit 1605, Alonso Enc) einen Seidenstoff. Cf. schon 1497 arag. *frisado,* das Pottier, Vox 10,157 als 'étoffe de soie ondulée' erklärt.

[45] Ebenso zu Beginn des 16. Jhs. häufig in Bayonne, s. die Belege hier 58 s.v. *mostiervilleir.*

frisons d'Espaigne, d'Holande, d'Angleterre et autres lieux, blanches ou taintes, Tarif 21; 1664 Draps petits pour doubleures d'Aumalle ..., *frisons*, droguet de laine, *frizons*, frizes d'Angleterre et autres semblables petits draps, Tarif 17 (s. auch ib. 63).

Wie die *frise* wird auch der *frison* genannte Stoff meist aus England importiert; s. noch Trocmé 132, wo zu Beginn des 17. Jhs. englische *frisons* in La Rochelle erwähnt werden.

BlWtbg und FEW l.c. betrachten *frison*, sicher zu Unrecht, als Ablt. vom Verb *friser;* mehr Wahrscheinlichkeit hat die Erklärung Gamillschegs[46], der in *frison* eine Diminutivablt. von *frise* 'étoffe de laine' sieht. Nicht völlig ausgeschlossen ist auch Bildung aus **drap frison*, cf. kat. *frisó, frison* 'espèce de gros drap' (seit 1393, Alcover) < *drap frisó*, s. VidosNoms 166f.

Daneben findet sich vereinzelt die im FEW nicht verzeichnete Ablt.

frizaille

'étoffe de laine', hap. 1582.

> 1582 De la piece de Felin, doublures et *frizailles*, de quelque couleur qu'ils soient, douze den., Fontanon 2,426.

Eine weitere Ablt. von *frise* 'étoffe de laine'[47] liegt vor im Diminutivum

frisette f.

'étoffe mi-partie laine et coton', nach FEW 3,806a SavBr 1730-Littré. Das Wort ist schon 1566 bezeugt, doch geht aus dem folgenden Beleg nicht hervor, ob es tatsächlich einen mit Baumwolle gemischten oder aber einen reinen Wollstoff bezeichnet.

> 1566 la quantité de quatre fardeaulx carizier[,] draptz de layne et *frizettes* d'Angleterre, Brésard 349.

Ebenso kat. *friseta* 'roba de llana, pelosa' (seit 1598), das nach Alcover aus fr. *frisette* entlehnt ist.

Zu fr. *frise* 'espèce de toile', das von der hier behandelten Wollstoffbezeichnung *frise* zu trennen ist, s. weiter unten, p. 28.

Seit dem 14. Jh. kam es zu einem vorübergehenden Niedergang der flandrischen Textilindustrie, der vor allem auf die Ereignisse des Hundertjährigen Krieges und die damit verbundene Politik Edwards III. zurückzuführen ist[48]. König Edward, der zahlreiche flämische Tuchmacher nach England kommen ließ, die der englischen Textilindustrie zu neuem Aufschwung ver-

---

[46] Gam s.v. [47] Nicht, wie FEW 3,806a schreibt, von *frise* 'belle toile de Hollande'.

[48] S. dazu H. Pirenne, Histoire de Belgique II, 2e éd., Bruxelles 1908, 106ff.; H.-E. de Sagher, L'immigration des tisserands flamands et brabançons en Angleterre sous Édouard III, Mélanges d'histoire offerts à Henri Pirenne, Bruxelles 1926, 109–126.

helfen sollten, untersagte die Einfuhr ausländischer Tuche ebenso wie die Ausfuhr englischer Wolle nach dem Kontinent. Dadurch war Flandern gezwungen, sich nach einem neuen Wollieferanten umzusehen, der sich in der Folgezeit mit Spanien anbot[49]. Doch war die spanische Wolle der bisher zur Verfügung stehenden englischen Wolle weit unterlegen, so daß Flandern die Vorherrschaft in der Herstellung feiner Wollstoffe an die neue Textilmacht England abtreten mußte. Dies führte zu einer völligen Umorientierung, aus der im Laufe des 15. Jhs. in Flandern eine neue Tuchfabrikation, die sog. *sayetterie*[50] zur Blüte gelangte, die sich ausschließlich auf die Herstellung von leichten Wollstoffen spezialisierte. Eines der bedeutendsten Zentren dieser neuen Industrie ist das flandrische Städtchen Hondschoote, über dessen Textilfabrikation vom 14. bis 18. Jh. wir durch die grundlegende Darstellung von E. Coornaert besonders gut informiert sind.

---

49 Spanische Wolle wird seit 1304 in Brügge erwähnt, s. CartConsEsp 7, 110, 303.

50 S. dazu Vanhaeck, MaugisSaie und CoornaertHondsch. – Der FEW-Artikel SAGUM ist wie folgt zu ergänzen: Neben *saye* 'serge légère de laine' (1307-SavBr 1741, FEW 11,74a) findet sich im Afr. und Mfr. häufig die im FEW nicht verzeichnete Schreibung *soie, soye,* so z.B. ca. 1296 la pièce de *soye d'Illande,* DouëtTarif 225; 1302 une *soie* de pers, *d'Illande,* DehDoc 142; 1328 une robe de *soye d'Illande* ... une robe de *soye d'Irlande* violete, DouëtNArg 70 neben *saie, say(e) d'Irlande* (1298–1307, Gay; 1308, Mahaut 171n; s. dazu noch Zangg 90 + n6. Die von Zangger angeführte Schreibung bei EBoileau 36 entstammt einem Manuskript aus dem Anfang des 15. Jhs.); 1351 pour une *soie* noire de Caan, Gay 1,246a; 1481 que les maistres dudit mestier seront tenuz de faire les chaynes des *soyes* de dix-huit cens fils, LespMét 3,23 (neben *sayes* im gleichen Dokument, ib. 3,24). Daneben auch vereinzelt die Form *say,* so 1302 III garnemens de *say d'Illande* vermeille, DehDoc 137; 1520–24 VI aune de *say*..., VIII aune de *sai,* CptSalv 42. Ebenso afor. *say* (1360), TestForez 130. Die Schreibung *saie,* nach FEW 11,74a im 13. und 14. Jh. bezeugt, läßt sich bis zum 17. Jh. in Nordostfrankreich nachweisen: 1480 (Brügge) chaintures, cordeaux, *saies* et aultres denrées, Vanhaeck 2,1; 1480 (Amiens) *saies,* Thierry 2,381; weitere Belege für *saies* in Lille 1500, Vanhaeck 2,7; 1524, ib. 2,29; 1544, ib. 2,58; 1690, ib. 1,259. Weiterhin findet sich die Zuss. *demye saye* zur Bezeichnung einer kleineren *saye,* so 1520–24 deux *demy saie* de XXVI s.g. les deux, CptSalv 29; 1535 une *demye saye,* Vanhaeck 2,50; 1559 Asscavoir que tous sayeteurs faisans lesdictes sayes et *demye sayes* larges seront tenus faire lesdictes sayes de trente huyt alnes et les deux boutz rataindans l'un l'aultre faisans en tout trente neuf alnes de long venans au noir à la XX^ne^, et la *demye saye* à l'advenant quy est XIX alnes et demye, ib. 2,61. Entsprechend auch die Zuss. *double saye* (1607): 40 pieches *doubles sayes* noires, SagherDoc 2,454. – Im Apr. läßt sich das Wort noch im 16. Jh. nachweisen, cf. 1521–31 (Saint-Antonin, Tarn-et-Garonne) XII palms de *saia* negra reforsada per far un abit...; un saio de *saia* negra folrat de clara, BullArchM 17–18, 1896, 132. In Italien ist der Typus *saia* nach FEW 11,75b in mlt. Urkunden seit 1279 bezeugt. Doch finden sich zahlreiche mlt. Belege aus Genua schon im 12. Jh.: 1156 octo pecias *sagie* et volgia, CartScriba 1,39; 1160 XX pecias *sagie* et XI Sancti Richerii, ib. 1,347 (s. dazu noch Ammann 1); 1197 *salia,* Reynolds 844; 1200 *salias* VIII Tornaxii, Doehaerd 2,9; pecias III de stanfortibus Racii et *sagam* I nigram, ib. 2,6; sanquentinum I et capam I Corbie et *sagiam* I, ib. 2,15; viridem I de Cambraxio et *sagias* II Tornaxii, ib. 2,28; 1206 pecias V de *saia* de Tornax, ib. 2,103; 1215 tot stanfortes et *saie,* ib. 2,172;

1221 in una *saa* de Bruda, ib. 2,199; 1227 peciam unam *saie* nigre de Brugia, ib. 2,225; 1232 peciam unam *sagie* de Araço, ib. 2,232; 1253 in canas duodecim et dimidiam de *saya* de Dicamua, ib. 2,461; 1267 pecias tres *saye* de Ypre, ib. 3,696; 1274 scaparonum *saie*, ib. 3,720; 1275 in pecia una *sye* (sic) de Ypra, ib. 3,728.
FEW 11,74a zitiert noch die Ablt. *sayette* (1494-Trév 1771) in der Bed. 'petite étoffe de laine'. Diese Form ist schon im 14. Jh. bezeugt, so 1320 in Arras, Pck 2,182; ebenso 1344 qui ne faisoient mie ne faisoient faire drapperie d'Arras, mais faisoient ou faire faisoient *sayettes* ou se merloient d'autre drapperie que de celly que on nomme draps d'Arras, EspPirDoc 1,226; 1390, Pck l.c.; cf. auch 1470 trois custodes de *saieete d'Irlande*, Gay 2,315b. Doch ist diese Bedeutung zunächst nur vereinzelt belegt und wird erst im 17. Jh. geläufig, cf. z.B. 1698 Celle [sc. manufacture] de *sayettes* ou serges se continue toujours un peu à Ypres, à Hondschote et en quelques autres endroits, MémFlandMar 318. Im Mfr. hat *sayette* meist die Bed. 'laine filée', für die das FEW nur die moderne Mundartform Gondc. *seyęt* erwähnt, FEW 11,74b (cf. noch St-Omer *saïette* 'laine à tricoter', ibid.). S. dazu außer dem bei Pck l.c. zitierten Beleg von 1390, dessen Bedeutung nicht mit Sicherheit zu bestimmen ist, die folgenden Belege: 1480 grand nombre de gens quy se meslent de tirer hors des veaures de layne appellé *sayette* et icelles font appareillier et mectre en fille pour en faire chaintures, cordeaux, saies et aultres denrées, Vanhaeck 2,1; 1484 que toutes lesd. sayes tant fortes que demy fortes soyent composees et estoffees de bonne *sayette* sans molet et de bonnes laynnes nostrees, DrapTourn 229; 1493 six livres de *sayettes* en deux fils à faire rubans, LespMét 3,44; 1506 filletz que on appelle *sayette*, Vanhaeck 2,23; so auch noch 1664 Passemens, Rubans et Ceintures de Capiton, Bourre de soye, filozelle, *sayette*, Tarif 32; 1716 les estoffes de laine ou *sayette*, y compris les meslées de poil, filet ou cotton, Willemsen 257n1. Daneben sehr häufig *fil de sayette*, *fillet de sayette*, so z.B. 1403 que les *saiettes* et *fillés de saiettes* sont rabandonnées, EspPirDoc 2,343; 1480 *fillés de saiette*, Thierry 2,381; ca. 1558 *fil de sayette*, ib. 2,660 (ebenso 1570, ib. 2,789; 1573, ib. 2,812; 1578, ib. 2,906); cf. noch 1698 La principale fabrique est appelée sayetterie, à cause que le *fil fait de sayette*, de laine peignée et filée au petit rouet compose seul la chaîne de ces étoffes, MémGénAmiens 159; weitere Belege bis 1723, Vanhaęck passim.
Mfr. nfr. *sayetteur* 'fabricant de sayette' (1290-Trév 1771), FEW 11,74b (zur Definition s. weiter unten); ebenso noch 1783 (Lille), Vanhaeck 2,402. Die daneben für Amiens bezeugte Form *saicteur* (SavBr 1723, FEW l.c.) ist sicher nicht, wie FEW 11,75b n7 erwägt, für *saieteur* verdruckt. Die folgenden Belege zeigen, daß gerade in Amiens die Form mit geschwundenem Zwischentonvokal recht häufig ist: 1603 les marchands *saiteurs* et houppiers de la dite ville d'Amiens, RegDélib 99 (ebenso la manufacture et négoce de *saiterie*, ib. 106); 1511 (Amiens) *saiterie*, MaugisSaie 5 (ebenso 1548, ib. 53; 1571, ib. 84 n2). – Als feminine Entsprechung zu *sayetteur* erwähnt das FEW nur nfr. *sayetteuse* 'femme du *sayetteur*' (SavBr 1723–Trév 1771). Seit 1367 läßt sich die ältere Form *saieteresse* nachweisen, s. Pck 2,183. Diese Form noch regional erhalten 1766 (Lille) Françoise Hallez, dame *sayetresse*, Vanhaeck 1,138. Apik. *sayetier* 'ouvrier qui tisse la *saie*' (diese Definition ist auch für *sayetteur* zutreffender als die oben zitierte), nach FEW l.c. 1341 bezeugt, findet sich noch 1609: Touchant la demeure d'aulcunes fileresses se tenans es environs du dict Poperinghe, lesquelles en cas de continuation du meisme octroy pourroient delaisser la dicte ville de Hondscote et s'addresser pour la vente de leur fil aux *sayettiers* du dict Poperinghes, Sagher Doc 2,563. Die Ablt. *sayetterie* 'métier de celui qui travaille à des *sayettes*' (flandr. pik. 1481–1589), 'fabrication des étoffes de laine' (seit ca. 1600), FEW 11,74b ist seit Beginn des 15. Jhs. belegt: 1403 (Douai) ou fait de le *saieterie*,

serge d'ascot, serge d'escot f.

'espèce de serge qui se fabriquait à l'origine à Hondschoote' < *serge de Hondschoote*, Haust, R 47,547; ca. 1551–DG[51]. – HaustEt 8–11; Poerck, Rbelge 21,155; PoerckCongr 523–526. Zur textiltechnischen Bedeutung von Hondschoote (Dep. Nord)[52] s. CoornaertHondsch passim.

FEW 16,224a n2 lehnt diese auf Haust zurückgehende Etymologie ab und möchte das Wort vom Namen „der früher bedeutenden stadt *Aerschot* (Brabant)" herleiten. Dagegen betont HaustEt 9f., im Anschluß an Pirenne, daß eine Textilfabrikation in Aerschot nicht bezeugt ist[53]. Poerck, Rbelge 21,162 betrachtet *Ascot*, sicher zu Recht, als pikardisch-französische Form des flämischen Ortsnamens, wohingegen in Lille ein der ursprünglichen Form näherstehendes *Hanskotte* erhalten blieb[54]. Außer den in der genannten Literatur zitierten Belegen s. noch 1565 (Lille) que lesdicts saieteurs polront faire saies drappées telles et samblables en fachon et ouvraige que celles que l'on faict en la ville de *Hantscotte*, Vanhaeck 2,67; 1619 (Lille) leur est permis de faire des sayes à la fachon de celles d'*Honscotte*, ib. 2,111; 1623 (Lille) satinetz de Béthune, sayes d'Ypre et de *Honschote*, ib. 2,123; 1681 (Lille) sayes façon d'*Honscotte*, ib. 2,167; 1690 (Lille) de pourveoir d'argent pour les attirer et y établir ces manufactures comme Vos Seigneuries ont icy fait pour les *serges d'Honskot*, ib. 2,186[55]; cf. noch 1698 Il y avoit autrefois une très-grande manufacture de serges à *Hondschoote* et aux environs, ce qui faisoit extrêmement fleurir cette ville; mais cette manufacture s'est presque entièrement abolie, MémFlandMar 281. Daneben auch stärker umgewandelt 1729 (Lille) *serges à la façon d'Hascoten*, CoornaertHondsch 64 n8[56].

EspPirDoc 2,343; 1408 (Brügge) mes dictes bonnes gens de Hondscote, eulx mellans de l'ouvrage de la *sayetrie*, SagherDoc 2,514; 1410 (Tournai) pour faire piet et patron de la ditte *sayeterie* on en fera de chascune fachon de sayes quatre annes, DrapTourn 223; in der ersten Bed. noch 1609 le dict mestier de *saietterie*, SagherDoc 2,558; exercé le dict stil de *saietterie* avecq plomb et seel, ib. 2,565. In der Kollektivbedeutung 'tissus de laine légers' nach FEW ca. 1440 in Lille bezeugt; Pck 2,183 zitiert ergänzend einen Beleg von 1367 aus Arras.

[51] Bisheriger Erstbeleg 1568, s. Poerck, Rbelge 21,161.

[52] Von FEW 16,223b irrtümlich nach Belgien verlegt, worauf schon HerbEsp 54 n2 hinweist.

[53] Cf. dazu jedoch Poerck, Rbelge 21,157n, der die Existenz einer, wenn auch unbedeutenden Saienproduktion in Aerschot nicht ausschließt.

[54] Daher lütt. ***hanskotte, hanscote*** 'bure; tissu de coton duveté' (seit 1589), rouchi *anscote* 'étoffe grossière en laine', BormansGloss 266; HaustEt 9; Poerck, Rbelge 21,160 + n5; FEW 16,223b.

[55] Ebenso Ende 16. – Anfang 17. Jh. *sarges d'Onschote*, CoornaertHondsch 227 n2. – Cf. auch 1676 Les sayes d'*Anscote* se font avecq du gras fillet, et les sayes de Lille avec du fillet seiche, ib. 214 n2. – Zu d. ***hundskutt*** s. ib. 30; zu ***huntskot saye*** Fritz Renken, Der Handel der Königsberger Großschäfferei des Deutschen Ordens mit Flandern um 1400, Weimar 1937, 111.

[56] »Forme hybride, semble continuer à la fois Ascot 'français' et Honschoote 'flamand'«, Poerck, Rbelge 21,163 n2.

Die französierte Form *Ascot* ist seit dem 16. Jh. im Ausdruck *serge d'Ascot* sehr geläufig, doch geht schon bald das Bewußtsein für den Ursprung der Namensform verloren, so daß aufgrund dieser Form die Lexikographen des 18. Jhs. (SavBr, Trév u. a.) von einem Textilzentrum *Arscot* in den spanischen Niederlanden sprechen[57].

1551–56 *Serges* d'Arras, de Lisle, *de Ascot* et aultres, ChambRevGéogr 31,292; 1568 (Auxerre) Ung manteau de *serge descot*, fourré, DrotMin 39; 1568 (Toulouse) certaines *sarges d'Escot*, Poerck, Rbelge 21,161 n3[58]; 1572 les *sarges façon d'ascot* qui se font de fil sec, satins, camelotz de laine et toutes autres pièces d'ouvrage et marchandise de saieterie quy se font en nostredicte ville d'Amyens, Thierry 2,805; 1573 *Sarges* d'Arras, De l'Isle, *Dascot*, Demies ostades, Ostadines, NicolayLyon 176; *Sarges* d'Amiens *à façon d'Aiscot*, inventée aud. Amiens, puis l'an 1568, ib. 165; 1578 (Bordeaux) L'aulne de la *sarge d'Escot*, PrixEtBord 182; 1581 (Auxerre) Une robbe de *serge dascot*, DrotMin 372; 1582 *Serges d'Ascot*, blanches et tainctes, Fontanon 1,824; La piece de *sarge d'Ascot*, et satin de Bruges, ib. 2,393; 1583 Une aulne et demye *sarge d'ascot*, Gay 2,359b; 1586 (Auxerre) une pièce de *serge dascot* double prisée 35 livres... 1 pièce *serge* noire double, *descot* 38 l.t., DrotMin 87; 17 aulnes *serge descot*, rouge cramoisy, à 33 s.t. laulne... 12 aulnes ½ *serge descot* d'Amyens, à 26 s.t. laulne, ib. 93; 1601 Tous ouvriers estrangers besongnans en draps façon de serge de Florence, raz de Millan, *serge d'Ascot*, d'Ypre, camelots, moncayarts, toilles de façon estrangère, et autres estofes d'inventions nouvelles, LaffComm XXXI; 1603 pour la grande quantité de *serge façon d'Ascot*, RegDélib 106; 1607 (Bordeaux) treze aulnes de *sarge d'Escot*, WGask; 1611 Trois rideaux de *serge d'Ascot* verte, Inv Pailly 308; 1613 *serges* de Seigneur, de Layde, de Moüy, de Chartres, d'Orleans, *d'Ascot* et de toutes autres sortes, païs et façon, LespMét 2,272; 1664 Serges de Seigneur et *Serges d'Ascot*, Tarif 93; 1723 *serge* de seigneur de Chaalons, d'Orléans, *d'Ascot*, serge et raze de Chaalons, Gay 2,343a[59].

Während *serge d'ascot*, *serge d'escot* bis ins 18. Jh. geläufig ist, findet sich elliptisches *escot* 'espèce de serge' nur bei modernen Lexikographen, so erstmals AcC 1836[60], dann auch Li und DG[61] sowie Larousse seit 1870[62]. Nach

---

[57] S. dazu Poerck, Rbelge 21,156.

[58] S. auch DG und BarbProc 2,261.

[59] Ob auch apr. *escot* (14. Jh., Lv) hierhergehört, das LvP mit Fragezeichen als 'enveloppe d'escot (sorte de serge)' definiert, muß schon aus chronologischen Gründen bezweifelt werden. Ebenso abearn. *escot* (Bayonne 1273?), WGask. – Das bei Pans 5 zitierte apr. *escot* 'escot, tissu' (1525) ist nicht nachprüfbar. Vielleicht liegt dieser Angabe auch eine Form *serge d'escot* zugrunde.

[60] Daneben schon Boiste 1829 mit der Bedeutungsangabe 'toile de coton', s. FEW Mat.

[61] S. Poerck, Rbelge 21,163 + n1.

[62] Ebenso bei Mistral und S. Palay.

Hermite 5 auch 1573 in Marseille, jedoch ohne Beleg, was eine Form *serge d'escot* vermuten läßt[63].

Hierher gehört auch das FEW 3,913b zu FUSCUS 'dunkel' gestellte abearn. *houscot*, das von Wartburg etymologisierend als 'étoffe de couleur brune' erklärt. Da der im FEW zitierte Beleg nicht auffindbar ist, fragt es sich, ob überhaupt ein abearn. Appellativum *houscot* vorliegt. Uns ist jedenfalls nur der folgende Beleg aus dem Bearn bekannt, der an der Zugehörigkeit zu fr. *serge d'ascot* nicht zweifeln läßt: 1563 (Pau) Cargue de *Sarge de Houscot*, per cargue tres liures tournezes[64].

Der ursprünglich in Hondschoote hergestellte Stoff wird bald auch in anderen Städten, vor allem in Brügge, nachgeahmt. Im zweisprachigen Gebiet der spanischen Niederlande entstehen nun aus dem Ortsnamen *Hondschoote* die sp. Formen *anascote*[65], *anacoste* zur Bezeichnung des vor allem nach Spanien, daneben auch nach Italien exportierten Stoffes: 1645 *sayen op de maniere van Hontscote*, SagherDoc 2,584; 1660 loot ende seghel, daerop graverende *fabricque d'Hondschoote a Bruges*, ib. 2,586; *Fabrique d'Hondschote a Bruges*, ibid.; *fabrica Hondeschoti Brugis*, ib. 2,587; 1661 Maer willen sy de *fabrica van Hondschoten* laeten conterfaicten, moeten't selve doen op anderen naeme, sonder te ghebruycken het woort *Hondschote*, ib. 2,592; 1664 Van ghelycken in Vranckeryck worden de sayen ghenaempt *Hondschot*, ib. 2,597; met inscriptie *fabricque d'Hondtshote a Bruges*, ib. 2,600. Daraus dann 1660 ende op de ander syde dese worden »Fabrica d'*Anascotes* de Brugas«, denoterende fabrijcque van saijen tot Brugghe ghemaeckt, ib. 2,590; 1661 Ende dat an de questieuse saeyen ghesleghen wort een loot ende oppe geschreven staet *»fabrica nueva d'anascotis de Brujas«*, 't selve ist alleenelick gedaen tot onderscheet van andere oude Brugsche saeyen ... Ghemerct dat het woort *anascotis* lingua hispanica est nomen generale, mits dat in Spaignen ofte in de Spaensche tale alle sayen worden genaempt *anascotes*. Nemaer tot onderscheet van de soorten ofte specien van diere voughen sy daerby de namen van de plaetsen ofte steden daer die ghemaeckt syn, verbi gratia de sayen die tot Leyden in Hollandt ghemaect worden namen sy *Anascotes de Leyda* ende deghonne in Enghelandt

---

[63] Auf die auffällige geographische Verteilung der Formen *ascot* (Nordfrankreich) und *escot* (Südfrankreich) innerhalb der Galloromania (s. allerdings beide Varianten in den oben zitierten Texten aus Auxerre) hat unseres Wissens erstmals FEWMat hingewiesen. Da jedoch in dem Beleg von 1568 aus Toulouse nicht, wie dort angegeben wird, appellativisches *escot*, sondern *sarge d'Escot* vorliegt, erscheint der etymologische Zusammenhang von *escot* und *ascot* unzweifelhaft.

[64] Iuraments, Priviledges, Reglaments deu Pais de Bearn, feyts et octroyats à l'intercession deus Estats ab los Serments de Fidelitat à sons Subjets, et per reciproque deus Subjets à lour Seignour, Orthés 1676, 64.

[65] Die Zusammengehörigkeit von *anascote* und *Ascot* ist noch deutlich bei Trognesius, El grande Dictionario y Thesoro de las tres lenguas Española, Francesa y Flamenca, Anvers 1639: »*anascote*, sarge d'Ascot«, zit. nach HerbEsp 54 n1; ebenso Sobrino 1705.

ghemaeckt *Anascotes d'Angletierra*, deghene tot Brugghe gemaect *Anascotes de Brujas* ende soo voorts van alle andere plaetsen, ib. 2,592f.; 1664 de worden *fabrica de anascotes de Brugas*, dat is fabricque van saijen van Brugghe, ib. 2,596; *fabrica d'anaschotes a Brugas*, ib. 2,597; *Fabrica d'anaschotis de Brujas*, ib. 2,601; mette inscriptie van *fabrica d'anaschotis de Brujas*, ib. 2,602.

Aus diesem sp. *anascote* (seit 1527, Corom [66]; s. noch CoornaertHondsch 223 n1)[67] entlehnt wurde nfr.

anascote f.

'espèce de serge', 1630–Land 1834; FEW 16,223b[68]. – Zur Literatur s. oben *serge d'ascot*, außerdem HerbEsp 54.

1630 40 pièces d'*anascotes* de Bruges, deux ballots de Bramantes, un autre ballot de Gantes toutes toiles qui soient fines, FrainEsp 16.

Ebenso aus der im Spanischen bezeugten Nebenform *anacoste* entlehnt nfr.

anacoste f.

'espèce de serge', seit 1699[69]; daneben die Varianten *anachoste* (Moz 1826; Boiste 1829) und *anachotte* (1834, Leclère 983a)[70].

1699 La Biscaye nous fait une navigation de 25 à 30 navires par an et l'on y porte une infinité de nos petites manufactures de laine et de fil, ... draps noirs, serges de Leyden teintes en noir, nommées *anacestes* [sic], serges de Liege, camelots, MémNégHoll 268.

Wie aus verschiedenen Erlassen Ludwigs XIV. von 1703 und 1705 hervorgeht, wurden diese Stoffe gegen Ende des 17 Jhs. auch in Frankreich nachgeahmt, s. SavBr 1730, 1134b. So auch 1707 in Boufflers, s. MémGénParis 612 n3.

Wie schon erwähnt, wurde die in Flandern hergestellte *anacoste* auch nach Italien exportiert[71], wo sie *scot(t)o*[72], *scot(t)ino*[73] genannt wurde. Cf. z. B.

---

66 Corom leitet sp. *anascote* aus einem »fr. antic. *anascot* (hoy *anacoste*)« ab, doch ist der Weg der Entlehnung sicher umgekehrt, s. dazu weiter unten.

67 Ebenso 2. H. 16. Jh. *Anascotes* a 200 mrs. pieça, Ruiz 620 (s. auch ib. 70).

68 Das FEW bezeugt das Wort nur SavBr 1723–1741.

69 Nach FEW 16,223b seit SavBr 1723.

70 Das daneben bestehende *anascot* m., nach FEW bei Boiste 1829–Lar 1866 bezeugt, ebenso schon bei Moz 1826, wird von den Wörterbüchern des 19. Jhs. im Gegensatz zu *anacoste* 'espèce de serge croisée de Beauvais' stets als 'sorte d'étoffe d'Amiens' erklärt.

71 »les anacostes, dont il se fait quantité en Flandres, et dont le debit le plus ordinaire est pour l'Espagne et l'Italie«, SavBr 1730, 1134. – Schon in der 1. Hälfte des 14. Jhs. werden *saie de Dondiscatto* in Florenz erwähnt, s. Poerck Congr 523. Ebenso *saie discotte* (Florenz 1357), s. hier 79.

72 Seit 16. Jh., BattAl, die die it. Wortfamilie zu Unrecht von *scotto* 'scozzese'

1662 qu'en Italye les sayes s'appellent *scoti* (et qu'on y a envoyé les saies d'Hondschoote) de longs temps jusques 1644 ou 45, (quand les drapiers ont quitté Hondschoote pour Bruges; que les saies de Bruges sont appelées en Italie) *scoti di Bruges* et celles qu'on faict encores presentement a Hondschotte *scotti de Bolo Vechio,* ce que signifie sayes du vieux plomp, croyans fermement que le dit mot *scotti* en Italye signifie Hondscotte, a cause que de tout temps on y at envoyé les sayes d'Hondschotte et que sont estéz les premiers, dont tous les sayes ont tenu le nom de *scotti,* comme en Espagne pour la mesme raizon tous les sayes s'appellent *anascotes,* SagherDoc 2,593; ebenso *scotino* schon 1662, ibid. (ohne Beleg); 1664 Più, un stratto di veluto nero vechio, con 10 coscini di cadis nero, col suo stratto di *scoto* anche nero, InvMon 50.
Ebenso kat. *escot* (seit 1546, *scot,* Alcover), das vielleicht aus fr. (*serge d'*) *escot* entlehnt ist.

Während im Mittelalter die Tuchherstellung der bedeutendste Industriezweig der Gebiete um Flandern war, wurde diese im Laufe der Jahrhunderte immer mehr von der aufstrebenden Leinwandindustrie zurückgedrängt. Einst so berühmte Tuchzentren wie Poperinge oder das zuletzt behandelte Hondschoote sind im 18. Jh. zu völliger Bedeutungslosigkeit herabgesunken[74]. Andere, größere Städte wie Gent und Courtrai haben, wie bereits erwähnt, ihre Industrie rechtzeitig umgestellt und sich in der Folgezeit fast ausschließlich der Leinwandfabrikation gewidmet[75]. Diese Industrie ist im Mittelalter noch auf wenige Gebiete Frankreichs beschränkt. Das wohl bedeutendste Zentrum im 13. und 14. Jh. ist die Champagne, deren *toiles* in ganz Europa begehrt sind[76]. Die kostbarsten dieser Leinenstoffe kommen aus Reims, dessen Produkte auf den champagnischen Messen schon im 12. Jh. einen guten Ruf genießen[77]. So findet sich neben den vereinzelt belegten Formen afr. *toile rentiëne* 'toile fabriquée à Reims', apr. *ransan,*

---

herleiten. It. *scotto* z.B. auch 1577 La roba che va per di su, non si guarda, se bene è di sargia o di *scotto,* Relations des ambassadeurs vénitiens sur les affaires de France au XVIe siècle, recueillies et traduites par M.N. Tommaseo, t. II, Paris 1838, 558.

[73] Nach BattAl erst seit 19. Jh.

[74] Cf. ca. 1698 La ville de Poperinghe, située à deux lieues d'Ypres, sur la chaussée qui va à Dunkerque, a été autrefois célèbre par ses manufactures de draps, serges et autres dont il y avoit jusqu'à 1400 outils et métiers, MémFland Mar 271 (Sperrung von uns).

[75] S. hier 10f.

[76] S. dazu Bourq 1,281–283. Cf. 1296 (Troyes) quatuor pecias torsellorum *tellarum blancarum de Campania* de qualitate et bonitate ipsarum ... ad Aquas Mortas, Bphhist 1942–43, 177; in Genua schon 1213 XXXV peciis de *telis de Campagna,* Doehaerd 2,154; weitere Belege bis 1307 ib. 2,164; 2,318; 2,385; 3,955 und oft. Ebenso werden 1426 im Aragonesischen *lançuelos* aus *Champanya* erwähnt, s. Pottier, Vox 10,140.

[77] S. Bourq 1,144f.

ransil etc.[78] in nahezu allen französischen Inventaren des 14. Jhs. *toile de Reims*[79] als Inbegriff kostbarer Leinenstoffe[80].

ca. 1296 Le cent de aulnes de toille de chanvre, VI d. – Les cent aulnes de toilles de lin, XIId. – Les cent aulnes de *toille de Rains,* IIII s., Douët Tarif 225; 1299 Draps nappes et touailles pour le corps la royne c'est assavoir 1288 aunes de *toile de Rains* pour faire 15 paire de draps pour le lit la royne et 447 aunes de *toile de Rains* a faire robelinges pour elle, CptJoyAngl 520; 1317 Pour 5 aunes de *toile* blanche *de Rains* pour mettre entour le cors, Gay 1,299a; 1327 *toile de Reims,* Mahaut 191 n4; 1328 Item, une pièce de *toile de Reinz,* tenant 30 aunes, présié 12^l par. Item, une pièce de toille de Compiègne, tenant 10 aunes, présié 6^l par. ... Item, une pièce de toille bourgoise, tenant 35 aunes, 3^s l'aune, 105^s par. Item, une pièce de teille bourgoise, tenant 23 aunes, 2^s 6^d l'aune, 57^s 6^d p., DouëtNArg 76; 1342 *toilles de Reims,* ib. 36; 1347 *toille de Rains,* InvJPresles 102; 1352 pour 16 aunes de fine *toille de Rainz* large, Douët Arg 93; 1353 *toile de Rains,* ib. 329; 1367 *toille de Reins,* InvBourg 1,106; 1367–70 *toille de Rains,* CptNav 186; 1368 *toille de Reins,* InvBourg 1,167; 1369 III pieces de *toilles de Rains* pour faire robes linges, MandCh 268; 1376 *toille de Rains,* ib. 654; 1378 *toiles de Reins,* ib. 847; 1380 Une paire de draps à parer, de *toille de Reims,* InvCh 335[81]; 1387 XII aulnes de fine *toille de Reims,* DouëtNArg 150; *toille de Rains,* InvBourg 2,285; 1389 *toille de Raims,* ib. 2,502; 1390, ib. 2,575; 1392 *toile de Reims* fine, Gay 1, 104a; 1404 ung grant paveillon de *toille de Rains,* DehDoc 845; 1405 Sont II pieches de toille fine appelée trelis de fachon de Rains. ... Item, I esprevier de fine *toille de Rains,* ib. 890; 1407 VIII paire de linceux de *taelle* fine *de Rains,* InvJoss 211; 1408 *toille de Rains,* InvOrl 122; 1416 fine *toelle de Reims,* Gay 2,405b; 1420 une paire de draps de lit, de fine *toile de lin de Rains,* de VI lez de large. Une autre paire de draps de lit, de IIII lez, de bonne toile bourgoise, InvPhilBon 258; fine *toile de rains,* ib. 266; 1427 une serviete déliée, de *toille de Rains,* Laborde Ducs 3,300; 1438 un surpliz de *toylle de Reins,* InvCard 51; ebenso apr. 1397 *Tellas* finas *de Reins,* o de Compaigna, o d'Olanda, GabAv 49. Schon 1197 im Mlt. Genuas *tela de rems,* Reynolds 843; ebenso 1200 *telas* VIII *de Rens,* Doehaerd 2,26; weitere Belege bis 1313 ib. 2,80; 2,200; 2,220; 3,1100 und oft; s. noch Zangg 113f. In Florenz 1335 paliocta,

---

[78] S. FEW 10,226b. – Gdf zitiert noch afr. *rentiien* m. 'espèce de toile', doch ist in dem zugrundeliegenden Beleg (De toile faite en *rentiien*) aus Amadas et Ydoine *rentiien* als Landschaftsbezeichnung aufzufassen; so auch L.-F. Flutre, Table des noms propres avec toutes leurs variantes figurant dans les romans du moyen âge, Poitiers 1962, 289 s.v. *Raincien.*

[79] Im FEW nur apr. *tela de Rens* (Flamenca; Narbonne 14. Jh.) erwähnt.

[80] S. dazu noch Bourq 1,281–283; Zangg 111; Bphhist 1960, 163.

[81] Daneben auch 1380 Quatre paire de draps de lit de *toille grosse de Reims,* ib. 350.

burda, soriana et ciambellocta, chammuccha, purpura, bacina, miscerobas, staminas ultramontanas, sarias de Yrlanda, *telas rensas,* toballias[82].

Im Gegensatz zum Französischen fand im Italienischen vereinzelt Verkürzung von *tela di Renso*[83] zu elliptischem *renso* 'toile de Reims', *renzo* statt, so bei Oudin, s. ThomasEss 405.

Weitere im 14. Jh. häufig genannte Ursprungsorte von Leinenstoffen sind Laon und Compiègne:

1367–70 *toille* fine *de Laon*[84], CptNav 123; 1380 Une *toille de Laon,* délyée, InvCh 328; 1404 12 cueuvrechiefs de fin *lin de Laon,* Gay 1,485b. 1328 *toille de Compiègne,* DouëtNArg 76; 1367–70 *toille de Compigne,* CptNav 124; 1371 *toilles* de lin *de Compiegne,* InvBourg 1,257; 1408 *toille de Compiengne,* InvOrl 122; s. noch Gay 2,404a. Apr. *tella de Compaigna* (1397) s. oben.

Neben diesen mit Ortsnamen gebildeten Stoffbenennungen findet sich recht häufig, oft im gleichen Dokument wie diese, *toile bourgeoise* zur Bezeichnung eines weniger wertvollen Leinenstoffes.

1316 pour 3 draps de *thoille bourgoise,* MaillardCptRoy 2,191; 1328 *toille bourgoise, teille bourgoise,* DouëtNArg 76[85]; 1352 pour 12 aunes de *toille bourgoise* ... 42s p., DouëtArg 93[86]; 1353 Pour XXXVI aunes de *toille bourgoise* ... pour liner unes grans aumoires, InvCard 41; 1367–70 pour XVIII aulnes de *toille bourgoise* pour faire pourpoins et jaques pour Monseigneur, III s. VIII d. pour aulne, CptNav 187[87]; 1369 LXVI aulnes de *toylle bourgoise,* pour faire VIII baignouers, MandCh 268; 1376 XX alnes de *toille bourgoise* pour faire draps pour son baing, VI s. l'aune, valent VI l.p. Item pour XII alnes de toille de Rains, pour faire doublez et brachelierez, X s. l'aune, ib. 654; 1386 *toille bourgoise,* Gay 2,402b; 1387 pour XXV aulnes de *toille bourgoise* ... Pour ce, prix de 4s p. l'aulne, DouëtNArg 151[88]; 1403 *toile bourgeoise,* Gay 1,330a; 1420 *toile bourgoise,* InvPhilBon 259[85]; 1459 *toille bourgeoise,* Gay 1,354a; 1483 *toille bourgeoyse,* ib. 2,402b; 1514 Trois aulbes de toille de Hollande. Deux autres aulbes de *toille bourgeoise.* Deux sourpelliz aussi de *toille bourgeoise,* InvValent 92; im 16. Jh. auch in Toulouse, s. EstèbeToul 185. Ebenso apr. *tela borgeza* (1345, Bonis), WGask; in Neapel schon 1295 *Telæ Burgenzæ* alnæ quatraginta novem, MichEt 2,471[89]; s. noch DC s. v. *borgesia.*

---

[82] Statuti dell'arte di Por Santa Maria del tempo della Repubblica. A cura di Umberto Dorini, Firenze 1934, 19.

[83] So z. B. 1540 (Venedig) Di Lione si tragono per Vinetia, *tele di renso* assai, Pasi 178v°.

[84] Daraus e. *lawn* 'Art Leinwand', s. FEW 5,168a.

[85] S. oben zu *toile de Reims.*

[86] Die *fine toille de Rainz large* kostet dagegen 8 s. die Elle.

[87] *toille de Rains:* 7 s. [88] *fine toille de Reims:* 10 s.

[89] Von MichEt 2,572 zu Unrecht als 'toile de Bruges' erklärt.

Der Ausgangspunkt dieser Benennung ist umstritten. EstèbeToul 185 sieht darin den Ortsnamen *Bourges,* ohne diese Auffassung durch Belege zu rechtfertigen[90]. Zangg 111 möchte *toile bourgeoise* mit afr. *borge, boige* zusammenbringen, die jedoch entgegen der Definition von Gdf[91] einen Wollstoff bezeichnen[92]. Am wahrscheinlichsten ist daher Zusammensetzung mit dem Adjektiv *bourgeois* zur Bezeichnung einer minderwertigen Qualität, was auch den oben erwähnten Preisrelationen entsprechen würde; cf. ähnlich mfr. *pain bourgeois* 'pain mi-bis', FEW 1,635a.

Während also bis ins 14. Jh. die Champagne die Vorherrschaft in der Leinwandherstellung innehatte, treten nun neue Textilzentren als Erzeuger der in hohem Ansehen stehenden *toiles* in den Vordergrund[93]. So werden seit

[90] Als Stütze dafür könnte der folgende Beleg aus Hesdin (Pas-de-Calais) von 1388 dienen: Item pour VII augnes de *toyle de Bourges* acatees pour faire II courtines a l'autel de le capelle de l'hospital, Bphhist 1946–47, 11. Allerdings erwägt der Hg. Korrektur in *Bruges,* was in einem mlt. Beleg aus Genua seine Entsprechung finden würde: 1458 Item die 16 decembris et fuit ante pro colare borcati moreli: s. 13., par. 7. *telle de Brugis:* Lb. 4.4., et 3/4 avelutati: Lb. 1.15, CptPicc 217.

[91] Ebenso FEW 1,645b s.v. BURRICUS. Das ibid. verzeichnete mfr. nfr. *bourgeteur* 'ouvrier en laine' (seit 1544) steht irrtümlich auch FEW 1,472b s.v. *Bourges.* Dazu schreibt von Wartburg: „SavBr 1741 berichtet, daß diese arbeiter zuerst aus der gegend von Bourges nach Flandern gerufen worden seien". Die Verknüpfung des Wortes mit dem Ortsnamen *Bourges,* die sicher auf volksetymologischer Umdeutung beruht, findet sich schon 1690 in einem Dokument aus Lille: Les bourgeteurs sont François originairs de la ville de Bourges, capitale du duché de Béry; ils ont été reçuz à Lille en l'an 1496 soubs de certaines conditions quy leur étoient avantageuses, et quy semble (sous très humble correction) qu'on leur doit tenir. Ils n'y furent pas de quatre ans que les sayeteurs jaloux de leurs privilèges leur firent un procès pour les petits satins et satinez renversez et bien que le seul nom de sayeteur décidât la question, ces derniers ont tant fait par leur requête à la chambre des comptes et aux magistrats jusques au 22 may 1531 que cette manufacture leur fut accordée à charge de ne plus inquiéter les bourgeteurs, Vanhaeck 2,175. Cf. ähnlich 1698 La principale manufacture [à Lille] est celle des sayetteurs et bourgeteurs. Les premiers ont été ainsy nommez à cause qu'ils font des sayes; les seconds ont pris leur nom de la ville de Bourges, d'où ils sont venus s'établir à Lille il y a plus de deux cens ans, MémFlandWall 472. Cf. jedoch schon 1469 (Douai) Ung drap *bourgette* sanguin fringié de soye, Gay s.v., was der oben zitierten Herleitung entgegensteht. Ebenso bestehen zu große morphologische Schwierigkeiten, um *bourgeteur,* das meist zusammen mit *sayetteur* genannt wird, als Ableitung vom Ortsnamen *Bourges* zu betrachten. – Neben *bourgeteur* ist auch die im FEW nicht verzeichnete Ablt. *bourgeterie* seit dem 16. Jh., vor allem in Lille, häufig belegt: 1563 (Lille) de tous ouvriers exerceans les stils et mestiers haultelisse tripperie et *bourgeterie* au plat pays, Vanhaeck 2,63; 1575 (Lille) à la marchandise de saïetterie et *bourgeterie* d'icelle ville, ib. 2,79; 1578 (Antwerpen) Et pour les sayetterie et *bourgeterie,* l'impost y mis par la premiere liste se payera par le marchant, SagherDoc 1, 489; 1600 (Lille) exerçans lesdits styles de saïetterie, *bourgeterie,* Vanhaeck 2,93; weitere Belege bis 1783 ib. 2,103, 106, 117, 125, 409 und oft.

[92] S. auch Gam s.v. *bourgeron.*

[93] S. Hav. s.v. *toile.*

der 2. Hälfte des 14. Jhs. flandrische Leinenstoffe ausdrücklich genannt[94]. Holländische Leinwand wird 1397 in Avignon erwähnt[95]. In der Folgezeit breitet sich dieser Industriezweig in solchem Maße aus, daß Flandern zusammen mit dem Hennegau[96] und den Niederlanden schon im 16. Jh. die führende Macht Europas in der Leinwanderzeugung ist und seine Produkte wegen ihrer hervorragenden Qualität in Spanien ebenso begehrt sind wie in Frankreich oder Deutschland[97].

Wieweit dieser neue Industriezweig Spuren im Vokabular hinterlassen hat, soll im folgenden anhand der aus Orts- und Provinznamen gebildeten französischen Leinwandbezeichnungen dargestellt werden.

hollande f.

'toile de lin très fine'[98] < (*toile de*) *Hollande*; nach FEW 16,221b 1598–SavBr 1741[99]. Auszugehen ist von der älteren Form *toile de Hollande*, die seit 1453 bezeugt ist[100].

1453 *Toille de Hollande*. Une grosse pièce entière, JCœur 84; 1459 fine *toile de Hollande*, Gay 1,318a; 1462 fines *toilles d'Ollande*, LAffBerr

---

[94] 1388 Ung lit entoié de *toille* traillie *de Flandres*, InvBourg 2,333 (s. noch Zangg 112; VidosNoms 175). Ebenso im Mlt. Südwestfrankreichs 1382–88 emi VIII. alnis *tele de Flandria* ex quibus feci I. camisiam magnam et II. femoralia, Cpt ArchevBord 22,409; pro I. alna *tele de Flandria* pro dressorio tinelli, ib. 22,418.

[95] *Tellas* finas de Reins, o de Compaigna, o *d'Olanda*: fl. VI, per balla. Teillas de Brebant et de Henaut: fl. II, per carga. Teillas blancas et largas d'Espinau: fl. I, per carga, GabAv 49.

[96] Cf. 1551–56 *Toilles* de Olande, de Zelande, *de Henault*, de Cambray, de Braban, ChambRevGéogr 31,295; s. noch oben n95.

[97] 1616 Pour paroistre des plus relevées, elle ne manquoit à ce subjet de se faire faire des plus riches habits et des plus belles façons qu'elle se pouvoit adviser, entre autres les plus belles et deslies toilles, dont la Flandre, sur toutes les provinces de l'Europe, est la mieux fournie pour se faire des rabats des mieux goderonnés, Gay 2,404b; 1631 deux petites aulnes fine *toille de Flandre*, pour faire des sacquetz pour le service de Sadicte Altesse, Roy 412. Zur flandrischen Leinenindustrie im 18. Jh. s. noch Willemsen passim; zum Export nach Spanien LefEsp 123ff.

[98] So auch sp. *holanda* (seit 1495), CoromBr; kat. *holanda* (seit 1497, *olanda*), Alcover; pg. *holanda*, s. BolFil 9,123; Maçãs 205; Machado 185 (außerdem 1522 e 49 varas *dolamdaa*, Archivo Historico Portuguez 8,400; s. noch hier n29; 1534 Huũ lemçoll *dollamda* usado, InvJoão 274; It. *Dolamda* hũa vara e mea, ib. 381); it. *olanda* (seit 1560), BattAl; e. *holland* (seit ca. 1450, *Holond;* 1427 *holand-cloth*), OxfDict. Cf. auch d. *holancher linwat* (1478), Peyer 1,283.

[99] Das Wort findet sich noch bei Trév 1771, Li und Lar 1962, ebenso 1786 toiles de cretonne, guibert, courtray, frise, *hollande*, Hav s.v. *guibert*. Zur möglichen Vordatierung s. weiter unten. – Die im FEW als einzige genannte Form *holande* wird seit dem 17. Jh. immer mehr von *hollande* zurückgedrängt.

[100] FEW s.v. *Holland* n2 gibt als Erstdatum für *toile d'Olande* 1574 unter Berufung auf Hav. Doch heißt es dort *linge d'Hollande*. Dagegen verzeichnet Hav *toille d'Olande* seit 1507 (s.v. *olande*). Im Apr. schon 1397, s. oben n95; dann auch 1496 *tela d'Olanda*, Zangg 113. Im Mlt. Südfrankreichs 1489 (Avignon)

250; 1463 *toille de Hollande,* Gay 1,352a; 1469 fine *toille de Hollande,* LAffBerr 269; 1470, Gay 2,109a; 1483, ib. 2,402b; 1484 *toiles de Holande,* Bphhist 1890,390; 1487 *toilles de Hollande,* Gay 1,470b; 1498 *toile de Holande,* Leber 19,254; 1507 *toille d'Olande,* Hav s. v. *olande;* 1508 *toille de Holande,* CptGaillon 339; 1514 Deux coctepointes de *toille d'Olande.* Vingt neuf paires et demye de lincieulx de *toille d'Ollande*... Six soulhes dorilliers de *toille de Hollande,* InvValent 78; 1519 *toille d'Olande,* InvSPaul 106; 1532 fine *toille de Hollande,* CptBâtRoy 2,260; 1551–56 *Toilles de Olande,* ChambRevGéogr 31,295; 1573 *Toille de Hollande,* NicolayLyon 177; 1574 *toille d'Olandre,* InvBarbAmb 47; 1578 *toille d'Olande,* PrixEtBord 183; 1582 *Toiles de Hollande,* Fontanon 2,393; 1586 *thoille de Holande,* DrotMin 94; 1589 *toille de Hollande,* Gay 1,75a; 1597, LaffRégl 543; 1606 *thoille de Holande,* Gay 1,116b; 1611 *toile d'Hollande,* Cotgr; 1615 *toiles de Holande,* Montchrétien 207; 1664 *toille* fine *d'Hollande,* Tarif 25; cf. auch 1611 Quatre draps de lit de *toille hollandoise,* InvPailly 301.

Seit dem 17. Jh. wird diese Leinwand unter ihrem ursprünglichen Namen auch in anderen Gegenden nachgeahmt, so z. B. 1669 *Toiles de Hollande,* à Morey, Laval, Louviers et le Bec. Toiles à voile, à Vienne, Colbert 7,289; 1670 Des *toiles* fines *de Hollande,* à Bresle, Louviers, Laval et autres lieux, de 200 métiers, ib. 7,242.

In den Texten des 16. Jhs. wird der allmähliche Übergang von der vollen Form zu elliptischem *hollande* deutlich sichtbar.

1514 deux paires de linceux neufz de *toille de Hollande,* une pièce de *Hollande* toute neufve et entière, InvValent 95; 1542 *Toiles* fines *de* France, Normandie et Bretagne, Champagne, Lyon, *Hollande,* Cambray, Baptiste, Allemagne, Bresse et d'ailleurs, Fontanon 2,353 (ebenso 1582, ib. 2,390); 1582 De la piece de *toille Holãde,* dix s. De la piece de toille Cãbray, cinq sols. De la piece de toille baptiste, cinq s., ib. 2,426; 1594 toutes sortes de *thoiles* de lin, chanvre, baptiste, *hollande,* canevas gros et fins, LespMét 3,73; 1607 Plus trente-deulx pièces *toille olande* fine, à 15 livres la pièce. – Plus cinquante-cinq aulnes et demye *olande,* à trante-trois soulx six deniers [l'] aulne, Hav s. v. *olande*; 1645 toutes sortes de *toilles* de lin, chanvre, batiste, linon, Cambray, *Hollande,* canevas gros et fin, LespMét 3,75.

Abgesehen von dem obigen Beleg von 1514 findet sich einfaches *hollande* erstmals 1538, ohne daß eindeutig zu entscheiden ist, ob der Eigenname oder bereits ein Appellativum vorliegt.

1538 Deux belles chemyses de *Hollande* ouvrées richement de filz d'or et de soye, CptBâtRoy 2,401. Ähnlich 1562 Une aulne de *Hollande* pour faire des brassières de nuit pour la royne, Gay 1,207b; 1563 A Nicolas,

---

unum caputergium *telle de Hollande,* P. Pansier, L'œuvre des repenties à Avignon du XIIIe au XVIIIe siècle, Avignon 1910, 252. Zum periphrastischen Typus in den romanischen Sprachen s. noch Z 80,434ff.

tapissier, 6 aulnes de *Holande* pour doubler 2 paires de brassières pour la royne, ibid.

Doch weist der folgende Beleg darauf hin, daß wir es schon 1538 mit einem Appellativum *hollande* zu tun haben[101]:

1629 Douze chemises d'*Holende fort fine*, Roy 303. Weitere Belege 1659 De la *holande*, du quintin, Hav s.v. *quinte;* 1681 s. unten *demi-hollande;* ebenso noch 1769 Qu'en livrant toile de Guiber ... Elle la vendra pour *Hollande*, VarHistLitt 8,226.

Dazu die Zusammensetzung

demi-hollande f.

'toile de lin assez fine, fabriquée en Picardie'[102], seit 1681[103]. – FEW 16,221b.

1681 Pour chacune piece d'Hollande, *demi Hollande*, Toille de Gand, Courtray, Malines[104]; ca. 1700 L'autre manufacture est celle de toiles, dont il se fait un très-grand commerce; elles se fabriquent dans le plat pays, des chanvres qui y croissent, qui servent à faire ces toiles communes et ordinaires. Les fines, que l'on qualifie de *demi-hollande*, se font à Bulles, à quatre lieues de Beauvais, où il croît du lin très-excellent, qui y est employé, MémGénParis 340; 1713 Cette fabrique [sc. de Beauvais] consiste principalement en deux sortes de toiles, qui sont les *demi-Hollande* et les linons, dont il fait une grande distribution, tant dans le royaume qu'au dehors, et particulièrement en Espagne et dans l'Amérique espagnole, ib. 638; 1731 Item, 3 autres paires [sc. de draps] de *demi-Hollande*, InvMon 155.

Im Rahmen der spanisch-niederländischen Handelsbeziehungen entstand sp. *holán* 'holanda, lienzo muy fino' (seit ca. 1625, Corom[105]). Daraus entlehnt fr.

holan m.

'espèce de batiste fabriquée en Flandre', SavBr 1723-Lar 1872, FEW 16, 221b[106]. – VidosMots 289–291; Corom[107].

---

[101] Die Datierung im FEW wäre entsprechend zu korrigieren.

[102] Littré definiert 'toile de Hollande de basse qualité', doch zeigt der folgende Beleg von ca. 1700, daß auch *demi-hollande* einen feinen Leinenstoff bezeichnet; s. auch LarI s.v.

[103] FEW datiert SavBr 1723-Balzac, doch ist das Wort noch bei Lar 1962 verzeichnet. Der bei Hav (s.v. *toile*) angeführte Beleg von 1607 (*demye Ollande*) beruht auf falscher Lektüre des Textes (cinquante cinq aulnes et demye *olande*), s. den ausführlichen Beleg Hav s.v. *olande*.

[104] Ordonnance de Louis XIV, Roy de France et de Navarre, donnée à Versailles, au mois de Juillet 1681, Paris 1714, 59.

[105] S. ib. die etymologische Diskussion.

[106] Die Entlehnung aus dem Spanischen ist im FEW nicht ersichtlich.

[107] Zu pg. *holão* s. Maças 205.

Schon 1699 werden *olans* aus Paris in Cádiz erwähnt, Girard 404 (ohne Beleg).

Ebenfalls aus dem Spanischen entlehnt ist fr.

hollandille f.

'espèce de toile de Hollande; contrefaçon fabriquée en Silésie' < sp. *(h)olandilla*[108] (seit 1636, Corom); seit SavBr 1723[109], FEW 16,221b. – VidosMots 291–294.
Eine besonders kostbare Leinwand wurde in der holländischen Provinz Friesland hergestellt[110]. So entstand im 17. Jh. parallel zu *hollande* < *toile de Hollande* nfr.

frise f.

'belle toile de Hollande' < *(toile de) Frise*; seit Rich 1680, Z 80, 437. Das Wort ist zu trennen von der weiter oben behandelten Wollstoffbezeichnung *frise*, s. dazu ibid.

Eine hervorragende Stellung innerhalb der flandrischen Leinwandfabrikation nimmt die Stadt Cambrai ein[111]. Die Anfänge dieser Industrie gehen bis ins 13. Jh. zurück[112], doch erst seit dem 15. Jh. gewinnt sie überregionale Bedeutung. Neben den holländischen Leinenstoffen ist es vor allem die Leinwand aus Cambrai, die im 16. Jh. auf den Märkten fast ganz Europas anzutreffen ist und zu den begehrtesten Importartikeln jener Zeit gehört[113]. Davon zeugen u. a. auch Bezeichnungen wie it. *cambraia* 'toile de Cambrai, cambrésine', *cambraita* (Oudin, ThomasEss 404), *cambrì* (seit 1590, Batt Al[114]), pg. *cambráia* (s. Machado 144), e. *cambric* (seit 1530, OxfDict) sowie d. *Kammertuch* (seit 1585, KlugeM). Eine Spezialität der Stadt Cambrai ist

---

108 Daraus auch pg. *holandilha*, s. Maçãs 205.

109 SavBr gibt die spanische neben der französierten Form: »*Hollandillas*, ou *hollandilles*«. Das Wort fehlt bei Li und DG.

110 »C'est à Haerlem où se fait le plus grand Négoce de Toiles que l'on appelle ordinairement Toiles de Hollande... Les plus belles et les plus estimées se font dans la Province de Frise; ce qui fait qu'on les nomme par distinction *Toiles de Frise* ou simplement *Frises*...«, SavBr 1726 s.v. *toile*, zit. nach VidosNoms 187 n2. – Ebenso in Spanien 1792 Además de los paños expresados, se llevan sobre todo innumerables piezas de *lencería de* Olanda, *Frisia*, Amsterdám, Harlém, Brujas, Gante, Bois-le-duc, y otras ciudades de estos países, VidosNoms 169 n2.

111 Zur Geschichte dieser Industrie s. die gut dokumentierte Arbeit von André Dolez, La Mulquinerie à Cambray des Origines à 1789, Essai d'Histoire Economique, Thèse pour le doctorat en Droit, Université de Paris, Faculté de Droit, Lille 1932.

112 S. noch Bphhist 1887, 155. In Arras schon 1170 Raynerus li *molekinius*, Bphhist 1898, 208 n1.

113 S. dazu den weiter unten zitierten Beleg von 1664.

114 S. auch BattAl s.v. *cambragio*.

die Fertigung von Batist, einer besonders feinen Leinwand, deren Ursprung lange Zeit auf die legendäre Gestalt eines Fabrikanten Baptiste de Cambrai, des angeblich ersten Herstellers dieses Stoffes, der im 13. Jh. in Cambrai gelebt haben soll, zurückgeführt wurde[115]. Die Verbreitung des Wortes *batiste*, das von Frankreich aus in die meisten europäischen Sprachen gelangte, ist ein weiteres Zeugnis für die überragende Stellung von Cambrai im Rahmen der Leinwandfabrikation der beginnenden Neuzeit.

cambrai m.

'toile de lin fine, fabriquée d'abord à Cambrai' < (*toile de*) *Cambrai;* seit 1566[116], Gay. – FEW 2,127b; Hav.
Auszugehen ist von der Form *toile de Cambrai*, die seit dem 15. Jh. häufig belegt ist[117].

1453 *Toille de Cambray*, JCœur 85; 1483 deux pieces fines *toilles de Cambray*, Leber 19,248; 1491 Douze aunes fine *toille de Cambray*, Douët Arg 360; 1514 Deux aulmosnieres et une cinture dorfaverye pour les mariées avecques deux gorgerettes de *toille de Cambray*, frangé de fil dor et soye verte, InvValent 96; 1519 *toille de Cambray*, InvSPaul 105; 1551–56 *Toilles* de Olande, de Zelande, de Henault, *de Cambray*, de Braban, ChambRevGéogr 31,295; 1558 *toille de Chambray*, de baptiste, trippe de velours, LespMét 2,262; 1572 *thoille de Cambray*, DrotMin 60; 1573 *Toille de* Hollande, De Zelande, Hainault, *Cambray*, De Brabant, Battiste, NicolayLyon 177; 1578 *toille de Cambray*, Prix EtBord 183; 1585 coiffure de *thoille de Cambray*, garnye de dantelle, DrotMin 76 (ebenso 1586, ib. 99); 1611 *toile de Cambray*, Cotgr; 1664 Du Peuple de Cambray, de ses qualitez, et exercices . . . le plus industrieux, le plus rare, et le plus admirable de tous ses ouvrages est celuy des Toilles, qu'il peut faire aussi fines et aussi desliées que l'araignée fait la sienne, et qui sont trop fois plus precieuses, et plus cheres que la soye

---

[115] S. dazu unseren Beitrag Fr. *batiste* und das volksetymologische Denkmal, Z 80, 1964, 455–464.

[116] Nach FEW seit SavBr 1723. – Das Wort fehlt bei DG; Li gibt es als veraltet an.

[117] Nicht, wie das FEW schreibt, seit dem 12. Jh. Im 13. Jh. wird Cambrai häufig als Ursprungsort von Tuchen erwähnt, so z. B. 1268 Cil [sc. dras] de *Kambrai* doivent chascuns XIIII s. pour chambre, EBoileau 274; ca. 1296 Douay. Tous draps de Douay, III s. . . Malines, II s. – *Cambray*, XVIII d., DouëtTarif 219; 13. Jh. *camelin de Cambrai*, CrapProv 96; ebenso apr. 1277 per VIII aunas de *pers de Cambrai*, e per VII aunas e mieia de *drap vert de Cambrai*, Alauzier EtQuercy 89. Cambrai wird auch in der Liste der »22 villes drapantes de la hanse de Londres« aus dem 13. Jh. genannt, FagniezDoc 1,206. – Ebenso ist auch der Erstbeleg von sp. *cambray* 'especie de lienzo fino' (seit 1268, Corom) zu korrigieren. In diesem Text (RFE 8,327) heißt es: El *panno* tinto *de Canbray*. Weder ist *Canbray* hier zum Appellativum geworden, noch bezieht es sich auf einen Leinenstoff, sondern wie schon A. Castro (l.c.) zu Recht betont, auf einen Wollstoff, der mit dem heutigen *cambray* nichts gemein hat. Der sp. Beleg von 1268 schließt sich an die oben zitierten fr. Belege aus dem 13. Jh. an.

mesme, connuës de toutes les Nations sous le nom de *Toilles de Cambray*[118]; 1698 toiles fines qu'on nomme en France toiles de batiste et en Flandre, *toiles de Cambray*, parce que cette manufacture a commencé dans la ville de Cambray, MémFlandWall 520; 1699 toiles fines (qui se fabriquent dans la province d'Overissel et du costé de Douay et Valenciennes, que l'on fait blanchir a Harlem, et que l'on vend en Espagne sous le nom de *toiles de Cambray* et de baptiste), MémNégHoll 269f.[119]; s. noch Brésard 167; EstèbeToul 185. Ebenso im Abearn. ca. 1530 Item, cinq bergues un quoart *telle de Cambray*, WGask.

In einer Reihe von Belegen aus dem 16. und 17. Jh. läßt sich deutlich der Übergang vom Ortsnamen zum Appellativum nachweisen:

1542 *Toiles* fines *de* France, Normandie et Bretagne, Champagne, Lyon, Hollande, *Cambray*, Baptiste, Allemagne, Bresse et d'ailleurs, Fontanon 2,353 (ebenso 1582, ib. 2,390); 1582 De la piece de *toille Cãbray*, cinq sols. De la piece de toille baptiste, cinq s., ib. 2,426; Toiles de Hollande, et autres semblables toiles Batistes, et *Cambray*, soyent cruës, iaulnes, blanches, et bazettes, tant fines, moyennes que grosses, ib. 2,393; 1607 Plus, quatre aulnes et demye *toille Cambré*, à cinquante-cinq soulz aulne. Plus, trois aulnes ung cart de *toille de Cambré*, à cinquante-cinq soulz aulne. Plus, trois aulnes ung cart de *Cambré*, à trois livres cinq soulz aulne, WGask (s. noch Hav s.v.); 1645 toutes sortes de toilles de lin, chanvres, batiste, linon, *Cambray*, Hollande, canevas gros et fin, Lesp Mét 3,75; 1664 *Toilles de* Hollande, Baptiste, *Cãbray*, Gand, Tarif 96.

Auch im folgenden Beleg ist *Cambray* noch nicht eindeutig als Stoffbezeichnung aufzufassen:

1639 Quatre linceuls de *Cambray* garnis tout autour de dentelle de Flandre, Hav.

Elliptisches *cambrai* erscheint erstmals 1566, wird aber erst im 18. Jh. häufiger, ohne jedoch jemals im allgemeinen Sprachgebrauch zu großer Vitalität zu gelangen.

1566 iij pièces simples 6 ā [=aunes] camalots... iiij ā *Cambray*, de 14^l 10^s pièce, InvLand 231; 1593 Toiles. *Cambraix* assortis à 9, 12, 15, 24 et 30 s. le pan. – Toiles baptistes assorties de mesme prix, Gay; 1688 *Cambray* d'Allemagne, SavBr 1730, 459.

FEW 2,127b zitiert noch ein vereinzeltes afr. *chambli* 'toile de Cambrai' (1316). Doch beruht dieser Beleg auf einem Irrtum Godefroys, der immerhin vorsichtiger mit 'sorte d'étoffe' definiert. Die Prüfung des Belegs bei DC (s.v. *armatura*), der Quelle Godefroys, ergibt, daß hier keineswegs eine Stoffbezeichnung, sondern vielmehr ein Ortsname vorliegt: Hantes [sic] Gorgieres doubles de *chambli*. Item uns bras de jazeran d'acier. Endgültige

---

[118] Histoire genealogique des Païs-Bas ou Histoire de Cambray et du Cambresis..., par Jean Le Carpentier, 2 vol., Leide 1664, 1re partie, chap. XVI, p. 291.

[119] Ebenso noch 1733 (Marseille) une *toillette de Cambray* demy usée, InvRoze 477.

Gewißheit verschafft uns ein fast gleichlautender Beleg von 1322: Premiers, deus paires de fier de haubergerie, de couvertures a cheval. Item, un haubiert. Item, un boin clavre de *Cambli*. Item, un chamal du mesme. Item, unes manches et uns pans de *Cambli* a plates. Item, une gorgiere double ... Item, un camail de Lombardie et une gorgiere de Lombardie délies. Item, une paire de caucons coupés. Item, une gorgiere de *Cambli*. Item, deus gorgieres franchoises de demi clawre, DehDoc 246[120]. Dehaisnes schreibt hierzu in der Table des matières: »*Chambly*, localité du Beauvaisis, connue par ses fabriques d'armures«[121].
Neben *toile de Cambrai, cambrai* tritt seit dem 16. Jh. eine Ableitung auf *-ine* auf.

cambrésine f.

'sorte de toile fine', seit 1580[122], FEW 2,127b.
Das FEW gibt als Bedeutung 'toile de coton des Indes très fine', doch geht aus dem Beleg von 1580 bei Gay nicht hervor, ob das Wort hier tatsächlich einen Baumwollstoff aus dem Orient bezeichnet. Sichere Belege für diese Bedeutung finden wir erst seit 1688 in der Form *cambrasine*[123], SavBr 1730, 451[124].
Im 18. Jh. bildet sich eine semantische Differenzierung zwischen *cambrasine* und *cambresine* heraus. Neben *cambrasine* 'toile de coton des Indes' tritt nun die Form *cambresine* in der Bedeutung 'toile de lin claire et fine fabriquée à Cambrai', d. h. als 'Synonym' von *cambrai*, s. SavBr 1723 s. v. *cambray*. Diese Differenzierung findet sich noch bei Moz 1826 und Leclère 1834, 985a; Li kennt nur noch *cambrésine*, das er durch die Definition 'toile de lin claire et fine qui se fabriquait à Cambrai' als veraltet kennzeichnet.

Wie schon erwähnt[125], wurden im Mittelalter in Cambrai vor allem Tuche hergestellt. Als weiteres sprachliches Zeugnis dafür ist vereinzelt belegtes *cambrisien* anzuführen, das jedoch entgegen der etymologischen Grundbedeutung einen in Arras hergestellten Wollstoff bezeichnet.

cambrisien m.

'espèce de drap' < *cambrésien* 'de Cambrai, du Cambrésis', Arras 14. Jh., Zangg 35; Pck 2,32f., PoerckCongr 523. – FEW fehlt.

---

[120] Beide Belege auch Gay 1,789b (Gay schreibt jeweils *Chambli*).
[121] S. auch LarI.
[122] Im Apr. schon 1524 *cambraisino*, FEW l.c.
[123] Diese Form nach FEW nur Trév 1771. It. *Cambrazini* schon 1660, Chabaud 115, jedoch ohne Beleg.
[124] SavBr 1730, 606f. verwendet unterschiedslos die Formen *cambrasine* und *cambresine*. Als Stichwort gibt SavBr 1730 nur *cambrasine*. – Nach SavBr 1723 'toiles fines d'Egypte'. [125] S. hier n117.

14. Jh. (Arras) Item, que nulz couretiers ne soit si hardis qu'il accate estanffort, ne saye, ne biffe, ne *cambrisien*, qu'il ne le face veir as espincheurs, EspPirDoc 1,184; Et qui couvreture de *cambrisien* veult faire, ib. 1,224; Item, qu'il tendent le *Cambrisien* 50 aunes de long au plus, ib. 1,238 (ebenso ib. 1,236, 239, 240).

Im Gegensatz zu den bisher behandelten Leinwandbezeichnungen *hollande, frise* und *cambrai*, die durch Verkürzung innerhalb des Französischen entstanden sind, verdankt das folgende Wort seine Existenz den Handelsbeziehungen mit Spanien und ist daher den weiter oben angeführten nfr. Bezeichnungen *gante, courtray* sowie *holan, hollandille* anzuschließen.

brabante f.[126]

'toile d'étoupe de lin, fabriquée dans les villes de Brabant' < sp. *brabante* (seit 16. Jh.; < *lienzo de Brabante*); seit 1630 (*bramante*)[127]. – FEW 1,478b; VidosOnderzoekingen 12; VidosMots 304f.; LefEsp 43, 125; HerbEsp 60.
Für die periphrastische Form *toile de Brabant* sind uns im Französischen Belege seit dem 16. Jh.[128] bekannt:

1551–56 *Toilles* de Olande, de Zelande, de Henault, de Cambray, *de Braban*, ChambRevGéogr 31,295; ebenso 1573 *Toille* de Hollande, De Zelande, Hainault, Cambray, *De Brabant*, Battiste, NicolayLyon 177; im 16. Jh. in Toulouse, EstèbeToul 185 (ohne Beleg); 1604 *Toilles à la façon de Braban*, faites à Bolduc, Tyelmont, Eyndhonen et autres lieux, RegDélib 242.

Doch scheint sich eine Entwicklung vom Ortsnamen zum Appellativum im Gegensatz zum Spanischen innerhalb des Französischen nicht vollzogen zu haben[129]. Es sei denn, man betrachtet die fr. Nebenform *brabans* (SavBr 1726), VidosNoms 185 n3, ebenso schon 1686, Girard 356 (jedoch ohne Beleg) als Resultat einer Verkürzung aus fr. *toile de Brabant*. Eine endgültige Entscheidung läßt sich mangels Belegen nicht treffen, wenn auch die

[126] Trév 1771 schreibt s.m., s. VidosNoms 185. Doch steht diese Angabe im Gegensatz zu Trév 1752 (s.f.), so daß die Möglichkeit eines Druckfehlers nicht ausgeschlossen ist. Nach FrMod 27,125 und B. E. Vidos, op. cit. Anm. 17, S. 201 wäre das Femininum auch bei Rich 1732 bezeugt, doch verzeichnet Richelet die Form *brabantes* ohne Genusangabe.

[127] Das FEW gibt als Erstbeleg SavBr 1740. Schon SavBr 1723: »*Brabantes*, ou prexillas crudos. Sortes de toiles d'étoupes de lin, qui se fabriquent aux environs de Gand, Bruges, Courtray, et Ypres«. Gleich gebildetes pg. *brabante* (s. FEW n1) schon 1439–48, s. dazu Maçãs 204. Ebenso 1534 *Barbãte*. It. De *berbante*, oitemta hũa vara duas terças, InvJoão 383.

[128] Im Apr. schon 1397 (Avignon), s. hier n95; ebenso im Mlt. 1335 (Avignon) *tela de Brabantia*, VidosNoms 185.

[129] Boillot 87 zitiert *brabant* m. 'toile de lin qui se fabrique aux environs de Bruxelles, Anvers et Utrecht' aus LarI, doch findet sich dort nur die feminine Form *brabante*.

Erklärung von Vidos, fr. *brabans* stelle den Versuch einer Französierung von *brabantes* dar, den Vorzug verdient.
Neben *brabante* ist im Spanischen seit dem 16. Jh. auch die Form *bramante* bezeugt. Daraus entlehnt

1630 40 pièces d'anascotes de Bruges, deux ballots de *Bramantes*, un autre ballot de Gantes toutes toiles qui soient fines, FrainEsp 16.

Aus dem sp. Diminutivum *brabantillo*[130] (18. Jh., AlonsoEnc) vereinzelt entlehnt wurde nfr.

brabantille f.

'toile écrue de la deuxième étoupe', 18. Jh., LefEsp 126; HerbEsp 60. Ebenso aus der sp. Nebenform *bramantillo*

1726 (133 varres de) *bramentilles*, DardelCorr 87.

England

Neben Flandern ist vor allem England als bedeutendes Zentrum der mittelalterlichen Tuchherstellung zu nennen. Die englischen Wollerzeugnisse stehen im 12. und 13. Jh. auf dem Kontinent in hohem Ansehen[1]. Während jedoch früher allgemein ein Niedergang der englischen Textilfabrikation gegen Ende des 13. und besonders im 14. Jh. angenommen wurde, hat E. M. Carus-Wilson als erste nachgewiesen, daß die Bedeutung Englands im Rahmen der europäischen Tuchindustrie sich über die Jahrhunderte hinweg kontinuierlich erhalten hat. Der bisher angenommene Niedergang wird von ihr überzeugend dargestellt als bloße Umschichtung, durch die sich die Fabrikation, zum Teil bedingt durch die Entwicklung der Walkmühle, von einigen städtischen Zentren auf größere ländliche Gebiete verlagerte[2].
Die bedeutendsten Tuchzentren Englands im 12. und 13. Jh. sind Lincoln, Stamford und Northampton, daneben auch London, Winchester und Oxford[3]. Doch sind deren Erzeugnisse nicht alle in gleichem Maße auf den

130 Nach dem Vorbild zahlreicher Stoffbezeichnungen auf *-illo*, s. dazu VidosMots 292.

1 S. dazu E. M. Carus-Wilson, The Woollen Industry, in: Cambridge Economic History of Europe, vol. II, Trade and Industry in the Middle Ages, edited by M. Postan and E. E. Rich, Cambridge 1952, 355–428; zu den englischen Verhältnissen s. besonders 374ff.; 408–420.

2 E. M. Carus-Wilson, An industrial revolution of the thirteenth century, The Economic History Review 11, 1941, 39–60. S. auch id., The English cloth industry in the late twelfth and early thirteenth centuries, ib. 14, 1944, 32–50.

3 Carus-Wilson, Econ. Hist. Rev. 11,50; 14,33; Ammann 22; L. F. Salzman, English Industries of the Middle Ages, Oxford 1923, 194.

europäischen Märkten anzutreffen. Auf dem Kontinent sind es vor allem die Produkte von Lincoln und Northampton, vielleicht auch von Stamford[4], die den Ruf Englands als Land der Tuchmacher begründen. So lassen sich die Tuche aus Northampton im 13. Jh. in Genua ebenso wie auf der Pyrenäenhalbinsel nachweisen[5]:

Genua: 1252 pecias quatuor *pannorum norantonorum* et peciam unam panni blanci englexii, Doehaerd 2,377; 1253 pecias triginta de *norantonis*, ib. 2,432; pecias duas *pannorum narantonorum*, ib. 2,442; 1254 implicatas in *pannis de Norantono*, ib. 2,520; 1259 implicatas in *norantonis* et in stanfortis Araz, ib. 2,570; 1262 implicatas in cannis quindecim *panni virgati Norantoni*, ib. 3,636; 1264 inplicatas in cannis novem et brachio uno *panni Norantoni*, ib. 3,682; 1308 *pannorum* lombardeschorum quam francigenorum et *Norantoni*, ib. 3,971.

Portugal: 1253 Et cobitus de *pannis* viadis et planis *de Larantona* ualeat undecim solidos, Rolin 35.

Doch bleibt der sprachliche Einfluß Englands auf das romanische Textilvokabular zunächst noch recht dürftig. So finden wir im 13. und 14. Jh. nur vereinzelt französische Stoffbezeichnungen, die sich mit Sicherheit auf Ortsnamen englischer Herkunft zurückführen lassen. Als einziges sicheres Beispiel hierfür ist zu erwähnen

nicole

'sorte de drap' < (*drap de*) *Nicole* (Lincoln)[6]; hap. 13. Jh.[7], FEW 5,350a. Während *nicole* als Stoffbezeichnung nur einmal, in einem literarischen Text bezeugt ist[8], lassen sich periphrastische Bildungen seit dem 13. Jh. recht häufig, auch in der Urkundensprache, nachweisen:

1262 *blanc de Nicole*, Rutebeuf[9]; 13. Jh. *Drap blanc de Nicole*, CrapProv 95; 1387 pour la façon de une robe à chappe de 5 garnemens, faicte de un *drap blanc de Nicole*, DouëtNArg 297; 1407 I *blanc de Nichole* entier, InvJoss 236[10].

Die Beispiele für den periphrastischen Typus zeigen, daß es sich durchweg um einen ungefärbten Wollstoff handelt, so daß auch für den einzigen Beleg

---

[4] S. dazu weiter unten die etymologische Diskussion zu afr. *estanfort*.

[5] Dagegen sind uns keine Belege aus der Galloromania bekannt.

[6] Die Form *Nicole* für den Ortsnamen *Lincoln* auch in den Récits d'un Ménestrel de Reims au XIIIe siècle, éd. N. de Wailly, pp. 130, 155, 156. Daneben auch die Form *Lincole*, so z. B. 1360 Guillaume le pelletier, de *Lincole*, DouëtArg 223.

[7] Chevalier as deus espees, éd. Foerster, v. 6171; nach FEW pik. ca. 1220, nach R. Levy 1250.

[8] Cf. jedoch noch 1582 Draps de Vicomté et leau *Nicole*, vingt escus, Fontanon 1,824.

[9] La Voie de Paradis, v. 537. Œuvres complètes, p.p. E. Faral et J. Bastin, t. I, Paris 1959, 359.

[10] Der Herausgeber vermutet in dieser Form den Ortsnamen Nikosia, was jedoch völlig abwegig ist.

von elliptischem *nicole* im Chevalier as deus espees diese Bedeutung angenommen werden darf. Ob dies auch für die folgenden Belege aus Spanien zutrifft, wo gleichfalls Stoffe aus Lincoln im 13. Jh. erwähnt werden, läßt sich nicht mit Sicherheit bestimmen.

1268 La mejor escarlata de Monpesler vala la vara seys mrs.; la mejor *escarlata de Yncola* çinco mrs. la vara; la mejor escarlata de Gante tres mrs. la vara, Rolin 30; la vara dela mejor *escarlata de Nicola* quatro mrs. e dos sueldos de dineros alfonsis, ib. 32.

Während dieser Stoff seit dem 15. Jh. auf den europäischen Märkten verschwindet, wird Lincoln noch im 16. Jh. als Ursprungsort einer Zwirnart in der Gascogne erwähnt.

1522 (Bayonne) Une livre de *fiu de nicolle,* gros blanc, ViePrivBay 377; Item, tres assotes de *fiu de Nicole,* RegBay 2,313; 1571 une livre de *fillet de nicole* fin, WGask; 1584 deux libres de *fillet* fin *de nicolle,* ibid.; 1607 (Bordeaux) Plus, deulx douzaines et demye *filhet de Nicole,* numéro neuf, à vingt-neuf soulz la livre. Plus, une douzaine et demye *filhet de Nicolle,* numéro dix, à trente ung soulz la douzaine, InvBeaunom 185.

Nicht mit gleicher Sicherheit läßt sich die folgende Stoffbezeichnung auf einen englischen Ortsnamen zurückführen.

estanfort m.

'sorte de drap de première qualité' < *Stamford* (Ort in der Grafschaft Norfolk), REW 8220a; FEW 17,212b[11]; 1202[12]–1319. – Gay; Gdf; Bourq 1,227–231; Zangg 55–57; Pck 1,214–216; 2,80; 3,147.

Im Mlt. ist das Wort schon seit Ende des 12. Jhs. in Genua belegt, wobei es von Anfang an neben englischen auch Tuche flandrischer Herkunft bezeichnet.

1197 *stanfortes* . II . de arazo . . . *stanfortes* . II . darezo . . . cannas XVI, de *stanfortes* razi, Reynolds 836n; 1200 *stanfortes* II. englexios, Doehaerd 2,8; *stanfortem* medium Anglie, ib. 2,25 (und oft); *stanfortes* II tinctos et II Racii, ib. 2,33; *stanfortem* unum tinctum brunetum et blavum Lirne, ib. 2,38; *stanfortem* I nigrum, ib. 2,3; peciam 1½ *stanfortis* Racii, ibid. (und oft); pecias III de *stanfortibus* Racii et sagam I nigram, ib. 2,6; 1201 pecias II de *stanforti,* ib. 2,67; pecias II de *stanforti* de Araço, ib. 2,68; se cepisse tantum *stanfortem* a Colino de Stanforti[13], ib. 2,70; 1203 et cannas XLI de *stanfortis* albis, ib. 2,80 (ebenso ib. 2,91); weitere Belege bis 1264, Doehaerd passim. Ebenso die it. Ablt. *stanfortini* (1. H. 14. Jh., Pegolotti 278) zur Bezeichnung eines Stoffes aus Provins.

---

[11] Die vom FEW als einzige Form angeführte Schreibung *estamfort* ist relativ selten; neben *estanfort* gelegentlich auch *estainfort, esteinfort.*

[12] In einem mlt. Text. – Das FEW gibt nur Belege bis 1285. Eine moderne Form *stamford, estamford* (17. Jh., Brink 78) ist völlig aus der Luft gegriffen.

[13] Zu dieser Ortsnamenform s. Doehaerd 1,153 n1.

Vereinzelt finden sich in diesen mlt. Texten auch Varianten, die einer Herleitung des Wortes aus dem englischen Ortsnamen *Stamford* zu widersprechen scheinen:

1206 cannas XXXII de *stamiforti* de Araço, Doehaerd 2,104; 1253 pecias quatuor pannorum quorum due sunt bife et alie *staminifortis* englexii, ib. 2,448; 1257 inplicatum in peciis viginti octo *staminum forcium* de Aracio, ib. 2,542; 1258 implicatas in cannis decem et brachiis duobus *staminis fortis* virgati de Arazia, ib. 2,548; 1264 pecias quinque *staminis fortis* Araçie, ib. 3,676; tot pannos blavos et virgatos et *stamini fortis* Araçie, ib. 3,685. Ebenso 1226 (Lyon) dono tunicam et supertotum meum de *stamine forti* et pallium de cendato[14]; 1277 (Lyon) Item do, lego Perronete de la Forest vestem meam de *stanno forti*[15]; 1265 (Montpellier) vel unum pannum de Chalon, vel medietatem unius panni *estani forti* de Anglia, vel medietatem *estani forti* de Arraz, FagniezDoc 1,262.

Doch sind diese Formen bei weitem in der Minderheit gegenüber latinisiertem *stanforte* und setzen auch relativ spät ein, so daß sie de Poerck wohl zu Recht als volksetymologische Umdeutung zurückweist, während noch Doehaerd[16] in fr. *estanfort* eine ursprüngliche Zusammensetzung *stamen forte* sieht. Immerhin bleibt zu bedenken, daß von Anfang an nur elliptisches *estanfort* bezeugt ist[17], während die zu erwartende Ausgangsform *drap de, pannus de* + ON nur vereinzelt im 13. Jh. erscheint[18]. Da umgekehrt im Englischen kein Appellativum **stamford* belegt zu sein scheint, ist auch Entlehnung aus dem Englischen auszuschließen[19]. In jedem Fall läßt sich sagen, daß schon zu Ende des 12. Jhs. eine Verbindung mit dem Ortsnamen *Stamford* nicht mehr gespürt wurde, eine eventuelle Entwicklung vom Ortsnamen zum Appellativum sich also bereits vor dem Einsetzen der ersten Belege vollzogen haben muß. Wenn trotz der aufgezeigten Schwierigkeiten der Herleitung aus dem englischen Ortsnamen die größere Wahrscheinlichkeit zukommt, so gilt doch, was E. M. Carus-Wilson zur Etymologie dieser im

---

14 Cartulaire lyonnais. Documents inédits pour servir à l'histoire des anciennes provinces de Lyonnais, Forez, Beaujolais, Dombes, Bresse et Bugey comprises jadis dans le Pagus Major Lugdunensis recueillis et publiés par M.-C. Guigue, t. I, Lyon 1885, 294.

15 Id., t. II, Lyon 1893, 399.

16 Doehaerd 1,190 n1. – Ein weiterer Erklärungsversuch (< *Steenvoorde*) wird von Pck 1,215 überzeugend abgelehnt.

17 So auch im Mlt. Portugals 1253 Et cobitus de meliori brugia fraldada aut de meliori *stanforte* de Brugiis ualeat quindecim solidos ... Et cobitus de *stamforte* de Caa ualeat nouem solidos. Et cobitus de *stanforte* uiadu de Ipri ualeat undecim solidos, Rolin 35 (s. dazu noch VidosEmprunt 243). Ebenso sp. *estanfortes de Bruias* (13. Jh.), VidosNoms 170. Auch im folgenden kat. Beleg von 1271 scheint ein Appellativum vorzuliegen: It. tot drap tint de Flandres e *Estamfortz*, e biffes d'Arres, e biffes de París e de Sent Danís e de Lemich, e draps d'Anglaterra, J. Corominas, Tarifa dels corredors de Barcelona l'any 1271, Hispanic Studies in Honour of I. González Llubera, Oxford 1959, 122.

18 *Dras d'Estanfort*, CrapProv 98.

19 S. dazu hier 124ff.

13. Jh. so geläufigen Stoffbezeichnung sagt: "Whether Stamford gave its name to the *stamforts* so popular on the continent, or whether this name was derived from *stamen forte* ('strong warp') will probably never be determined, but there is no doubt that much cloth was exported from Stamford even if all the *stamfortes de Anglia*, more numerous than the *stamforts* of Arras, Ypres and elsewhere, were not made there"[20].
Während die Nennung des Stoffes in den genuesischen Dokumenten mit dem Jahr 1264 plötzlich abbricht (s. die Belege weiter oben), finden sich in Frankreich noch zahlreiche Belege zu Beginn des 14. Jhs.:

1202 Pro roba de *estanfort*... Pro 2 tunicis de *esteinfort*, Gdf; ca. 1240, Gay; 1268 Nus Toisseranz ne puet avoir lainne a tistre *estanfort* camelin, que elle ne soit a XXII^c^ la lainne, EBoileau 95; Nus Toisserans ne puet avoir laine a tistre *estanfort* camelin que ele ne soit a XXII cens la laine plaine de VII quartiers de lé, ib. 96; 1270 des marbrez et d'*estanforz* et de tous dras à lisière, dès la Saint Remi jusques à la mi-quaresme, seize sols parisis pour le tistre, et dès la mi-quaresme à Saint Remi, pour icez marbrez et pour icez *estanfors* tistre, treize sols parisis, LespMét 3,140; Derechef, d'*estainfors*, jaglobez... de chascun pour le tistre, vint et quatre sols parisis, ib. 3,141; 1280 Et del drap *estanfort* enverser... Item, nus ne ploie ne face ploier dras d'*estanfors* ne demis dras sans enverser, EspPirDoc 3,455; Item, del *estanfort*, ib. 3,457; ca. 1300 Nus *estamfors* soit waerpstripede, sour 10 s., ib. 3,466; Nus ki fait dras, soient royet, soient camelin, soient noir, soient autre, se che ne fuissent *estainfort*, ib. 3,497; 1302 (?) Et s'il en trouvoient point tissant en blanket, ne en grimolet ne en *estainfort*, ki ne fust souffissans, EspDocVal 76; Et les *estainsfors* doit-on faire de 24 fius blans doriers, autels comme li estains de le kaine, ib. 101; 1304 Des dras bleus, 130 lib. 6 d. – Des *estanfors* en le semaine, 20 s. – Des *estanfors* sour le semedi, 3 lb., CptYpres 1,149; 1308 Item, à luy pour 7 esteveles nouveles pour saieler lesdis dras et pour 13 esteveles refaites et pour 3 »hamers« et pour 4 verghes de liches et 2 kaines pour *estanfors:* 15 lb. 12 d., ib. 1,290; 1314 Pour dras *estanfors*, qui furent pendu aval les masieres, ib. 1,488; 1317 et 22 saieus de laiton pour les *estanfors* et demi dras, ib. 2,29; 1319 Item, pour 6 seaus, dont on saielle les *estanfors* et les demi dras, ib. 2,111; ca. 1320 Le drap *Estanfort*, EspPirDoc 3,286; 14. Jh. Item, que nulz couretiers ne soit si hardis qu'il accate *estanffort*, ne saye, ne biffe, ne cambrisien, ib. 1,184; Et qui couvretures d'*estanfort* veult faire, ib. 1,224; drap *estanfort*, ib. 1,236[21].

Wie bereits angedeutet wurde, erfuhr die Textilindustrie Englands im Laufe des 14. Jhs. eine starke Umschichtung, durch die sich die Fabrikation von

---

[20] Cambridge Economic History of Europe 2,374f.

[21] Zu d. *Stampfart*, das Grimm s.v. *stamphart* irrtümlich als ursprüngliches Adjektiv *stampfhart* 'unter dem stampf hart, fest geworden, gewalkt' erklärt, s. Ammann 24, 29, 33 + n60.

einigen städtischen Zentren, deren sprachliche Spuren auf dem Kontinent zuletzt aufgezeigt wurden, in neue, zum Teil ländliche Gebiete verlagerte[22]. Anstelle der bisher meist kostbaren schweren Tuche werden nun in stärkerem Maße leichte Wollstoffe hergestellt, die in der Folgezeit auch nach Frankreich und Italien exportiert werden. Doch läßt sich deren Ursprung anhand der Texte nicht immer leicht bestimmen, da sie in vielen Fällen über einige größere Hafenstädte unter generellen Bezeichnungen wie 'englisches Tuch' verkauft werden. Eine der charakteristischsten Neuerungen jener Zeit ist die Fabrikation von *worsteds* und *kerseys*, die vielerorts die bisher vorherrschenden Scharlachtuche[23] verdrängten[24]. Die Herstellung dieser neuen Stoffe, die entsprechend der ursprünglichen Herkunftsbezeichnung zunächst nur auf lokal begrenzte Gebiete beschränkt war, dehnt sich im Laufe des 14. Jhs. über die gesamten Grafschaften Norfolk und Suffolk aus, wodurch *worsted* und *kersey* gleichzeitig ihre ursprüngliche Bedeutung verlieren und zu Qualitätsbezeichnungen werden[25]. Als solche gelangen sie dann auch nach Frankreich, wo diese Stoffe seit dem 16. Jh. unter dem gleichen Namen nachgeahmt werden[26]. Da sich jedoch in beiden Fällen der Übergang vom Ortsnamen zum Appellativum schon im Englischen vollzogen hat, können die französischen Vertreter von *worsted*[27] und *kersey*[28] im folgenden ebenso unberücksichtigt bleiben wie fr. *peniston* 'étoffe de laine qui ressemble au molleton', das auf älteres e. *penistone* zurückgeht[29].

---

[22] Ammann 22; Bphhist 1960, 592f.

[23] Cf. *escarlata de Yncola*, hier 35.

[24] Zur Geschichte dieser neuen Industrie s. H. Heaton, The Yorkshire Woollen and Worsted Industries, Oxford 1920; E. Lipson, The History of the Woollen and Worsted Industries, London 1921.

[25] S. dazu noch E. M. Carus-Wilson in Cambridge Economic History 2,419.

[26] S. dazu auch Henri-E. de Sagher, L'immigration des tisserands flamands et brabançons en Angleterre sous Édouard III, Mélanges d'histoire offerts à Henri Pirenne, Bruxelles 1926, 109–126, speziell 120.

[27] S. dazu ThomasNEss 311ff.; REW 9571; BarbProc 6,442; Höfler, Z 81, 1965, 338f.

[28] S. dazu FEW 16,314a; LevyContr 178.

[29] Nach BarbProc 2,397 ist fr. *peniston* bzw. die Variante *paniston* Bildung innerhalb des Französischen, da ein entsprechendes Appellativum im Englischen nicht belegt sei. Doch läßt sich das Wort im Englischen seit dem 16. Jh. nachweisen (s. OxfDict; so schon im ersten Beleg von 1551–52 als Appellativum, wie aus der Pluralbildung hervorgeht: Clothes commonlye called *Pennystones* or Forest Whites), so daß an der Entlehnung kaum zu zweifeln ist, zumal auch Übergangsstufen wie **drap de Peniston* im Französischen nicht bestanden zu haben scheinen (cf. dazu hier 125). Mack und im Anschluß daran Brink 80 belegen das Wort im Französischen seit 1687 (nach SavBr), doch findet es sich schon im Tarif von 1664: *Panetons* la piece de vingt-six aulnes paiera comme Molletons ou doubles Crezeaux six liures, Tarif 87. Die alphabetische Anordnung (*panetons* steht zwischen *pelles* und *perelle*) weist dabei auf eine ursprüngliche Form mit Stammvokal -*e*-. Cf. auch SavBr 1762: »*Peniston*, ou *paniston*. Etoffe de laine qui se fabrique en Angleterre. C'est une espèce de molleton, la pièce est de 26 aunes«.

Als übergeordnete Gattungsbezeichnung, die ihrer etymologischen Ursprungsbedeutung verlustig gegangen war, konnte nun e. *kersey* bzw. seine französische Entsprechung *carisé* seinerseits durch einen Ortsnamen näher bestimmt werden. Daher

redin m.

'espèce d'étoffe de laine' < (*carisé de*) *Redin* (Französierung des englischen Ortsnamens *Reading*, Hauptstadt der Grafschaft Berkshire); 1571–Enc 1754[30]. – OxfDict[31].

Die Stadt Reading ist im 16. Jh. vor allem durch die Fabrikation von Wollstoffen bekannt, s. dazu Encyclopædia Britannica. Als Ursprungsort von Tuchen wird sie im 16. und 17. Jh. in verschiedenen französischen Zolltarifen erwähnt:

1582 Carrizez blancs ou teincts, gros ou fins, soit du Nort, de Louest ou *Reddin*, contenant ordinairement depuis sept iusques à douze ou treize aulnes la piece, cinq sols, Fontanon 2,394; Creseau de North, tant blancs que de couleurs... Autres Creseaux d'Angleterre, bigearrez et ordinaires de *Redin*, tant blanc qu'autres couleurs, ib. 1,824; 1664 Carizetz ou crezeaux, blancs ou teints, gros ou fins, soit du Nord, de Louest, *Reddinget* ou d'Ecosse, la piece de treize aunes paiera trois liures douze sols, Tarif 52.

Daraus dann vereinzelt *redin* in appellativischer Verwendung

1571 Pour toutes sortes de frizes et draps à doubler, comme reuesches, frizes d'Angleterre, draps d'Aumalle... Pour *Redins* et Carizez d'Angleterre qui seront tainccts en ce royaume, ensemble les doubleures d'Amyens, Fontanon 1,821; 1611 *Redins:* m. Redding clothes, Cotgr[32]. – In Nantes werden *redins* schon 1554 erwähnt, Tanguy 29 (ohne Beleg).

Drei weitere französische Stoffbezeichnungen des 16. Jhs. gehen auf englische Ortsnamen zurück:

couchestre

'espèce de drap de laine' < (**drap de*) *Couchestre* (e. *Colchester*); hap. 1517. – BarbProc 1,201.

---

30 Enc 4,213, FEWMat.

31 OxfDict gibt als Stichwort *redding* mit der Variante *reading*. Doch zitiert er nur den Beleg aus Cotgr *(Redding clothes)*, so daß es fraglich erscheint, ob ein englisches Appellativum *redding* je bestanden hat.

32 "The source of Cotgrave's Fr. *redins* is obscure", OxfDict s.v. *redding*. Die oben angeführten Belege lassen vermuten, daß Cotgrave die französischen Zolltarife des 16. Jh. verwertet hat. S. auch *lizieux*, hier 58 und *feletin*, hier 63. – Nicht erwähnt werden diese Zolltarife bei Vera E. Smalley, The Sources of *A Dictionarie of the French and English Tongues* by Randle Cotgrave (London, 1611). A Study in Renaissance Lexicography, Diss. Johns Hopkins University 1937. Reprinted from The Johns Hopkins Studies in Romance Literatures and Languages, extra volume XXV, Baltimore, The Johns Hopkins Press 1948.

Schon im 14. Jh. werden Tuche aus Colchester[33] in Südwestfrankreich erwähnt:

1355 (mlt., Bordeaux) Item, misi tres virgas *panni de Colecestre* pro faciendo cotaffardias, CptArchevBord 21,244; 1382–88 (mlt., Bordeaux) pro I. panno de Briston XXVIII. lib.; item, II. *duodenis de Colsestre,* XXI. lib. V. s., ib. 22,401. Ebenso *gris de Colchester* (1430, Toulouse), Wolff 238, jedoch ohne Beleg[34].

Daraus dann vereinzelt, gleichfalls im Gebiet der Gironde, in appellativischer Verwendung

1517 Draps de Londres, *couchestres,* Hu

neben adjektivischem

1520 4 pieces de *draps couchestres,* ibid.

Die Beschränkung der Belege auf Südwestfrankreich weist dabei auf Entstehung des Wortes im Rahmen der englisch-gaskognischen Handelsbeziehungen[35]. Im 15. Jh. werden Stoffe aus Colchester auch in deutschsprachigen Dokumenten erwähnt, so

1444 (Krakau) Item so wisst, daz er mir hett gesant 2 terling Lindisch und 1 terling *Kolsister,* ist als gar bös gwand, Peyer 1,117.

limestre m.[36]

'espèce de serge croisée' < (*drap, serge de*) *Limestre* (Französierung des englischen Ortsnamens *Leominster*)[37], BarbProc 2,397; 1578–Li[38]. – Gay; Roy 106f.; PottierDat 583f.

Auszugehen ist von den Verbindungen *drap de Limestre, serge de Limestre,* die seit dem 16. Jh. gut bezeugt sind:

1551–56 Aultres marchandises amenées d'Angleterre seullement audict royaume. Laynes fines et[39] *limestre,* laynes moyennes, laynes grosses;

---

[33] Zur Tuchindustrie von Colchester s. E. M. Carus-Wilson, The Economic History Review 14, 1944–45, 33f.

[34] S. noch Ph. Wolff, English Cloth in Toulouse (1380–1450), The Economic History Review, 2nd series, vol. II, 1949–50, 291.

[35] Cf. dazu noch K. Baldinger, Lexikalische Auswirkungen der englischen Herrschaft in Südwestfrankreich (1152–1453), Britannica, Festschrift H. M. Flasdieck, Heidelberg 1960, 11–50.

[36] Bei einigen Lexikographen des 19. Jhs. f., so Moz 1828, Boiste 1829, Leclère 1834, 988a.

[37] Völlig unbegründet die Erklärung Furetières (nach dem Namen des ersten Erzeugers; so noch Gam).

[38] S. allerdings noch den Beleg von 1551–56, wo die Bedeutung von *limestre* nicht klar ersichtlich ist. – Fr. *limestre* wird zwar noch in den meisten Wörterbüchern des 18. und 19. Jhs. geführt (nach DG 'ancien'), ist jedoch kaum über das 17. Jh. hinaus in Gebrauch.

[39] Vom Herausgeber geändert in *ou*; cf. noch den Beleg von 1573. Oder ist zu verbessern in *de*? Appellativisches *limestre* zur Bezeichnung einer Wollart ist sonst nicht bezeugt.

draps fins *de limestre,* draps de carisé, ChambRevGéogr 31,374; 1560 3 aulnes et demye de *drap* noir *de Limestre* pour faire ung manteau à la reistre, Gay 1,581a; 1573 Sont aussi amenées d'Angleterre seulement et non d'ailleurs laines fines et *linestre,* Laines moyennes et grosses, *Drapz* fins *de linestre,* NicolayLyon 182f.; 1582 Sçavoir, sur tous *draps de Lymestre,* la piece cinquante escus sols. Draps du seau de Rouën, Fontanon 1,824; 1590 *serge de limestre,* Gay; 1597 car si la reigle et police de la manufacture estoit bien establie en France, on feroit travailler des doubles sarges de Florence, tesmoin les draps du seau de Rouen, *sarges de Limestres* et autres draperies qui se font en France, LaffRégl 538[40]; 1614 les *serges* appellées de Ségovy, *de Lymestre,* de Languedoc, et autres serges et sergettes fines, leur seront aussi propres que le satin, AdvisLuxe 440; 1627 dix aulnez et demy *sarge* rouge cramoysie fine *de limestre,* Roy 411 (s. noch ib. 68,118,172); 1660 Limista, fin *drap de limestre,* Oud (zit. nach Gdf).

Wie aus den Belegen hervorgeht, wurde dieser Stoff ursprünglich aus England importiert, bald jedoch auch in Frankreich, namentlich in Rouen hergestellt, wobei an die Stelle der englischen Wolle solche aus Spanien tritt. Dadurch rückt die *serge de Limestre* in die Nähe der gleichfalls oben erwähnten *serge de Ségovie.*

Serge de Limestre wird sodann verkürzt zu einfachem *limestre,* wofür gesicherte Belege seit dem Ende des 16. Jhs. vorliegen:

1578 (Bordeaux) l'aulne du *limestre,* le moindre huict livres, ... et le meilleur douze livres, WGask; 1586 Ung chapperon de *lymestre* neuf, doublé de satin, DrotMin 78; weitere Belege Gdf.

Dagegen kann der von Mack 1,62b, PottierDat u.a. angeführte Erstbeleg aus Rabelais[41] (des balles de *Limestre*) nur mit Fragezeichen als Beleg für ein Appellativum *limestre* angesehen werden; s. dazu *lucestre.*

Weitaus vitaler als fr. *limestre,* das sich kaum gegen die volle Form *serge de Limestre* durchzusetzen vermochte, ist die auf dem gleichen Ortsnamen beruhende spanische Entsprechung *límiste,* die schon seit 1486 belegt ist, PottierDat; CoromBr.

Corominas betrachtet sp. *límiste* ebenso wie fr. *limestre* als Entlehnung aus e. *lemster,* doch scheint ein solches Appellativum im Englischen nicht belegt zu sein. Es bleibt daher noch zu untersuchen, ob nicht auch die spanische Form eine eigenständige Bildung (< *paño de* + ON) darstellt. Cf. auch im Portugiesischen

1522 muytos borcados, veludos, velutados, cetis, damascos pretos e de cores, tafetaes, chamelotes, finas marchas, *limistas,* graãs, contraes, solias, olandas e outros muytos panos de muytas sortes e desvayrados preços[42];

---

40 S. dazu noch FagniezInd 81f. 41 S. dazu SainéanRab; Françon, FrMod 24, 49f.

42 A. Braamcamp Freire, Cartas de quitação del Rei D. Manuel, Archivo Historico Portuguez 8, 1910, 402.

1534 It. De *lemiste*, sete oitavas, de novecentos cimqoenta reaes covado, InvJoão 386[43].

Wohl im Rahmen der spanisch-flandrischen Handelsbeziehungen[44] wurde sp. *límiste* im 16. Jh. vereinzelt ins Französische Flanderns entlehnt. Daher

1516 (Lille) ilz se deportoient et deporterent de prendre et usurper aux draps des dites nouvelles sortes ces noms oultrefin, fins ou petitz lez de Lille, consideré que ilz avoient aultres plus fines sortes comme marche, *limites* et aultres qui se drappoient de pures fines laines angloisses, Sagher Doc 1,325; 1529 (Armentières) Item, les dis drapiers dient que plainte leur est venue sur dras mal perchiez, ce advient aussy bien en villes voisinnes et biaucop plus allavenant que ichy, car il n'y a ville en Flandres où on tainde autant de noirs qu'en ceste dicte ville et toutesfois on trouvera bien autant ou plus de dras de Lille et d'ailleurs mal perchiet et mal taint que de ceux de ceste dicte ville et meismes *dras de limiste* taint en Lille, ib. 1,227.

Neben *limestre* nennen BarbProc 2,397, Mack 1,62b u.a. ein bei Rabelais belegtes

lucestre

'drap fin de Leicester, ville célèbre pour ses filatures de laines' < *Leicester*, SainéanRab[45]. – Hu.

Der Beleg bei Rabelais (II, 12) lautet:

Mais maintenant le monde est tout detravé de louchetz des balles de *Lucestre.*

Ähnlich auch Rabelais IV, 6:

les louchetz des balles de *Limestre,* au pris d'elle, ne sont que bourre.

In beiden Fällen ist die Entwicklung vom Ortsnamen zum Appellativum noch nicht vollzogen. Da keine weiteren Belege vorliegen[46], läßt sich daher ein Appellativum *lucestre* nicht aufrechterhalten.

Seit dem 13. Jh. werden auch Tuche aus London, das seit ältester Zeit zu den bedeutendsten Tuchzentren Englands zählt, auf dem Kontinent erwähnt[47]. Doch erst in der 2. Hälfte des 14. Jhs. werden die Belege in Frankreich ebenso wie in Italien und auf der Pyrenäenhalbinsel häufiger:

1393 *drap noir de Londres,* Gay 2,3b; 1404 id., ib. 1,718a; *drap vert gay de Londres,* ib. 1,352a; 1408 id., ib. 2,37a; ebenso noch im 15. und 16. Jh., s. Borel 148; Hermite 55.

---

[43] Aus dem Beleg geht nicht eindeutig hervor, ob *lemiste* Ortsname oder Appellativum ist. [44] S. dazu hier 85 + n7.

[45] Françon, FrMod 24, 49f. schlägt auch für diese Stelle die Lesart *Limestre* vor.

[46] Oder gehört hierher der folgende Beleg aus Bordeaux: 1578 L'aulne du *Lincestre,* le moindre huict livres, le médiocre dix et le meilheur douze livres, PrixEtBord 181? [47] Ammann 22.

Vereinzelt auch elliptisch

1396 deux chapperons doublés de fin *noir de Londres*[48], Roman, Inv. des princes d'Orléans-Valois, Paris 1894, 75

neben

1396 une longue houpelande de *satin noir de Londres*, ib. 74.

Ebenso mit adjektivischer Herkunftsbestimmung

1510 (bret.) une piecze de *pers demy londres*...; une piecze de *gris londreis*...; une piecze de *tane* [lies: *tané*] *londreis*, Esnault, FrMod 18,140[49].

Im Mlt. Südwestfrankreichs, wohl direkt durch die englisch-gaskognischen Handelsbeziehungen

1382–88 pro I. guona dupplici de roge et de *gris de Londonia* IIII. alnas, CptArchevBord 22,360; solvi pannorum tonsori pro II. duodenis, videlicet una de grisso et alia de nigro et dimidio *panno de Londonia* XXIIII. s., ib. 22,414[50].

Dagegen tritt die Verkürzung dieses periphrastischen Typus zunächst nur sporadisch auf. So ein erstes Mal im Altfreiburgischen, wo ein Appellativum *londre* im 15. und 16. Jh. bezeugt ist.

afrb. **londre(s)** m.

'espèce de drap de laine' < (*drap de*) *Londres;* 1488–ca. 1570, FEW 5,401b.

1488 una roba de *londre* pers et noyrs; 1543 troys cart d'aulnes de *londre* roge, de quoy il en fist une chemise de drap; ca. 1570 ung par de croies chausses de *londres*[51].

Ebenso vereinzelt im Portugiesischen *londres* 'pano de Londres' (Brandão), Machado 187 neben periphrastischem *pano de Londres*, so z. B.

1522 152 covados, 9 dozaos de *pano de Londres*[52].

Im 17. Jh. taucht *londres* ein zweites Mal im Französischen als Appellativum auf, wobei es von Anfang an einen in Südfrankreich hergestellten und zum Export nach der Levante bestimmten Wollstoff bezeichnet. Ein Zusammenhang mit dem älteren *londre, drap de Londres* ist daher unwahrscheinlich. Es scheint vielmehr, daß in diesem Fall nfr. *londres* als Reklamebezeichnung direkt nach dem englischen Ortsnamen gebildet wurde[53]. Daher nfr.

---

[48] S. dazu noch FEW 7,131b.

[49] S. auch Gdf s.v. *londreis*. Von Esnault zu Unrecht als Erstbeleg für fr. *londres* angeführt (s. dazu weiter unten).

[50] Ebenso im 15. Jh. in Italien, so z. B. 1456 *panni nigri de Londone*, CptPicc 136; *panni miscli de Londone*, ib. 66 und oft. Zum Aragonesischen s. Pottier, Vox 10,171.

[51] Briefliche Mitteilung des GPSR.

[52] A. Braamcamp Freire, Cartas de quitação del Rei D. Manuel, Archivo Historico Portuguez 8, 1910, 402.

[53] Daß dieser Stoff, wie das FEW im Anschluß an Sav schreibt, ursprünglich Stoffe aus London nachahmte, erscheint zweifelhaft.

londres m. pl.[54]

'espèce de draps de laine fabriqués en France, particulièrement en Provence, Dauphiné et Languedoc' < *Londres;* 1679–Besch 1858[55], FEW 5,401b. – BehrensEngl 132; Monin 313.

Dazu wurde, wohl schon im 17. Jh., die Ableitung *londrin* gebildet, die gleichfalls einen in Südfrankreich hergestellten und für die Levante bestimmten Wollstoff bezeichnet[56].

londrin

'espèce de drap de laine qui ressemble aux *londres*', Ablt. zu *londre(s)*[57]; seit 1708, SavBr 1761[58]; FEW 5,401b. – BehrensEngl 132; Mack 1,89b; BarbProc 3,173; Monin 312.
Londrins werden schon gegen Ende des 17. Jhs. erwähnt, Monin 312, doch fehlen hierfür eigentliche Belege. Cf. jedoch schon 1679 *nin-londrin, londrines,* beide FEW l.c.; ebenso 1688 *Londrines, demi Londrines,* beide SavBr 1730, 371. Zu den im FEW zitierten Formen ergänze noch *Londrine, nin-Londrine,* beide SavBr 1730, 562. Der älteste uns bekannte Textbeleg für nfr. *londrins* ist von

> 1710 attendu que le débit en serait incomparablement plus grand que de ceux nommés mahons ou *londrins,* Monin 340.

Ein weiterer im 17. Jh. häufig genannter Wollstoff trägt den Namen der Stadt London:

serge de Londres f.

'espèce de serge fabriquée en France à l'imitation de celles fabriquées en Angleterre', 1666–18. Jh.[59] – BehrensEngl 87.

---

[54] Der dazugehörige Singular *londre* scheint eine Schöpfung der Lexikographen des 19. Jhs. zu sein.

[55] Jedoch kaum über das 18. Jh. in Gebrauch. Der letzte uns bekannte Textbeleg ist von 1746: »Je n'ai rien vu de si parfait que les filages qu'on fait chez ce fabricant, tant en chaîne qu'en trame pour des Abouchouchoux et pour quelques *Londres* larges«, Chabaud 174.

[56] Die *londrins* scheinen im allgemeinen von besserer Qualität als die einfachen *londres* zu sein, cf. Sagnac 33f.; Monin 313.

[57] BarbProc 3,173 sieht in fr. *londrin* eine Entlehnung aus prov. *loundrin* 'londrin, drap imitant ceux de Londres, qu'on fabrique en Languedoc et en Dauphiné' (Mistral). Da dafür jedoch ältere Belege fehlen, scheint es eher, daß diese Form eine Bildung Mistrals nach schriftfranzösisch *londrin* ist.

[58] DDM gibt als Erstdatum 1510, doch fehlen hierfür Belege. Es scheint, daß dieses Datum auf dem von Esnault angeführten vermeintlichen Erstbeleg für *londres* beruht, s. dazu weiter oben. In den übrigen Handbüchern wird allgemein 1691 als Erstdatum angegeben. Doch beruht diese Datierung auf falscher Lektüre des DG, der für 1691 nur die Form *londres* bezeugt.

[59] Nach Roy 93 schon 1628, jedoch ohne Beleg. Seit 1655 in Aumale hergestellt, Bezon 8,10 n1; s. dazu noch Sion 170.

Im Gegensatz zu den oben zitierten *londres* stellt dieser zunächst vorwiegend in der Normandie und Pikardie gefertigte Stoff die Nachbildung eines ursprünglich englischen Erzeugnisses dar und ist daher von jenem zu trennen[60]. Der Verbindung *serge de Londres* zur Bezeichnung eines französischen Produkts geht zunächst die ursprüngliche periphrastische Benennung *serge façon de Londres* voraus:

1666 La manufacture de *serges façon de Londres* que je me suis appliqué d'attirer dans le royaume, Colbert 7,290; 1667 Et sur les plaintes que vous faites que les entrepreneurs des *serges façon de Londres* en font manufacturer de celles de Beauvais et des ratines, ib. 7,292; 1671 un traité avec les élus de Bourgogne pour y establir deux cents métiers de *serges, façon de Londres,* ib. 2,623; 1672 si, dans le séjour que vous ferez en Bourgongne, vous pouviez faire passer la manufacture des *serges façon de Londres* entre les mains des particuliers, vous feriez non seulement une chose qui me seroit très agréable, mais mesme très advantageuse au bien des peuples, CorrLouis 3,532; 1673 Les *serges, façon de Londres,* à Gournay, Gisors, Chaumont, Magny, Chevreuse, Auxerre, Autun et Noyers, Colbert 2,677; 1692 (Lille) estant authorisez de fabriquer des *serges à la façon de celles de Londre . . .*; que les francs maistres saieteurs ne pouvoient fabriquer pareilles pièces de *serges à la façon de Londre,* Vanhaeck 2,199; 1697 Deux entours de *serge, façon de Londre* rouge, InvLouis 2,418; 1698 Quatre-vingts métiers occupés par les façonniers et baracanniers de la ville d'Abbeville ont fait la même année tant en *serges façon de Londres,* serges drapées, baracans de blancs et de toutes couleurs, MémGénAmiens 160.

Daraus dann verkürzt

1666 Passant par Saint-Lo, tous les ouvriers me sont venus voir, et m'ont aporté des *serges de Londres,* et j'aprens qu'ils travaillent mieux que l'on ne faict en Angleterre, CorrLouis 3,771 (und oft); 1670 Les poudres, les mèches, les mousquets, les boulets, le plomb, l'estain, les draperies, les *serges de Londres,* les bas de soye et de laine d'Angleterre, les bouracans, les damas, camelots et autres étoffes de Flandre, Colbert 7,240; Les *serges de Londres,* à Gournay, Auxerre, Autun et autres lieux, de 300 métiers, ib. 7,242; 1673 Une housse de *serge de Londre* verte pour mettre ledit jeu de hocqua, InvLouis 2,108; Un lit en housse de *serge de Londre* grise, ib. 2,275; 1681 Un lit de garderobbe, de *serge de Londres* rouge, ib. 2,295; 1697 avec fausses housses de *serge de Londre* rouge, ib. 2,346.

Vereinzelt erscheint im 18. Jh. auch die englische Ortsnamenform als Bezeichnung eines nach englischem Vorbild in Frankreich gefertigten Stoffes, doch konnte sich ein solches Appellativum *london* 'espèce de drap de laine' nicht behaupten.

1778 Il a le premier fabriqué des *londons* à l'imitation de l'Angleterre,

---

[60] Bei Hav s.v. *londres* wird nfr. *londres* zu Unrecht mit *serge de Londres* identifiziert.

et ces étoffes sont très solides et très bien fabriquées, WGask[61]; 1785 Le sieur Boé, fabriquant intelligent, faisoit en 1784 des *londons* à l'imitation de ceux d'Angleterre, ibid.

Dagegen scheint das von Brink 82 zitierte *drap London* (1838) unabhängig davon als französische Reklamebenennung entstanden zu sein, ohne daß sich ein sachlicher Zusammenhang mit London feststellen ließe.

Völlig vereinzelt ist ein mfr. *milondres* als Bezeichnung eines Leinenstoffes, so daß die Zugehörigkeit zu dem Ortsnamen *Londres* fraglich erscheint, zumal sonst keine sprachlichen Zeugnisse für eine englische Leinenindustrie vorliegen.

1530 Pour Nicholas Roperz vendu II pièces *mylondres* morée, sçavoir IX varres à III réaulx la varre, vallant XXVII réaulx. Plus encores desdictes *milondres* vendu XVI varres a II réaulx et demy la varre, CptBret 167; Plus je poié à Calix pour tyrer deulx pièces toille de Mourlaix et II pièces *mylondres* Nicolas Roperz la somme de VII réaulx, ib. 174.

Es wurde bereits weiter oben[62] darauf hingewiesen, daß die aus England importierten Wollstoffe in vielen Fällen statt mit einer näheren Herkunftsbestimmung versehen unter der allgemeinen Bezeichnung 'englisches Tuch' auf dem Kontinent gehandelt werden. Eine solche Benennungsweise *(drap) d'Angleterre* wird vor allem seit dem 14. Jh. in Frankreich überaus häufig:

1323 huit *sarges d'Engleterre* pour damoisielles, DehDoc 254; 1385–86 bons fins *draps d'Engleterre,* LabordeDucs 1,5; 1393 fin *drap blanc d'Angleterre,* Gay 1,207b; une des houppellandes de Monseigneur, de *noir d'Angleterre*[63], fourrée de menu vair, Inv. des princes d'Orléans-Valois, p.p. Roman, Paris 1894, 28; 1394 une longue hoppellande de *noir d'Angleterre*[63], ib. 58; 1395 deux longues hoppellandes de *noir d'Angleterre*[63], ib. 66; 1402 *drap vert d'Engleterre,* Gay 1,54a; 1403 *vert d'Engleterre,* TestParis 103; 1405 *draps d'Engleterre* tanez ouvrés de soye blanche ... *draps de soye d'Engleterre,* DehDoc 896; *drap brun vert d'Engleterre ... escarlatte vermeille d'Engleterre,* ib. 897; 1448 *draps Dangleterre,* CartConsEsp 35; 1453 *gris d'Angleterre ... drap noir d'Angleterre,* JCœur 58; 1469 *drap de bourgette d'Engleterre,* Gay 1,193b; 1473 *drap d'Angleterre,* InvBouchet 82; 1531 fins *draps d'Angleterre,* LespMét 3,111; 1564 Le *drap d'Angleterre* de toute sorte de drapperye, EstimMarchAngl 382; 1566 draptz de layne et *frizettes d'Angleterre,* Brésard 349; 1574–76 les *draps d'Engleterre* quy se vendent au pays de Flandres, SagherDoc 1,426; 1575 *draps d'Angleterre* et aultres estrangers, Brésard 345; 1578 L'aulne du *drap d'Angleterre* commung, PrixEtBord 182; 1582 *bayettes*

[61] S. den Beleg bei K. Baldinger, Einige terminologische Auswirkungen des Aufschwungs der Industrie im 18. Jahrhundert in Frankreich, Alteuropa und die moderne Gesellschaft, Festschrift für Otto Brunner, Göttingen 1963, 325.

[62] S. hier 38.

[63] FEW 7,131b belegt mfr. *noir d'Angleterre* 'sorte d'étoffe' hap. 1395.

d'Angleterre, Gay 1,139b; 1592 *draps d'Angleterre*, SagherDoc 2,614. Ebenso im Agask. 1479 *drap de roge d'Anglaterra*, WGask; daneben im Agask. auch adjektivisch *drap angles*, so z.B. *drap angles* (14. Jh.), *draps anglees* (1434, 1443), *draps angles de color* (1449), *draps angles* (1450); *drap d'angles* (1475) und elliptisch V canas d'*angles* roge (1479), alle WGask.

Die zitierten Belege zeigen, daß *d'Angleterre* hier noch deutlich als Herkunftsbestimmung spürbar ist, und eine Verschmelzung mit *drap* nicht stattgefunden hat, weshalb daraus auch kein appellativisches **angleterre* entstehen konnte. Anders zu erklären ist das bei DG verzeichnete nfr.

angleterre f.

'étoffe de laine anglaise' < *Angleterre;* hap. 1698[64]. – LiS; DG; Gam; Mack 1,88b.

Im einzigen, den Wörterbuchangaben zugrundeliegenden Beleg aus einem Brief Racines vom 17. November 1698 (De bonne flanelle, vraie *angleterre*) scheint vereinzelte metonymische Verwendung des Ländernamens als Stoffbezeichnung vorzuliegen.

Häufiger findet sich seit Ende des 17. Jhs. die Verbindung *taffetas d'Angleterre* zur Bezeichnung einer in Lyon hergestellten Art Taft, s. SavBr 1762. Cf. etwa

> 1697 Bien qu'il se fasse à Lyon toutes sortes d'étoffes de soie, il y en a deux néanmoins qui lui sont comme particulières. Ces *taffetas qu'on appelle d'Angleterre* et les riches étoffes où entrent l'or et l'argent. Il se fait des taffetas de toutes couleurs, mais la grande quantité est des noirs. Leur propriété est d'être fort fins et lustrés; ce n'est que depuis environ cinquante ou soixante ans qu'ils ont été portés au point de perfection qu'on les voit, MémLyon 338[65].

Daraus dann vereinzelt elliptisches

angleterre

'espèce de taffetas fabriqué à Lyon' < (*taffetas d'*) *Angleterre;* hap. 1709.

> 1709 cela est cause en partie de la cessation des taffetas nommés *angleterres* à Lyon, CorrContrFin 3,227.

Hav verzeichnet noch ein Appellativum *angleterre* 'nom donné à des indiennes peintes fabriquées dans le Royaume-Uni' als Verkürzung aus *toile d'Angleterre,* doch gibt er dafür keine Belege.

---

[64] Bei Mack irrtümlich auf 1699 datiert.

[65] Cf. auch 1697 On envoie en Angleterre des *taffetas* lustrés, des étoffes de soie, des brocarts d'or et d'argent; on tient que des seuls taffetas lustrés pour la plupart noirs, il en sortait souvent en une seule foire de Lyon pour plus de 200.000 écus, ib. 336.

Das dritte bedeutende Tuchgebiet des Mittelalters neben Flandern und England ist Nordfrankreich mit den Provinzen Pikardie, Ile-de-France, Champagne und Normandie[1]. Als wichtigste Fabrikationsorte der an Flandern angrenzenden Pikardie sind Saint-Quentin, Montreuil und Abbeville[2] zu nennen, deren Erzeugnisse seit dem 12. Jh. in ganz Europa gehandelt werden:

1163 (Genua) Porto etiam . VII . pecias *Sancti Quintini,* CartScriba 2,136 (s. auch Ammann 2); ebenso 1186–1199, Reynolds 844; 1200 (Genua) confiteor me accepisse a te Wilielmo Scarampo *sanquintinos* II, Doehaerd 2,7; *sanquentinum* I et capam I Corbie et sagiam I, ib. 2,15; *persum* I *Sanquintini,* ib. 2,50 (weitere Belege ib. 2,23, 42, 51, 53); 1227 (Genua) peciam unam *blanci de Sancto Quintino,* ib. 2,216; 1229 (Asti) pecias viginti unam *sanquintinorum* tinctorum et novem brunetas de Ipiri et quatuor persos de Provino et tres *blancos sanquintinos,* ib. 2,228; 1250 (Genua) pecie due de *Samquentino* et pecie due bruni de Menssia, ib. 2,320; ballas duas *pannorum de Samquentino,* ib. 2,329; 1253 (Genua) tot pannos jalonos et *sanquintinos,* ib. 2,427. – 1277 (Montsalès, Aveyron) per IIII canas de *bruneta de Sanh Quinti,* AlauzierEtQuercy 88. – ca. 1296 (Paris) Les *draps de Saint-Quentin,* blans, plains et royés, Douët Tarif 220.

1192–93 (mlt., Genua) *musterolo, munstarolum,* Reynolds 842; 1210 (Genua) sunt inplicate in *musturolis,* Doehaerd 2,127; 1213 (Genua) pecias sex de *Mustarolis,* ib. 2,141; 1224 (Genua) implicatas in *mustoroliis* et loeriis, ib. 2,208; 1225 (Genua) pecias novem de *mostoroliis* viridibus et brunetis, ib. 2,209; 1253 (Genua) inplicatas in *musterolias* tinctas, virides et brunetas, ib. 2,464. – S. dazu noch Bezzola 68.

1253 (mlt., Portugal) Et cobitus de bono *panno de Abouuila,* Rolin 35; zu pg. *abovila* (1282; 1293) s. Machado 140. – 1268 (Jerez) la vara del mejor *panno de Abouilla,* Rolin 32.

Ebenso werden die Erzeugnisse von Amiens[3] seit dem 12. Jh. häufig genannt:

12. Jh. Del torsel de *dras d'Amiens,* VIII deniers, Bphhist 1960, 282; ca. 1296 Les buriaux de Rouen de III robes, VI d.; ... – *Admiens,* XII d. – Beauvois. Les plains draps, XII d., DouëtTarif 219; 1320 (Lyon) *quamelim nay d'Amyens,* LDrapLyon 433.

---

[1] S. dazu und zum folgenden Ammann 21.

[2] Alle drei zählen ebenso wie eine Reihe der im folgenden behandelten Städte im 13. Jh. zu den 22 »villes drapières de la hanse de Londres«, s. FagniezDoc 1,205.

[3] Zur Tuchindustrie von Amiens cf. M. Heren, Technique et vente de la draperie amiénoise à la fin du Moyen Age, Revue du Nord 24, 1938, 92–99. Zur Saienindustrie im 15. und 16. Jh. s. MaugisSaie passim.

Während jedoch in den anderen romanischen Sprachen die Ortsnamenform vereinzelt elliptisch als Stoffbezeichnung verwendet wird, ist im Französischen in diesen Fällen nur der periphrastische Typus *drap de* + ON anzutreffen.

Die Ile-de-France ist vor allem durch Paris sowie die umliegenden Städte Beauvais[4], Saint-Denis und Chartres vertreten. Ebenso wie die Tuche von Saint-Quentin und Montreuil werden auch die Erzeugnisse von Paris und Beauvais schon früh in Genua erwähnt:

1201 Confitetur, Hospinellus Tartaro, se cepisse a Simone de Araço de Iser pecias de *Paricio* VII, Doehaerd 2,75.

1200 pecias VI de *belvaxiis*, ib. 2,40; 1212 in petiis duodecim *Belvaxii*, ib. 2,135. – Ebenso in Frankreich 1277 (Montsalès, Aveyron) VIII aunas e mieia de *bisa de Beuvai*, AlauzierEtQuercy 89; ca. 1296 (Paris) s. oben.

Tuche aus Chartres werden im 13. Jh. auch in Portugal erwähnt:

1253 Et cobitus de prumas de Normandia et de Roan et de *Chartes* et de Rocete ualeat tredecim solidos, Rolin 35.

Im gleichen Dokument auch elliptisch

1253 Et cobitus de barragam ualeat octo solidos. Et cobitus de *chartes*[5] ualeat decem solidos, ibid.

Ebenso findet sich in einem südfranzösischen Dokument aus Narbonne vereinzelt elliptisches

apr. **ychartres** pl.

'draps fabriqués à Chartres' < (**drap de*) *Chartres;* Narbonne, hap. 13. Jh.

13. Jh. Raz, e Bruges, e barracans, e estansfortz de Sant Omier, e sayas, e *ychartres,* e draps de Rens, per cascuna pessa, deu hom donar a corratier III deniers, FagniezDoc 1,330.

Im folgenden mfr. Beleg aus Metz scheint eine entsprechende Verkürzung des gleichen periphrastischen Typus vorzuliegen, doch läßt sich in diesem Fall die Zugehörigkeit zum Ortsnamen *Chartres* nicht mit der gleichen Sicherheit nachweisen, so daß ein mfr.

chairte

'espèce de drap fabriqué à Chartres' < (**drap de*) *Chartres;* Metz, hap. 1461, nur mit Fragezeichen hier anzuschließen ist.

1461 Achité Anvers à la Pantecoste l'an LXI 25 alne de *chairte* roge et noirez 1 lb. 19 s. Une pièce de *chairte* perse 7 s. 10 d., CptMetz 86.

Während Reims vor allem als Leinenstadt zu weltweitem Ruhm gelangte[6],

---

[4] Über die Bedeutung der Tuchindustrie von Beauvais s. L.-H. Labande, Histoire de Beauvais et de ses institutions communales jusqu'au commencement du XVe siècle, Paris 1892, 201–212. [5] S. dazu auch Machado 145.

[6] S. hier 21ff. Cf. allerdings daneben auch apr. *draps de Rens* (Narbonne 13. Jh.), s. oben s.v. *ychartres.* Zur Tuchfabrikation von Reims s. noch Bourq 1,246ff.

zählen Châlons und Provins[7] im Mittelalter zu den wichtigsten Tuchstädten der Champagne, und ihre Produkte sind seit Beginn des 13. Jhs. in zahlreichen europäischen Ländern anzutreffen:

1200 (Genua) stanfortem I nigrum et *pannos* II *Provini,* Doehaerd 2,39; *viridem* I *Provini,* ib. 2,46. – 1253 (Portugal) Et cobitus de *pruys* ualeat tredecim solidos, Rolin 35. – 1277 (Montsalès, Aveyron) e per III aunas de *drap de Prois,* AlauzierEtQuercy 88f. – 1296 (Troyes) in quibus torsellis sunt XVIII drapi de Caalons et XIIII de Lilla et LXXXXII de Doaxio et *vergati de Privino*[8] de comperturis et CXII pecie tellarum, quas promiserunt ei conducere ... ad civitatem Nemauxii, Bphhist 1942–43 (1945), 184; ca. 1296 (Paris) Item les *draps plains de Provins,* XVIII d., Douët Tarif 219. – Ebenso im 14. Jh. in Lyon, s. LDrapLyon passim.

Wieder ist im Galloromanischen, wie in den meisten bisher aufgezeigten Fällen, nur der periphrastische Typus *drap de* + ON bezeugt, während in dem mlt. Beleg aus Portugal vereinzelt Entwicklung zu elliptischem *pruys* stattgefunden hat. Dagegen verzeichnet FEW 2,619b im Anschluß an Gdf eine afr. Form *chalun* 'sorte de drap qui se fabriquait à Châlons-sur-Marne', für die jedoch eigentliche Belege fehlen. Während der Ortsname in verschiedenen romanischen Sprachen ebenso wie im Englischen zum Appellativum wurde[9], scheint im Französischen in alter Zeit nur die periphrastische Form *drap de Châlons* bestanden zu haben[10]:

1244 On ne doit vendre nus *dras* de vile *en non de Chaalons.* – Les dras que nos vendons a Chaalons nos n'en menons nul en foire. – On ne doit vendre nus *dras de Chaalons* en maison la ou l'en vende dras de vile ne de chastel, FagniezDoc 1,152; 1282 (Reggio) pour le pris de cannes vint

[7] Zur Tuchindustrie von Provins s. Bourq 1,224ff.

[8] Die *virgati* von Provins werden im 13. Jh. häufig auch in Genua erwähnt, so 1234 pecias tres *virgatorum Provini,* Doehaerd 2,238; 1239 et in *virgato* uno *de Provini,* ib. 2,255; 1244 pecias XVI *virgatorum Provini,* ib. 2,267; 1246 pecias sex *pannorum virgatorum Provini,* ib. 2,294; 1250 pecias quatuor et dimidiam *virgati Provini,* ib. 2,318; 1251 tot pannos de stanfortibus et *virgatis Provini,* ib. 2,351; in pannos de biffis virgatis et in *virgatos Proyni* et brunos, ib. 2,355; 1252 peciam unam *vergati de Pruino,* ib. 2,378; 1253 peciam unam *virgatorum Proyni,* ib. 2,463; pecias septem *pannorum virgatorum de Pluino,* ib. 2,490; 1255 tot *virgatos Proyni,* ib. 2,530; 1264 pecia una *virgati de Proino,* ib. 3,679.

[9] Cf. außer den im FEW zitierten Formen noch aaragon. *chalon, exalon, jalon,* Pottier, Vox 10,139; zum Kat. s. Alcover s.v. *aixaló.*

[10] Cf. dazu auch BarbProc 2,397. – Dagegen ist *chalon* in der Bedeutung 'couverture de lit' als Appellativum vor allem in Südfrankreich sehr lebendig, s. FEW l.c. Wohl auch hierher gehört mfr. *eschallon* (Paris 1498, betr. die draperie von Montpellier), das Gdf unrichtig mit 'sorte d'étoffe' definiert (so auch noch Cl. Dubois, Mélanges de linguistique romane et de philologie médiévale offerts à M. Maurice Delbouille, t. I, Gembloux 1964, 164). Ebenso die Form *estalon* (Montpellier 1611, R 33,354), deren Zugehörigkeit zu dieser Wortfamilie FEW 2, 620a n1 angezweifelt wird, die sich jedoch in einem im übrigen mit der Stelle von 1498 wörtlich übereinstimmenden Text findet.

et quatre de *drap de couleur vert de Chaalons*, tondu avenablement a la guise francoise, pour couvrir les devant dites sambues, DocAng 2,268; 1340 si que chascun peust cognoistre desoresmès les vrais *draps de Chaâlons* contre les contrefais et les faussement fais, Isamb 4,453. Ebenso mlt. 1265 (Montpellier) vel unum *pannum de Chalon*, FagniezDoc 1,262; 1296 (Troyes) *drapi de Caalons*, Bphhist 1942–43 (1945), 184; 1347–48 *panni de Chalouns*, Gay 1,240b[11].

Die Entwicklung vom Ortsnamen zum Appellativum findet im Französischen erst im 19. Jh. statt. Daher nfr.

chalon m.

'sorte d'étoffe de laine' < *Châlons*; Boiste 1829–Li. – Bezon 8,27f.; FEW 2,619b nur afr. *chalun* (s. oben).
Nach Bezon 8,27 bezeichnet *chalon* einen ursprünglich in England hergestellten Wollstoff, so daß es nicht ausgeschlossen ist, daß das französische Wort in Anlehnung an e. *shalloon* in der Handelssprache gebildet wurde, über die hinaus es nie zur Geltung kam.

Als letztes Gebiet Nordfrankreichs, das für die Geschichte der mittelalterlichen Tuchindustrie von Bedeutung war, bleibt noch die Normandie zu erwähnen, deren Tuchfabrikation gleichfalls schon sehr früh einsetzt. Hauptvertreter der normannischen Textilindustrie sind seit dem 13. Jh. Rouen und Louviers, seit dem 14. Jh. auch Montivilliers, ehe in der Folgezeit eine Reihe weiterer Ortschaften hinzukommen, von denen hier nur Lisieux und Aumale genannt werden sollen. Wieder ist die Entwicklung vom Ortsnamen zum Appellativum innerhalb der Galloromania zumindest in der älteren Zeit, die Ausnahme, während der periphrastische Typus *drap de* + ON überaus häufig auftritt. Tuche aus Rouen werden seit dem 13. Jh. in ganz Europa erwähnt:

1216 (Genua) torsellum I *pannorum virgatorum de Roame*, Doehaerd 2,183; lib. LX inplicatas in *drapis* VI *de Roano* cum voliis, ib. 2,185; in drapis de Mostelono et in *drapis de Roame*, ib. 2,186; 1227 (Genua) torsellum *blanchorum de Roano*, ib. 2,217; 1228 (Genua) in peciis sex de *Roame* et in centum tribus minus cannis quinque de cannavaciis, ib. 2,226; 1229 (Genua) tres pecias *blavi de Roano*, ib. 2,227; 1234 (Genua) pecias

[11] Zur Tuchindustrie von Châlons s. noch Bourq 1,97ff., 145f., 244f. – Cf. auch im Mlt. Genuas 1200 *pannum* I *Zaaloni*, Doehaerd 2,14; de *pannis blavis de Zalono*, ib. 2,26; peciam I et brachium de *blavis Zaalonii*, ib. 2,38; 1213 in *blavis de Jalono*, ib. 2,154; 1216 pecias II *blavis de Jalono*, ib. 2,176; pecias XI *viridis de Jalono*, ib. 2,183; 1221 decem peciis de *Jalono*, ib. 2,198; 1224 in *blavis de Calono*, ib. 2,206; 1252 pecias novem *pannorum blavorum Saloni*, ib. 2,412; 1253 tot *pannos jalonos* et sanquintinos, ib. 2,427; 1261 in duobus *Çalonis* de Francia, ib. 3,623; 1288 in peciis septem *jalonorum* et comninorum, ib. 3,819; 1290 (Caffa) pannos pupulengos, pannos de Ypra et *jalonos*, ib. 3,828.

viginti tres *virgatorum Roaminis* et pecias duas et medium *blavorum Roaminis,* ib. 2,238; 1244 (Genua) peciis quinque *virgati Roaminis,* ib. 2,281. – 1253 (Portugal) Et cobitus de meliori *panno tinto* de Gam aut *de Ruans* aut de Ipli valeat quadraginta solidos, Rolin 35. – 1268 (Jerez) del mejor *panno tinto de Roan* vala el mejor la vara dos mrs. menos tercia, ib. 30.

Im Spanischen sodann auch elliptisch *roán* 'paño de Ruán' (nach Corom seit 1385)[12]. Ebenso im 16. Jh. vereinzelt im Südwesten der Galloromania

abearn. **ro(h)an**

'espèce de drap de laine' < (**drap de*) *Roan* (Rouen); 16. Jh. – FEW 10,528b[13].

1521 (Bayonne) Plus, une raube de homme gris Mestebile, doblade de frison jaulne. ... Plus, ung cosum de *Roan* tot nau, RegBay 2,399; s. d. Una rauba de *Rohan* forrada de sarya, LR.

Im Französischen ist der periphrastische Typus seit dem 13. Jh. bezeugt:

ca. 1296 Les grans *draps de Rouen,* II s., et les *escroes de Rouen* à la value. – Les *rayés de Rouen* de III robes, XII d.; de II robes, VI d., et d'une robe, III d. – Les *buriaux de Rouen* de III robes, VI d., DouëtTarif 219; 1387 *drap vert de Rouen,* DouëtNArg 125; *drap vert brun de Rouen,* ib. 131; *drap pers de Rouen,* ib. 133; *escarlate morée de Rouen,* ib. 135; iij aulnes de *vert de Rouen,* ib. 238; 1392 *drap vert de Rouen,* Gay 1,246b; 1400 *drap gris brun de Rouen,* ib. 1,347a; 1405 *drap vert* entier *de Rouen,* DehDoc 901; 1416 *gris de Rouen,* LabordeDucs 1,138; 1443 trois aulnes de *gris de Rouen* pour lui faire robe ... quatre aulnes de fin *drap noir de Rouen,* pour lui faire robe et chapperon, ib. 3,332; 1458 fin *drap vert de Rouen,* Gay 1,191a; 1460 S'ensuyvent les draps achetés à la foyre de Genève ... unne pièce de *gris* fin *de Rouan* ... unne pièce de *gris obscur de Rouan* ... une pièce de *drap viollet de Rouan,* BorelDoc 104; 1462 en fines toilles d'Ollande, en fins *draps de lene de Rouem,* de Bretaigne et d'ailleurs, LAffBerr 250; 1463 Item, et en *draps de laine, tous de Rouem,* ib. 253; une charge de *grys sorez de Rouem* et de Viconté, ib. 254; 1482 *drap de Rouen,* FagniezDoc 2,286; 1499 les bons *draps gris de* notre ville de *Rouen,* Isamb 11,384 (ebenso 1508, ib. 11,530); ähnlich mlt. 1402 de *panno marbreyo Rothomagensi,* TestParis 86; cf.

[12] Corom unterscheidet nicht zwischen dieser Bedeutung und der jüngeren 'especie de lienzo', die heute allein weiterlebt, so daß aus seinen Angaben nicht hervorgeht, wie lange *ruán* als Bezeichnung eines Wollstoffes bezeugt ist.

[13] Nach dem FEW liegt in dem Beleg aus LR ebenso wie in nfr. *rouen* die Bedeutung 'espèce de toile' vor (s. dazu weiter unten). Doch zeigt der folgende Beleg deutlich, daß abearn. *ro(h)an* im Gegensatz zu nfr. *rouen* einen Wollstoff bezeichnet: 1521 (Bayonne) Item, plus une raube de *visconte de Roan* tanat gay forrade de peetz negres, RegBay 2,301.

noch Leblond 131; DoucetLaran 85f.; EstèbeToul 188; Roy 89; Mollat Norm 274 + n2.

Die kostbarsten Wollstoffe aus Rouen werden seit dem 14. Jh. mit einem Siegel als Markenzeichen versehen, daher seit dem 16. Jh. *drap du sceau de Rouen* 'espèce de drap fin fabriqué à Rouen' sowie verkürzt

drap du sceau m.

'espèce de drap fin fabriqué à Rouen' < *drap du sceau* (*de Rouen*); 1508–1696, Höfler, Z 82,175–181 (s. dort die Belege). – Héron, Bphhist 1898, 309–316.
Daraus entstand im 17. Jh. durch volksetymologische Umdeutung *drap d'Usseau*[14], so erstmals 1657 bei Scarron, sodann häufig im 18. Jh., s. Höfler l.c. Dagegen ist die Form *usseau* m. (seit Li 1872), die durch Verkürzung aus dem volksetymologisch umgestalteten Typus *drap d'Usseau* entstand, nur in den Wörterbüchern des 19. und 20. Jhs. bezeugt, ohne darüber hinaus zur Geltung zu gelangen.

Doch blieb die normannische Tuchindustrie nicht auf die Hauptstadt beschränkt, auch in den Rouen umgebenden Orten wurden schon früh Wollstoffe gefertigt. Daher finden wir seit dem 15. Jh. häufig *drap de vicomté (de Rouen)* neben *drap de Rouen* und *drap du sceau* (*de Rouen*).

drap (gris, violet, etc.) **de vicomté** m.

'espèce de drap de laine qui se fabriquait aux environs de Rouen', 1453–1582. – FEW fehlt.

1453 une aulne trois quartiers de *gris de viconté*, JCœur 58; Autres *pers de la viconté*, ib. 64[15]; 1460 unne pièce de *violet de Visconté* ... Item, unne pièce de drap violet ... Item, unne pièce de *drap violet de Visconté* ... Item, unne pièce de drap de Rouan violet fin, BorelDoc 105; 1463 une charge de *grys sorez* de Rouem et *de Viconté*, LAffBerr 254; 1465 IIII aunes de *gris de viconte* et ung bonnet d'escarlate, ib. 260; 1511 pour 16 aunes et 1/2 fin *drap viconte*, DocTour 305; 1552 Une robbe de *drap de viconte*, DrotMin 20; 1573 daultant que le faict de la drapperie et des tailles est de merveilleux prouffict et en provient grandes sommes de deniers, lesd. draps de laine se font à Paris en grande quantité. Rouen tant du seau que *du viconté*, Montevillier, Vire et autres villes circonvoisines, NicolayLyon 190f.; 1582 Draps du seau de Rouën, trente escus. *Draps de Vicomté* et leau Nicole, vingt escus, Fontanon 1,824.

Daneben die volle Form *drap de vicomté de Rouen*, so

1539 sur chacun *drap de* Rouen, *vicomté de Rouen*, Rennes, Paris, Mons-

---

[14] Daher irrtümlich FEW 14,75b s.v. *Usseau* sowie FEW 11,597b n6.
[15] S. dazu auch MollatNorm 84.

touviller, Parpignan, Laigny, Estampes, Meaux et Senlis, Thierry 2,604, sowie vereinzelt elliptisch, vor allem in Südwestfrankreich

vicomté (de Rouen)

'espèce de drap de laine qui se fabriquait aux environs de Rouen' < *(drap de) vicomté (de Rouen)*; 16. Jh. – FEW fehlt.

1521 (Bayonne) Item, plus une raube de *visconte de Roan* tanat gay forrade de peetz negres, RegBay 2,301; 1522 Item, une manteline *viscomte de Roan* goarnide a doble bande de balos estrete, ViePrivBay 378; 1566 I pièce migrène... II ā [= aunes] ung tiers *viroute* [lies *viconte*], InvLand 230; 16. Jh. (Toulouse) *viscompte*, DoucetLaran 56; s. noch EstèbeToul 188.

Seit dem 16. Jh. verliert die Tuchindustrie von Rouen an Bedeutung, so daß sie sich schließlich nicht mehr gegen die starke Konkurrenz der benachbarten Städte, vor allem von Darnétal, Elbeuf und Louviers[16] behaupten kann[17]. Dagegen entwickelt sich nun in Rouen in immer stärkerem Maße die Leinwandindustrie, die in der Folgezeit über Frankreich hinaus zu großer Bedeutung gelangt. Als Ursprungsort von Leinenstoffen wird Rouen seit dem 16. Jh. genannt:

1549 *toilles* blancs *de Rouan*, CartConsEsp 345; 1564 Une pièce de *toille de Roan* blanche, Gay 2,405b; 1573 Ces toilles de lin et chanvre qui sont blanches, crues, fines, moyennes et grosses se font à Paris, *Roüen*, Lyon, Troyes, Laval, NicolayLyon 191; für das 16. Jh. s. noch Brésard 167, 186; EstèbeToul 185; 1675 Les marchandises que l'on envoie en Espagne sont particulierement des *toiles de Roüen*, Coûtance, Morlaix, Laval, et d'autres lieux, Sav 2,68; 1682 Vous estes informé du mauvais effet que la mauvaise qualité des *toiles de Rouen* a fait dans les Indes, CorrLouis 3,841 n 1; 1712 Trois aubes neuves, *toille de Rouen*, InvTours 46; 1731 Une paire de bas de *toile de Rouen*, InvMon 183.

Ebenso im Altbearnesischen

1563 (Pau) Cargue de *telas de* Laval, *Rouhan*, Bretaigne, dues liures tounezes[18]

sowie im Regionalfranzösischen der Gascogne

1578 (Bordeaux) La *toille de Rouen* crue et blanche, quatorze soulz l'aulne, PrixEtBord 183.

---

16 S. dazu weiter unten.

17 S. dazu Héron, op. cit. 314ff.; Sion 168; Girard 358f. Cf. 1724 »que la manufacture de draps établie en la ville de Rouen, quoique la plus ancienne de celles qui subsistent actuellement dans la province de Normandie, est tombée dans un grand relâchement, pendant que celles d'Elbeuf, Louviers, Orival et Darnétal se sont au contraire perfectionnées«, zitiert nach Héron, op. cit. 315.

18 Iuraments, Priviledges, Reglaments deu Pais de Bearn, feyts et octroyats à l'intercession deus Estats ab los Serments de Fidelitat à sons Subjets, et per reciproque deus Subjets à lour Seignour, Orthés 1676, 62.

Aus dieser Verbindung entstand sodann in der Fachsprache der Kaufleute[19]

rouen m.

'espèce de toile fabriquée à Rouen et aux environs' < (*toile de*) *Rouen*; 1606[20]–Trév 1771. – FEW 10,528b[21].

1609 9 ballots de *Rouen*. 6 pacques de Crés, 6 ballots de navales... Les autres trois ballots *Rouen*, 2 ballots navales ay receu et fait vente à Saint-Lucques, Frain 52; 1688 *Roüens* de divers aunages. *Roüens* plus fins, SavBr 1730, 459; 1698 Il se fait plusieurs sortes de toiles dans la généralité de Rouen. Les principales sont des fleurets-blancards qui se font dans les élection de Pont-Audemer, Lisieux et Bernay. Elles se vendent au bourg Saint-Georges et sont envoyées en Espagne avec des toilles nommées toiles de coffre fabriquées à Evreux et à Louviers, et passent d'Espagne aux Indes occidentales, d'où les retours viennent en or et en argent. Elles sont en ce pays-là d'une grande réputation et s'y appellent *Rouens*, Montier 16; 1723 Compte de frays à la réception et au chargement de 17.000 aunes de *rouens fleurets*, receus de moy, DardelCorr 63; 32 balots faisant 17.000 aunes de *rouens*, ib. 64; 1725 à la réception et vente des *rouens*, ib. 71; 1731 Un bonnet de fin *Rouen*, brodé en soie verte, InvMon 182; sa culotte, même étoffe, doublée de *Rouen*, ib. 184[22]; daneben noch periphrastisch, jedoch mit Pluralzeichen eines Appellativum: 1727 douze balots de *toile de rouens*, DardelCorr 103.

Wie aus den zitierten Belegen hervorgeht, wurden die Leinwandstoffe von Rouen vor allem auf die Pyrenäenhalbinsel exportiert, s. noch Girard 359; Ruiz 508. So entstand im Spanischen ein zweites Mal, aus der spanischen Ortsnamensform *Ruán*, ein Appellativum *ruán*[23], diesmal zur Bezeichnung eines feinen Leinenstoffs[24]. Ebenso im Portugiesischen *ruã(o)* 'genero de lenço'[25], so z. B. 1534 It. Huũ lemçoll dollamda usado ... It. Outro lemçoll de *Ruã* velho, InvJoão 274. Zu pg. *ruão* s. noch Machado 190.

Vereinzelt erscheint auch die spanische Form in einem französischen Text,

---

[19] »*Rouen*. Se dit simplement parmi les Marchands pour toile de *Rouen*, comme on dit Hollande, Bretagne, Cambrai, pour toile de Hollande, de Bretagne, de Cambrai«, Trév 1771.

[20] Nach Ruiz 524 n199 schon 1571, jedoch ohne Beleg.

[21] Dort Trév 1721–1771 datiert.

[22] Daneben häufiger *toile de Rouen*, ib. 155, 183, 184, 227, 276.

[23] Nicht, wie das FEW schreibt, aus fr. *rouen* entlehnt. Ausgangspunkt ist *lienzo de Ruán*, so z. B. 1573 porque lo prinzipal que un *lienzo de Roan* ha de tener para el despacho es el blanco, Ruiz 507 n17. – Ebenso kat. *tela rruan* (1558), *ruà*, *ruan* (seit 1655), Alcover. Zu e. *roan* s. OxfDict.

[24] S. hier 52 + n12. Nach AlonsoEnc ist sp. *ruán* als Leinwandbezeichnung seit 1667 bezeugt; daneben schon im 16. Jh. die Verbindung *ruán de cofre*.

[25] Hiervon zu trennen ist pg. *ruã de selo*, das der französischen Wollstoffbezeichnung *drap du sceau* entspricht; s. dazu hier 53 sowie Z 82, 1966, 180 n70.

so in einem Brief eines Kaufmanns von Vitré aus San Lucar de Barrameda, daher nfr.

ruan

'espèce de toile fabriquée à Rouen et exportée en Espagne' < sp. *ruán*; hap. 1630.

1630 Seulement, vous donnerai advis de comme je ay chargé sur le navire Le Croissant 52 bottes de vin marquées comme en marge: 20 pour compte de notre compaignie; 18 pour compte des *Ruans* entre vous et le sieur Bischetière; 8 pour votre compte particulier; 6 restant pour compte des quinze ballots de Crés et le ballot de *Ruan*, FrainEsp 14.

Doch kehren wir nach diesem Exkurs zur normannischen Tuchindustrie zurück. Ebenso wie Rouen wird auch Louviers seit dem 13. Jh.[26] als Ursprungsort von Tuchen erwähnt:

Genua: 1224 lib. centum duas et s. quindecim jan. implicatas in mustoroliis et *loeriis*, Doehaerd 2,208; 1244 *virgatos* II *de Loverio*, ib. 2,271; tot pannos blanchos et scarlatos de sacho faldatos et *loerios*, ib. 2,292; 1250 pecias sex pannorum de Jalono et peciam unam biffe virgate et peciam unam *Loderii*, ib. 2,333; 1259 peciam unam virgati Ypre, peciam unam de *Loverio*, ib. 2,561; 1262 peciam unam *virgati Loerii*, ib. 3,652; 1276 in peciis viginti novem blavorum et viridum de Zhaalono et in peciis quatuor blavorum Pruini et in peciis quinque *loeriorum*, ib. 3,736; 1288 *pannorum de Loerio*, ib. 3,814.

Ebenso im Galloromanischen

1268 *Dras de Louviers*, dras de Tours, EBoileau 275; ca. 1296 Chascun *drap de Louviers*, IIII d., DouëtTarif 220; 1328 une pièce de *drap de Loviers*, DouëtNArg 94; Item, 1 *drap marbré* vermeillet, *de Loviers*, ib. 95; 15. Jh. *drap violet de Louviers*, Borel 148 (ohne Beleg)[27]; 1582 *Draps de* Meaux, Prouins, Rozay, Crespy, Gruchet, Montiuilliers, Elleboeuf, *Louuiers* et de toutes villes et villages à l'entour de Paris, Fontanon 1,824; 1735 tant *draps de Louvier* qu'Elbœuf, DelanMém 212; 1782 les *draps de Louviers* seront coiffés d'une lisière jaune, Isamb 27,246[28]. – 1277 (apr. Montsalès, Aveyron) e per III aunas de *drap* vert de Avinho, e per cana e mieia auna *de Loier*[29], e per III palms de drap de burel, AlauzierEtQuercy 89. – 1322 (alyon.) per dim. a. de *chaqua de Loverz*, LDrapLyon 436.

Doch im Gegensatz zu den mittellateinischen Belegen aus Genua fand im

---

[26] Nach Chabaud 33 schon 1208 in Marseille.

[27] S. noch A.-M. Bautier, Bphhist 1960, 591.

[28] Cf. auch 1782 aux manufactures de *Louviers* et d'Elbeuf, qui se sont toujours distinguées par la finesse de leurs draps, Isamb 27,245.

[29] In diesem Beleg ist *Loier* auf halbem Weg in der Entwicklung vom Ortsnamen zum Appellativum.

Galloromanischen die Verkürzung des periphrastischen Typus erst in jüngster Zeit statt. Daher nfr.

louviers m.

'sorte de drap fabriqué à Louviers' < (*drap de*) *Louviers*; seit Moz 1826, FEW 5,426a.
Ähnlich wie in Rouen wurden in Louviers im 17. Jh. auch Leinenstoffe hergestellt, daher ein Appellativum *louviers* 'espèce de toile' (1686, Girard 342), doch fehlen hierfür eigentliche Belege.

Im 14. Jh. kommt als weiterer Fabrikationsort von normannischen Tuchen Montivilliers hinzu. Wieder ist im Französischen der periphrastische Typus überaus häufig, während der Ortsname in appellativischer Verwendung nur ausnahmsweise auftritt:

1327 pour un *camelin brun de Moustierviller*, MaillardCptRoy 2,171; Pour 1 fin *marbré vert a bois de Monsterviller*, ib. 2,172; 1367–70 pour X aulnes de *gris blanc de Moustierviller*, CptNav 177; 1375 5 aunes d'un *pers celestrin de Monstevillier*, InvBourg 1,454; 1377 pour 21 aune[s] *de gris de Monstievillier*, ib. 1,603; pour 10 aunes de *gris brun de Monstievillier*, ib. 1,611; 1387 *drap vert fin de Moustiervillier*, Douët NArg 128; *escarlate* violette, *de Moustiervillier*, ib. 135; *gris naïf de Moustiervilliers*, Gay 1,331b; 1405 *drap gris de Moustierviller*, DehDoc 891; *gris de Moustierviller*, ib. 900; Item, une pieche de *drap de Mouterviller de vert gay* ... Item, une aultre pieche de *vert gay de Moustieviller* ... Item, I *drap gris* entier *de Moustieviller* ... Item, I *drap brun vert* entier *de Moustieviller* ... Item, une aultre pieche de *brun pers de Moustieviller* ... Item, une pieche de *gris brun de Moustieviller*, ib. 901; 1433 *escarlatte de Monstiervillier* fine ... *draps noirs de Monstiervillier*, LabordeDucs 1,284; *gris de Moustiervillier*, ib. 1,308; 1453 Une pièce de *gris brun de Monstivillier*, JCœur 89; 1459 *gris de Montevillier*, Gay 1,231b; 1460 *drap violet de Monstierviller*, BorelDoc 105; ebenso noch im 16. Jh., s. oben zu *drap de Louviers* den Beleg von 1582; cf. auch 1551–56 drapperie qui ordinairement se faict en plusieurs villes dudict royaume, et mesmes du temps que lesdictz draps frizez estoient en grand estime, requis et desirez des gentilzhommes de France, jaçoit que, en plusieurs villes d'iceluy royaume, en soyt faict grande quantité, fort bons et fins, mesmes en Normandie, à Rouen, *Montevillier* et aultres villes, ChambRevGéogr 31,292f.

Daraus dann vereinzelt elliptisch

mostiervilleir

'drap de Montivilliers' < (*drap gris de*) *Mostiervilleir* (Montivilliers); Lüttich, hap. 1423. – FEW fehlt.

1423 Drap gris appeleit *mostier villeir* ou bleuwe, BormansGloss 274.

Ebenso im 16. Jh. im Gaskognischen die Verbindung *gris Mosteviller*, doch ist hier die Endstufe der Entwicklung vom Ortsnamen zum Appellativum nicht bezeugt[30]:

1519 Item, une raube de *gris Mosteuiller* longue, forrade de frison jaune, RegBay 2,222; 1521 Plus, une raube de homme *gris Mestebile*, doblade de frison jaulne, ib. 2,399; Anfang 16. Jh. plus une raube de hemne *gris mostobile* doblade de frison, ViePrivBay 405.

Die elliptische Form findet sich vereinzelt auch in den anderen romanischen Sprachen, so arag. *mostreniller* 'sorte d'étoffe' (1444, Pottier, Vox 10,181) sowie im 16. Jh. in einem italienischen Tarif aus Venedig:

1540 Di Londra di Inghilterra si tragono per Sicilia, panni di piu sorti: massime *mostoualeri* assai, carisee, frisetti, Pasi 187r°; daneben: *panni* noritoni *mostoualeri* fini ... *panni* coloradi larghi *mostoualeri* secondo i colori ... *panni* uillazzi *mostoualeri* coloradi ... *panni* sofolchi *mostoualeri*, e di altri colori, ib. 189v°.

Zwei weitere Ortsnamen der Normandie werden im 16. Jh. vereinzelt elliptisch als Stoffbezeichnungen verwendet:

lizieux m.

'drap de laine fabriqué à Lisieux' < (*drap de*) *Lisieux;* 1571–Cotgr 1611. – FEW 5,374b[31].

1571 Pour felins d'Angleterre et blancs plains felins et *Lizieux*, ou autres semblables qui sont frizez, ou sans frizer, de quelque pays et couleurs qu'ils soient, Fontanon 1,821. – Noch nicht so weit fortgeschritten ist die Entwicklung zum Appellativum im folgenden Beleg von 1582: Felins et demis draps, tant d'Angleterre que *Lisieux*, ib. 1,824. – Cf. schon 1490 nostredite ville et cité de Tours en laquelle plusieurs marchands fréquentans ledit fait de marchandise de drapperie, fréquentent chacun jour tant de nos villes de Rouen, Bayeux, *Lisieux*, Montivillers, Saint-Lô, Bernay, Louviers, Bourges, Issoudun, Poictiers, Angiers, Parthenay, Saumur, Bressuyre, Saint-Malo et plusieurs autres villes et lieux de notredit royaume acmenent, et conduisent grande quantité de draps pour illec estre vendus et distribués, Isamb 11,188.

---

[30] Ducéré führt daher im Glossar zu ViePrivBay zu Unrecht ein (mit Fragezeichen versehenes) Appellativum *mostobile* an.

[31] Das FEW, das nur den Beleg aus Cotgr kennt (*Lizieux*: m. Woolen clothes made at a Normand towne so called), schreibt irrtümlich *lizieuz*. Der Beleg ist ein weiteres Zeugnis dafür, daß Cotgrave die verschiedenen Tarife aus dem 16. Jh. lexikographisch auswertete, cf. hier 39 n32.

aumalle

'étoffe de laine pour doublure' < (*drap d'*) *Aumalle*; 16. Jh., Brésard 165, jedoch ohne Beleg[32].

Dagegen ist der periphrastische Typus in den Tarifen des 16. und 17. Jhs. gut bezeugt:

1542 *Draps d'Aumalle,* Beauuais, Vallois, Abbeuille, Amiens, Fontanon 2,352; 1571 Pour toutes sortes de frizes et draps à doubler, comme reueches, frizes d'Angleterre, *draps d'Aumalle,* ib. 1,821; 1582 *Draps d'Aumalle,* Beauuais, Vallois, Abbeuille, ib. 2,389; 1664 *Draps petits* pour doubleures *d'Aumalle,* Beauuais, Vallois, Abbeuille, Tarif 17. – Nach Douët-d'Arcq liegt auch im folgenden Beleg von ca. 1296 der Name der Stadt Aumale vor: Les *draps d'Aubemaille,* XII d., DouëtTarif 220[33].

Seit dem 17. Jh. findet sich häufig die Verbindung *serge d'Aumale*[34], die gleichfalls einen zum Füttern bestimmten Wollstoff bezeichnet:

1625 doublés lesd. cuirs de *serge d'Aulmalle* rouge cramoisy, Gay 1,285b; 1653 housse de lict, de *serge d'Aumalle* verte, Hav s. v. *serge;* 1673 Une enveloppe de *serge d'Aumalle* bleüe, InvLouis 2,104 (ebenso 1697, ib. 2,354); 1698 La fabrique des *serges d'Aumale* dont le chef-lieu de la manufacture n'est pas de ce département y est néanmoins fort répandue ...; cette étoffe est principalement employée pour les meubles et les doublures, MémGénAmiens 161; 1735 *serges d'Aumalle,* DelanMém 212.

Daraus dann vereinzelt verkürzt

aumalle f.

'espèce de serge' < (*serge d'*) *Aumalle*; hap. 1765[35].

1765 Deux desseins en bois gravez pour indiennes et trois planches de cuivre aussy gravez pour imprimer *aumalle* pesant ensemblement 208 livres; ... quatre autres desseins de bois gravez pour indiennes; et un lavoir à usage d'*aumalle* fleurie, Dardel 95.

Hav zitiert noch nfr. *petit-aumale* s.m. 'espèce de serge employée dans l'ameublement' (hap. 1734). Dagegen wird die gleiche Stelle bei Hav s.v. *serge* durch *petites aumales* wiedergegeben, so daß der Beleg in der uns nicht zugänglichen Quelle[36] zu überprüfen bleibt.

---

[32] Es bleibt daher fraglich, ob die Verkürzung jemals stattgefunden hat.

[33] Zur Tuchindustrie von Aumale s. E. Semichon, Histoire de la ville d'Aumale (Seine-Inférieure) et de ses institutions, depuis les temps anciens jusqu'à nos jours, 2 vol., Paris et Rouen 1862, speziell 1,112, zitiert nach Sion 170 n1; s. auch Sagnac 31.

[34] S. dazu noch Hav s.v. *Aumale*. Nach Brésard 367 schon im 16. Jh., doch gibt er keine Belege. Zur Bedeutung von Aumale für die *Serge*-Fabrikation des 18. Jhs. s. auch SavBr 1730, 296.

[35] Für nfr. *aumale* m. 'tissu de laine cardée semblable à l'anacoste et qui se fabrique dans le département de l'Oise' (Lar 1866–Lar 1928) fehlen Textbelege.

[36] Journal de Verdun, n° d'octobre 1734, 313.

Neben Aumale werden seit dem 16. Jh. eine Reihe weiterer nordfranzösischer Städte, vor allem der angrenzenden Pikardie, als Ursprungsorte von *serges* erwähnt. Allein im Departement Oise sind in diesem Zusammenhang zumindest Beauvais, Mouy und Crèvecœur zu nennen:

1548 (Beauvais) ung grant mestier à faire draps et estametz, avec trois petits mestiers à faire *serges* et rouleaux, Leblond 68; 1551–56 la vente des *serges*, demyostades et ostades qui sont faictes aux villes dudict royaume, comme à Caen, *Beauvays*, Orleans, Tours, Bourges, Poictiers et aultres lieux diceluy royaume, ChambRevGéogr 31,292; 1560 (Gironde) une robe de sarge de Florence; une cotte de *sarge de beauboys* bandées de passements de soye, ArchGir 34,304; 1570 que la pièce de *sarge drappée* ainsi meslée de gras et de sec *à la façon de celles de Beauvais*, Thierry 2,784; une *sarge* ou *demie-sarge de ladite façon de Beauvais*, ib. 2,785; 1573 Et les *sarges* se font à Orleans, Tours, Poictiers, Caen, Amiens, Abbeville, *Beauvais*, Sens et autres villes, NicolayLyon 191; 1574 Pour six aulnes et demie de fine *serge de Beauvais* pour faire bas de chausses, Gay 2,276a; 1578 avez affaire de notre etat de draperie et *sarges* rayées *de Beauvais*, FagniezEcon 377; 1578 (Bordeaux) L'aulne de la *sarge de Beauvoys*, PrixEtBord 182; 1582 *Serges* et estamets *de Beauuais* et de Merlou, Fontanon 1,824; 1624 *serge de Beauvais*, Roy 68 (ohne Beleg).

1586 13 aulnes *serge de Mouy* noire, tint de Paris, à 35 s.t. laulne, Drot Min 91; 4 aulnes 3/4 de *serge de Mouys*, verte, à 35 s.t. laulne, ib. 93; 1613 toutes sortes de marchandises d'or et d'argent, soyes, ostades, serges de Florence razes et estametz de Milan, *serges* de Seigneur, de Layde, *de Moüy*, de Chartres, d'Orleans, d'Ascot et de toutes autres sortes, païs et façons, LespMét 2,272; 1693 *Serges* appelées *de Mouy*, de demi-aune demi-quart, et de 2/3 de large, des laines de Senlis, Meaux et des environs, MémGénParis 802; 1708 ils peuvent faire trafic de laines, d'étoffes et de toiles, et il y en a qui les font tous trois. Le plus fort est celui des *serges d'Aumale, de Crèvecoeur* et *de Mouy*. La plupart des *serges de Crèvecoeur* s'envoient du côté de Lyon, pour l'Italie et Genève, ib. 627.

1693 Les marchands de Beauvais achètent les *serges de Crèvecoeur* en écru, les font fouler, teindre et apprêter, MémGénParis 801f.; 1698 Il s'est établi depuis cent vingt ans une fabrique de *serges* dans le bourg de *Crèvecoeur* et dans plusieurs villages aux environs ...; les serges de cette manufacture connues sous le nom de *serges de Crèvecoeur* sont d'un très bon usage, la chaîne et la trame étant de coeur de laine, il s'en fait de grises, de musc, de mêlées, de noires, de blanches qu'on teint en toutes couleurs, MémGén Amiens 160; 1735 (Bordeaux) ainsi que *serges d'Aumalle, crève-coeur*, estamines d'Amiens et du Mans, DelanMém 212.

Doch nur in einem Fall vollzog sich die Entwicklung vom periphrastischen Typus *serge de* + ON zum Appellativum:

tricot m.

'espèce de serge propre à l'habillement des troupes' < (*serge de*) *Tricot*; 1698–Li, Z 82,186. – Zum Verhältnis dieses Wortes zu nfr. *tricot* 'tissu tricoté' s. BarbProc 3,310–312 sowie unsere 'Beiträge zur französischen Wortgeschichte', Z 82, 1966, 171–186, speziell 181ff.

Es wurde bereits weiter oben[37] darauf hingewiesen, daß die Vorherrschaft der Tuchindustrie von Rouen seit dem 16. Jh. durch eine Reihe benachbarter Orte stark bedrängt wurde. Einer der Hauptkonkurrenten von Rouen ist die Stadt Elbeuf, deren Tuchfabrikation seit dem 16. Jh. bezeugt ist:

> 1582 *Draps de* Meaux, Prouins, Rozay, Crespy, Gruchet, Montiuilliers, Elleboeuf, Louuiers et de toutes villes et villages à l'entour de Paris, Fontanon 1,824; ebenso im 17. Jh., s. Roy 118, 498; Sagnac 24, 31; Sion 168; 1735 tant *draps de* Louvier qu'*Elbœuf*, DelanMém 212; cf. noch hier 56 n28.

Doch erst im 18. Jh. entstand das noch heute lebendige Appellativum

elbeuf m.

'espèce de drap fin' < (*drap d'*) *Elbeuf*; seit 1730. – FEW 3,210b; BlWtbg[38].

> 1730 Roüen. La principale fabrique de draps de cette Ville, et qui y occupoit autrefois le plus de métiers, étoit celle des draps d'Usseau d'une aune de large. Presentement ce sont les *draps façon d'Elbœuf*, qui ont pris leur place. Cette derniere fabrique est bonne et se perfectionne tous les jours; elle n'a pas neanmoins encore acquis la perfection des veritables *Elbœufs*. A l'égard de celle des draps d'Usseau, elle s'y soûtient toûjours; mais il s'en fait beaucoup moins, depuis que les *façons d'Elbœuf* ont prévalu, SavBr 1730, 284.

Ebenso wie in Rouen wird auch in Brionne, einer Stadt im Departement Eure, seit dem 16. Jh. eine Art Leinwand hergestellt, die nach ihrem Ursprungsort benannt ist:

brionne f.

'espèce de toile blanche' < (*toile* (*de*)) *Brionne;* SavBr 1723–SavBr 1759. – FEW 1,531a[39].
Daneben die Varianten *bréaune* f., SavBr 1723–AcC 1836[40] und *bréane* f., Boiste 1803–AcC 1836.

---

[37] S. hier 54.

[38] Nach FEW und BlWtbg seit Trév 1743, jedoch schon bei SavBr 1730 s.v. *commerce de Rouen.* Allerdings wird die Form bei SavBr 1730 noch nicht als eigenes Stichwort aufgeführt.

[39] Das FEW datiert nfr. *brionne* seit Rich 1732, SavBr 1740.

[40] Diese Form noch bei LarI und Lar 1960 als historischer Ausdruck.

Dagegen ist der periphrastische Typus, mit adjektivischer Verwendung des Ortsnamens, schon gegen Ende des 16. Jhs. bezeugt[41]:

1590 confessons et certiffions a tous qu'il apartiendras estre veritable que par charge et comission de sr. Fransois de Antonede fut par nous acheptez tant au marchez dudict Noeufboug [sic] que de Beaumont le Roger depuis le mois de novembre 1588 jusques a l'entree du mois de apvril 1589 le nombre de troix cens pieces de *toilles* escrue *brionnes*, Ruiz 613.

Nach der übereinstimmenden Aussage von FEW, BlWtbg, DDM und Corominas wäre auch nfr. *cretonne* f. 'toile forte à chaîne de chanvre et à trame de lin' (seit 1723) hier anzuschließen. Diese Bezeichnung wird allgemein zurückgeführt auf den Namen des normannischen Dorfes Creton (Dep. Eure), das nach FEW 2,1332a „schon im 16. jh. wegen seiner leinwand bekannt" ist. Doch beruht diese aus DG übernommene Angabe auf einer vereinzelten, zudem unsicheren Variante des Débat des hérauts d'armes, so daß die Herleitung von nfr. *cretonne* aus dem Ortsnamen *Creton* zumindest fraglich erscheint, zumal Savary des Bruslons nie von einer Leinwandfabrikation in Creton spricht[42].

Neben diesen vier Hauptgebieten der Tuchindustrie Nordfrankreichs treten vereinzelt weitere französische Ortsnamen als Stoffbezeichnungen auf, ohne sich jedoch im allgemeinen als Appellativa behaupten zu können:

mouilleron m.

'espèce de drap de laine' < (*drap de*) *Mouilleron* (Vendée); 1453–1465. – Gay 1,582a[42a].

1453 Une pièce de *moulleron* noir tenant sept aulnes, prisé le tout 70 s., JCœur 89; 1465 Six aunes de *mouilleron* pour faire les robes aux deux filles servans les pauvres, Gdf s.v. *moilleron*[43].

Daneben im gleichen Text die periphrastische Form *drap de Mouilleron:*

1465 Une aulne et demye de toille et deux *draps de mouilleron*, ibid.[44]

chateaurroux m.

'espèce de drap de laine' < (**drap de*) *Châteauroux*[45] (Dep. Indre); Bordeaux, hap. 1578. – FEW fehlt.

---

[41] Gay 2,403b s.v. *toiles* zitiert einen vereinzelten Beleg von 1393 (*toile de Brionne*).

[42] Cf. noch die sprachgeographischen Bedenken von Gam. Umgekehrt fehlt für die Erklärung von SavBr und Trév (nach dem Namen des ersten Fabrikanten) gleichfalls eine historische Bestätigung.

[42a] S. jetzt FEW 6^{III}, 46b, wo das Wort, sicher zu Unrecht, zu *MOLLIARE gestellt wird.

[43] Der gleiche Beleg von Gay auf 1471 datiert.

[44] Bei Gay lautet die gleiche Stelle: Pour 2 *draps de Mouilleron* contenant 41 aulnes à 13 l. 13 s. 4 d. (1471).

[45] Zur Tuchindustrie von Châteauroux cf. SavBr 1765, 5,167: »Bourges, Issoudun, *Châteauroux*, Vierson, Selles, Aubigny, et Romorantin, sont les lieux où sont établies les meilleures Manufactures de ces sortes d'ouvrages [= étoffes de laine]«.

1578 L'escarlatine, la moindre cinq livres l'aulne et six livres la meilheure; Le *Chateaurroux* et semblables, quatre livres l'aulne du moindre, cinq le médiocre et six livres le meilheur, PrixEtBord 181.

feletin m.

'espèce de drap de laine' < (*drap de*) *Felletin* (Creuse); 1582–1664. – FEW fehlt.

Der periphrastische Typus *drap de Felletin* ist erstmals 1542 bezeugt:

1542 *Draps d'*Aumalle, Beauuais, Vallois, Abbeuille, Amiens, Blangi, Mande, le Puy, Poictou, *Felletin,* fellins et frises d'Angleterre, et autres semblables petis draps, Fontanon 2,352.

Daraus dann in allmählichem Übergang vom Ortsnamen zum Appellativum

1582 Draps d'Aumalle, Beauuais, Vallois, Abbeuille, Amiens, Bauge, Mande, le Puy, Poictou, *Feltins,* felins, et frizes d'Angleterre, ib. 2,389; 1640 *Feletins,* le cent pesant estimé xl. l., Tarif 19; 1664 Draps petits pour doubleures d'Aumalle, Beauuais, Vallois, Abbeuille, Amiens, Blangy, Mantes, le Puy, Poitou, *feiltins,* frisons, droguet de laine, frizons, frizes d'Angleterre et autres semblables petits draps, le cent pesant paiera trois liures, Tarif 17.

Aus den oben zitierten Tarifen des 16. Jhs. kam das Wort auch in Cotgr 1611:

Feletin m. Flannen; or, a stuffe like Flannen, whereof hangings are (sometimes) made.

Dabei beruht der zweite Teil von Cotgraves Definition auf einer weiteren, seit dem 15. Jh. bezeugten Industrie von Felletin, nämlich der Herstellung von Tapisserien, die die Fabrikation von Wollstoffen bei weitem an Bedeutung überragte. So finden wir bei Gay 2,380a zahlreiche Belege für *tapisserie de Felletin* seit 1494, ebenso in den Tarifen des 16. und 17. Jhs.:

1542 *Tapisserie de* Flandres et d'ailleurs, excepté *Felletin,* au dessoubs de cent sols tournois l'aune dudit Paris, quarante liures tournois. *Tapisserie ou tapis dudit Felletin* d'Auuergne et de Lorraine, et autres semblables, vingtcinq liures tournois, Fontanon 2,352; 1582 *Tapisserie de* Flandres, et d'ailleurs, excepté *feletin,* au dessoubs de cent sols tournois l'aulne dudit Paris, lxxv. l. *Tapisserie ou tapis dudict feletin,* d'Auuergne et de Lorraine, et autres semblables, ib. 2,389; 1640 Tapisseries fines de marche ou de haute lice ... *Tapisseries* de Flandres ou d'ailleurs, excepté *de Feletin,* au dessous, de cent sols l'aune de Paris, le cent pesant estimé c.l. *Tapisseries ou tapis dudit Feletin,* d'Auuergne, de Lorraine, et autres semblables, le cent pesant estimé l.l., Tarif 47; 1664 *Tapisseries ou Tapis de Filetin,* d'Auuergne, Lorraine et autres semblables, le cent pesant paiera quatre liures, Tarif 39; *Tapisseries de Filletin,* et d'Auuergne, ib. 96[46].

[46] Cf. noch 1573 *Tapisserie* de Rouen, D'Auvergne et *de Felletin* et plusieurs autres lieux, NicolayLyon 166; 1610 (Bordeaux) huict pièces de *tapisserie de*

Doch ist hier, im Gegensatz zur Wollstoffbezeichnung, in keinem Fall der Übergang zum Appellativum vollzogen.

lude

'espèce d'étoffe' < (*le*) *Lude* (Dep. Sarthe); mfr., hap. leg. – FEW 5,441b. Aus dem einzigen überlieferten (undatierten) Beleg (Un sac de *lude* dans lequel y a certaine quantité de pouldre d'artilharie, Gdf s.v.) geht nicht mit Sicherheit die Bedeutung des Wortes hervor, so daß auch die Frage der Herkunft aus dem Ortsnamen *Lude* offenbleiben muß[47]. Als Ursprungsort von Wollstoffen wird le Lude vor allem im 17. Jh. häufig erwähnt, doch besteht wohl kaum ein Zusammenhang dieser Belege mit dem oben zitierten mfr. *lude*.

1667 satin de Bruge, legatine, serge dauphine, *etamine du Lude* et autres camelots, LespMét 2,309; 1698 étamine façon du Mans, *étamine façon du Lude*, MémGénAmiens 159; Il y a à Angers de très belles étamines de laine sur soie rayées d'or, des camelots fins, des raz et autres serges, des droguets au *Lude* et des toiles à Château-Gontier, Gay 1,35a s.v. *Anjou.*

Nur vereinzelt tritt ein weiterer französischer Ortsname im Altprovenzalischen in appellativischer Verwendung als Bezeichnung eines Wollstoffs auf:

apr. **marnay**

'espèce de drap' < (*drap, negre de*) *Marnay* (Dep. Haute-Saône); Carpentras, hap. 1397, FEW 6,368a.

1397 X pals de *marnay*, Pans 5.

Daneben im gleichen Dokument der periphrastische Ausgangstypus

1397 Caussas de *negre de Marnay*, CptMercGilb 153.

FEW 9,273 führt eine weitere Stoffbezeichnung als Übertragung aus einem französischen Ortsnamen an: abourg. *pelongé* m. 'tissu de laine, sorte de tiretaine' (ca. 1290–ca. 1350), mfr. *polaingi* (1360)[48] neben nfr. *poulangis* (seit SavBr 1723), für die das FEW Herkunft aus dem Ortsnamen *Poulangy* (Dep. Haute-Marne) erwägt. Doch nicht nur der schon im FEW erhobene Einwand, daß dort keine „besonders gepflegte textilfabrikation" bezeugt ist, auch das relativ frühe Einsetzen der Belege gegen Ende des 13. Jhs. bei völligem Fehlen des periphrastischen Typus ist einer solchen Herleitung nicht günstig.

---

fuelhetin, ArchGir N.S. 1,130; 1619 Symon Marsillac et Joseph Le Velve, marchands tapissiers, demeurant en la ville d'Aubusson en la haulte Marche, et Léonard de la Mazure, de la ville de *Felletin* près ladite ville d'Aubusson, aussi marchand tapissier, ont promis de faire cinq pièces de tapisseries de fine layne retorse, Gay 2,378a. – Cf. dazu noch e. *Aubusson* 'tapisserie' (1851), Mack 2,275.

47 Das FEW definiert im Anschluß an Gdf 'esp. de toile fabriquée à Lude'.

48 Zu den im FEW angeführten Belegen adde: 1368 2 viez robes de *pelongey* et 1 chapperon de pers, InvBourg 1,144.

Daneben finden sich im Galloromanischen zwei Stoffbezeichnungen, die möglicherweise auf adjektivische Ableitungen von französischen Orts- bzw. Landschaftsnamen zurückgehen, doch ist infolge der Vereinzelung der Belege eine endgültige Entscheidung nicht möglich:

bourguegnions pl.

'draps de laine' < (*draps*) *bourguignons;* Tournai, hap. 1440.

1440 de tous draps appellez *bourguegnions* et de cauchetrie, DrapTourn 225.

Cf. daneben

1451 en les faisant et composant de *laines de bourguignon* et lealle teinture, ib. 226.

abearn. **toronjat**

'espèce de drap de laine', vielleicht Ablt. zu *Tours* bzw. *Touraine*[49]; Bayonne, 1519–1521.

1519 (Bayonne) Item, une autre raube de *toroujat.* Item, ung sayo de camalot tanat forrat. Item, ung autre sayo d'ostede. Item, ung autre sayo de*torouyat,* RegBay 2,228; 1521 (Bayonne) Item, une raube deudit deffunct, drap de Tholose. Item, ung sayon de *Toronjat.* Item, ung jupon d'ostade negre, ib. 2,325.

Vereinzelt treten französische Ortsnamen auch zur Benennung von Leinenstoffen im Galloromanischen auf. So wird Châtellerault (Dep. Vienne) vor allem im 16. Jh. als Ursprungsort von Leinwand erwähnt, z. B. in Lyon

1573 Ces toilles de lin et chanvre qui sont blanches, crues, fines, moyennes et grosses se font à Paris, Roüen, Lyon, Troyes, Laval, Authun, Auxonne, Nyort, *Chastellerault,* Victré et autres villes du Maine, NicolayLyon 191f; s. auch Brésard 185.

So auch in La Rochelle 1535, Trocmé 86 und zu Beginn des 17. Jhs. (1603–5), ib. 131. Ebenso in Südwestfrankreich

1563 (abearn. Pau) Carge de *Telas de Chasteleraut,* vne livre dix sols tournez, Iuraments 62[50]; 1578 (Bordeaux) L'aulne de la *toille de* Vincenne, *Chatelerault* et Bayonne, la moindre dix soulz, PrixEtBord 183.

Daraus dann elliptisch mfr.

chatellerault

'espèce de toile employée pour faire de la toile cirée' < (*toile de*) *Châtellerault;* hap. 1571, FEW 2,632a.

---

[49] Unabhängig davon neu gebildet nfr. *tourangette* f. 'espèce de serge fabriquée dans l'Orléanais' (SavBr 1730–Trév 1771), s. dazu jetzt auch FEW 13^{II}, 131a. - Zu nfr. *gros de Tours* s. hier 108.

[50] S. hier 54 n18.

1571 pour 2 aunes de *chatellerault* pour faire de la toile cirée pour couvrir l'épinette, Gay.

apr. chatillone

'toile de Châtillon', wohl aus der adjektivischen Verbindung *toile chatillone,* cf. im 16. Jh. in Lyon *toiles chastillonnes,* Brésard 167 (ohne Beleg), zum Ortsnamen *Châtillon;* hap. 1525, Pans 5[51], FEW 2,632a. – Roy 495.
Leider gibt Pansier dafür keinen Beleg, so daß weder Form noch Bedeutung gesichert sind. Auch läßt sich nicht mit Sicherheit feststellen, welches Châtillon dieser Bildung zugrundeliegt. Das FEW sieht darin, sicher zu Recht, Châtillon-sur-Seine (Dep. Côte-d'Or), gestützt auf den bei Gay bezeugten Ausdruck *façon de Chastillon* (1583) zur Bezeichnung einer besonderen Fabrikationsweise. Das gleiche Châtillon wird schon im 14. Jh. im Zusammenhang mit Textilien genannt:

> ca. 1371 Une pièce de toille escrue contenant XIIII aulnes, vendue ne doit de vente que I denier tournois, et s'il y a plus de XIIII aulnes soit buyée ou escrue, la toille doit de vente de XX sols IIII deniers tournois. ... Tous marchans qui achettent ou vendent fille en la ville de *Chastillon,* Coutumes anciennes de la ville de Châtillon[52].

Daneben wird auch Châtillon-sur-Indre (Dep. Indre) im 16. Jh. als Ursprungsort von Stoffen genannt, so

> 1582 Draps de Berry, Lourry, *Chastillon sur Inde,* Chartres, Constances, Cherebourg, Vallongnes, Constantin et tout le bas pays de Normandie, Troyes, et toutes autres, Fontanon 1,824,

doch läßt schon die Bedeutung (*drap de Ch.*) einen Zusammenhang mit apr. *chatillone* zumindest fraglich, wenn nicht ausgeschlossen erscheinen. Dagegen muß die Frage der Herkunft offenbleiben für vereinzelt bezeugtes

chastillon m.

'espèce de drap' < (**drap de*) *Châtillon*; hap 1629. – FEW fehlt.

> 1629 robe de *Chastillon* gris argenté[53].

---

[51] Das FEW gibt irrtümlich als Quelle Pans.
[52] Chartes de Communes et d'Affranchissements en Bourgogne, p. p. M. Jh Garnier, tome 1er, Dijon 1867, 386.
[53] Albert Babeau, Les artisans et les domestiques d'autrefois, Paris 1886, 326.

Bei der Betrachtung der nordfranzösischen Textilindustrie war bisher fast nur von der Tuchfabrikation die Rede. Doch wie wir schon am Beispiel Flanderns und der Normandie gesehen haben, wurden vor allem seit dem 16. Jh. die Tuche in starkem Maße durch die aufstrebende Leinwandfabrikation zurückgedrängt[1]. Wohl das bedeutendste Zentrum dieser Industrie zu Beginn der Neuzeit ist neben den bereits behandelten Gebieten die Bretagne, der darum im folgenden ein eigener Abschnitt gewidmet werden soll[2].

Der Anbau von Flachs und Hanf ist in der Bretagne seit dem 14. Jh. bezeugt. Vor allem die nördlichen, dem Meer zugewandten Gebiete um Tréguier sowie das weiter östlich, schon außerhalb der eigentlichen Bretagne gelegene Laval liefern den Großteil dieser in der gesamten Provinz verarbeiteten Rohstoffe[3]. Schon zu Beginn des 15. Jhs. werden neben den *toiles de Reims* feine Leinenstoffe aus der Bretagne erwähnt:

> 1407 VIII paire de linceux de taelle fine de Rains ... V paire de linceux de *taille* fine *de Bertaigne,* InvJoss 211.

Doch erst im 16. und 17. Jh. werden die Belege häufiger, ohne daß sich in jedem Einzelfall feststellen läßt, ob mit *toile de Bretagne* eine Leinwand oder ein aus Hanffasern gefertigter Stoff bezeichnet wird:

> 1512 Pour chacune charge de *toille* blanche *de Bretagne,* Mant 3,316; 1542 *Toiles fines de* France, Normandie et *Bretagne,* Champagne, Lyon, Hollande, Cambray, Baptiste, Allemagne, Bresse et d'ailleurs, Fontanon 2,353 (ebenso 1582, ib. 2,390); 1564 *Thoilles de Bretaigne,* les cent ailles, XX s., EstimMarchAngl 378; Doulas ou locrenan, aultrement *thoille* blanche *de Bretagne,* les cent aisles, XX s., ib. 379; ebenso im 16. Jh. in Toulouse, s. EstèbeToul 185 sowie in Nantes, s. Tanguy 29f.; 1665 J'ay donné des ordres en Bretagne pour l'achapt de 300 milliers de chanvre, dont il y en a présentement la moitié d'acheptée, et que l'on commence à consommer ... A l'esgard des *toilles,* nous en avons assez bon nombre, mais la plus grande partie meschantes, CorrLouis 3,699; 1674 La fabrique des *toiles de Bretagne* qui servent à faire les corps des voiles des vaisseaux nous paroît icy fort altérée, et cela est à un point que les voiles qui avoient accoutumé de servir deux campagnes, à peine peuvent fournir à une, ibid.; 1681 Pour chacune piece de *Toille de Bretagne,* de six a sept aulnes de longueur[4]; 1683 A l'esgard des *toilles de* Normandie et *Bre-*

---

[1] S. hier 10f., 24–33, 54–56.

[2] Zur Leinwandindustrie der Bretagne s. vor allem F. Bourdais et R. Durand, L'industrie et le commerce de la toile en Bretagne au XVIIIe siècle, Comité des travaux historiques et scientifiques. Section d'histoire moderne (depuis 1715) et d'histoire contemporaine. Notices, inventaires et documents VII, Paris 1922, 1–48 sowie Girard 342–348.

[3] Girard 343.

[4] Ordonnance de Louis XIV. Roy de France et de Navarre, donnée à Versailles, au mois de Juillet 1681, Paris 1714, 60.

tagne, comme c'est le principal commerce que les François font en Espagne, il paroist bien important, CorrLouis 3,624.

Im 18. Jh. hat sich sodann der Ausdruck *toile de Bretagne* als feststehender Begriff konsolidiert:

1712 Le plus grand commerce que font les Anglois en cette ville [= Saint-Malo] et Morlaix consiste en quantité de toiles pour les voiles des vaisseaux, quantité de toiles crues pour leurs colonies, qui servent à habiller les nègres. Les toiles qu'on appelle *de Bretagne*[5], qui se fabriquent à Quintin, Pontivy, Uzel, Loudéac et autres lieux circonvoisins, sont blanches, qu'ils envoient dans leurs colonies pour les habitants, et pour négocier avec les Espagnols, CorrContrFin 3,422; 1726 deux balots de *toiles de Bretagne*, Nos 1 et 2, pour estre portés à Cadis, DardelCorr 97; 1776 Et qu'étant plus a portée qu'aucun autre des endroits où se fabriquent les *toiles dites de Bretagne*, ces toiles embarquées, et sortant directement par ledit port, peuvent se donner à Cadix à trois et quatre pour cent de meilleur marché que lorsqu'elles sont chargées dans les autres ports ... pour qu'il leur soit permis de faire directement le commerce des *toiles de Bretagne*, et celui des îles et colonies françoises de l'Amérique, Isamb 23,434.

Ebenso im 16. Jh. im Altbearnesischen

1533 Plus, detz bergues et demy de *telle de Bretainhe*, WGask; 1563 Cargue de *telas de* Laval, Rouhan, *Bretaigne*, dues liures tournezes, Iuraments 62[6].

Vereinzelt wurde schon im 16. Jh. die periphrastische Form *toile de Bretagne* zu elliptischem *bretagne* verkürzt:

1572 *bretagnes* de Quintin, Ruiz 510 n45[7].

Doch erst im 18. Jh. konnte sich appellativisches *bretagne* gegen die volle Ausgangsform durchsetzen. Daher

bretagne f.

'espèce de toile' < (*toile de*) *Bretagne*; 16. Jh.; seit 1701. – FEW 1,518a[8].

1701 il n'y a donc que ceux de Quintin, Uzel, Loudéac et Pontivy, qui viennent avec des toiles propres pour l'Espagne et les Indes, qu'on appelle communément des *bretagnes*, CorrContrFin 2,73; 1723 Je compte que vous aurez reçu à présent le montant de la vente que vous avez fait des *bretagnes* que je vous ai remis, SéeBret 23; 1725 Il se débite en Espagne

---

[5] Im Text kursiv. [6] S. hier 54 n18.

[7] Vielleicht schon 1559, ib. 514 (ohne Beleg).

[8] Im FEW wird nicht unterschieden zwischen diesen *toiles* und den daneben verfertigten Tuchwaren minderwertiger Qualität, s. dazu weiter unten. Als Erstbeleg gibt das FEW SavBr 1740; nach Girard 357 schon 1692, jedoch ohne Beleg. In den Wörterbüchern findet sich das Appellativum erstmals bei SavBr 1730. Nfr. *bretagne* ist noch bei Littré und Larousse verzeichnet, doch ist das Wort kaum über das 18. Jh. hinaus vital. Zum 18. Jh. s. noch LefEsp 43.

des *bretagnes* de Laval, contrefaisant celles de Quintin; ce sont des toiles de la qualité des pontivis, que je vous ai envoyées, qu'on met par 6 aunes de Bretagne, SéeBMaine 8; Ainsi, monsieur, si vous persévérez à vouloir faire faire nouvel achat de pareille quantité de *bretagnes*, SéeBret 10; 1726 les *bretagnes* ont baissé plus que les rouens, ib. 9; 1734 Quand vous aurez besoin de *bretagnes* et de pontivy, vous n'aurez pas besoin de vous adresser à Saint-Malo. Vous trouverez aussi bien à Morlaix et meilleur marché, ib. 189; 1738 un tiers de *bretagnes* larges entrefines et un tiers de peluches d'Amiens, ib. 7; 1748 Vos toiles n'ont point à beaucoup près autant de demande pour l'Amérique que les morlaix, les *bretagnes* et les grosses toiles, SéeBMaine 56; 1750 Les morlaix et *bretagnes* sont assez demandées pour l'Amérique et l'Espagne, ibid.

Wie aus den bisher zitierten Belegen hervorgeht, werden die in der Bretagne gefertigten Stoffe seit dem 16. Jh. vor allem nach Spanien exportiert[9]. Daher sp. *bretaña* 'especie de lienzo', so z. B.

1569 *Bretañas* de la Husaya muy ricas, Ruiz 612; 1572 fardeles de telas blancas de Pontibi que son 9 fardeles de quintines blancos y 60 fardeles de *bretañas*, ib. 510 n45[10].

Ebenso pg. *bretanha* 'pano de linho', Machado 143, das nicht, wie FEW 1,518a n1 schreibt, aus fr. *bretagne* entlehnt, sondern selbständige, im Portugiesischen entstandene Bildung ist. So schon

1534 It. De *bretanha*, sete varas cinqo seysmas, de qoremta oito reaes vara, InvJoão 383.

Die obigen Belege weisen bereits eine Reihe bretonischer Städte als Ursprungsorte von Leinenstoffen aus. Allein in dem 1530 geschriebenen Rechnungsbuch eines bretonischen Kaufmanns, der seine Waren in Spanien verhandelt[11], werden Stoffe aus Daoulas, Locronan, Pontivy, Tréguier, Morlaix und Merdrignac genannt. Weitere Orte kommen im 16. und 17. Jh. hinzu und geben den dort gefertigten Produkten ihren Namen.

quintin m.

'espèce de toile fine' < (*toile de*) *Quintin* (Dep. Côtes-du-Nord); Cotgr 1611–Ac 1798[12], FEW 2,1481b. Daneben die Formen *quaintin* (1628), Hu und *quintain* (1600–1622), Gay[13]. – Hav s.v. *quinte*[14]; Roy 101. Über die Bedeutung von Quintin als Textilzentrum im 15. und 16. Jh. s. LabbéVitré 111.

---

[9] S. dazu CptBret passim.

[10] Cf. daneben sp. *bretañuelas* 'toiles de Bretagne' (Sevilla 1680), GirardRiv 62 n45.

[11] CptBret.

[12] Ebenso noch bei Li und DG, doch sind diese Belege nur von historischem Wert.

[13] DG und im Anschluß daran Gam und FEW geben als Erstdatum 16. Jh., doch ist der zugrundeliegende Beleg aus VarHistLitt 1,344 von 1622.

[14] Für die von SavBr 1762 und Hav zitierte Form *quinte* fehlen eigentliche Belege.

1629 une pièce *quintin* supperfin, pour la faire plisser, Roy 101; Deux mouchoir de coup de fin *quintin*, ib. 309; Un rabatz montez de fin *quintin* à gros godron ... Deux grand rabatz de fin *quintin* plissé, ib. 311.

Daneben die periphrastische Ausgangsform

1640 Toilles de cotton et treillis ... Toilles à tamis ... *Toilles de Quintin*, Tarif 47; 1664 *Toilles de Quintin* et autres de Bretagne, Tarif 97[15].

Im Spanischen schon 1572 *quintines blancos*, s. hier 69 s.v. *bretaña*.

Eine Reihe weiterer Bezeichnungen von Leinen- und Hanfstoffen, die auf Ortsnamen der Bretagne zurückgehen, leben vor allem im Englischen[16], während sie in französischen Texten nur vereinzelt bezeugt sind. Die Beschränkung der Belege auf einen Text aus England weist daher auf direkte Entlehnung der Appellativa aus dem Englischen. Im Französischen treten diese Ortsnamen gelegentlich neben dem periphrastischen Typus *toile de* + ON elliptisch auf, ohne jedoch den Schritt zum Appellativum vollzogen zu haben.

doulas

'espèce de toile de lin' < e. *dowlas, doulas* (seit 16. Jh., OxfDict)[17] < *Daoulas* (Dep. Finistère); England hap. 1564. – BarbProc 1,208.

1564 *Doulas* ou locrenan, aultrement thoille blanche de Bretagne, les cent aisles, XX s., EstimMarchAngl 379.

Schon 1530 werden Leinenstoffe aus Daoulas in Cádiz erwähnt:

1530 Vendu en la ville de Calix six pacquès de toille contenans sçavoir VI pièces et demye *Doulas*, VI pièces bastard *Doulas*, plus VII pièces et demie Locrenan, CptBret 161; *Toiles Doulas*. Et premyer, vendu III pièces et demie *Doulas* à IX ducatz la pièce, ib. 162; Plus vendu demie pièce *Doulas* IIII ducatz et demy. Plus en destayll vendu desdictes *Doulas*, sçavoir LIX varres et demie ... Somme desdictes *Doulas* sçavoir, en gros VI pièces et demie, ib. 163.

Dabei weist neben der nur bedingt aussagekräftigen Großschreibung gerade das feminine *desdictes* darauf hin, daß in diesen Belegen *Doulas* als Ortsname und nicht als Appellativum zu betrachten ist[18].

---

[15] Cf. noch *bretagnes de Quintin* (1572), s. hier 68.

[16] »[Les Anglais] appréciaient particulièrement les toiles de chanvre de Bretagne, solides et nerveuses, indispensables pour le gréement des navires, et qu'on connaissait en Angleterre sous les noms de Daoulas, Locrenans, Olonnes, Poldavys, Léonaises ou Crées«, BoissRHist 135,7.

[17] Vielleicht schon 1493, s. OxfDict. Cf. auch ca. 1585 Item, here at murlace and Roane we lade all our Lynine clothe, *dowlas*, Lockerame, Normandye canvas and all other canvas, ReadTrade 518; linine clothe of Divers sort, *dowlas*, lockerame, hollandes, ib. 521.

[18] S. dazu unseren Beitrag Zur Frage des Genus der aus Ortsnamen entstandenen Appellativa im Französischen, Z 80, 451.

poldaus pl.

'espèce de grosse toile de chanvre' < e. *poldavy, poldavis*[19] (seit 15. Jh., OxfDict) < *Pouldavid* (Dep. Finistère); England, hap. 1564. – BarbProc 1,208.

1564 *Poldaus*[20] de Bretaigne, la pièce, X s., EstimMarchAngl 380.

Im 18 Jh. werden diese Stoffe auch häufiger in Frankreich erwähnt, wobei in den Belegen jedoch immer der Charakter des Ortsnamens erhalten bleibt:

1725 Olones ou *poil David*, voyez Manufactures, SavBr 1730, 955; 1730 6 pièces *Poldavid*, SéeBret 189 n3; s. auch SavBr 1762 s.v. *Polle-Davy*.

Daß hier der Schritt zum Appellativum nicht vollzogen ist, geht auch aus dem Fehlen des Pluralzeichens im folgenden Beleg hervor:

Toiles à voiles ... Celles dont la consommation est la plus considérable sont les Noyales, les *Polledavy*, la petite Olone, les Locrenan, et celles qu'on nomme Perte, SavBr 1762 s.v. *voile*.

Ein weiterer bretonischer Ortsname ist in e. *medrinack* 'a kind of canvas' (seit 16. Jh., OxfDict)[21] enthalten. Dieses geht zurück auf *Merdrignac*, den Namen einer Ortschaft im Departement Côtes-du-Nord, die schon im 16. Jh. als Ursprungsort von Stoffen genannt wird:

1530 Les *olones Myndriniac*. Et premyer, vendu II pièces *myndriniac* IIII ducatz, I réaul moyns. Plus vendu unge pièce, XX réaulx. Plus vendu III pièces mouyllé pour IIII ducatz et demy, moyns XVII deniers. Somme VI pièces *myndryniac*, vallants X ducats et LXVIII deniers, Cpt Bret 164f. (s. dazu auch Girard 343; Ruiz 513 + n75). Nach Trocmé 131 werden *médrignacs* ca. 1600 in La Rochelle erwähnt (jedoch ohne Beleg). Cf. noch 1677 Toiles: Première sorte ... Seconde ... Commune ... Vitré renforcée ... *Médrignac*, Toiles assemblées ... Cotonnine double, Colbert 3,2,695.

Doch kann auch hier der Ortsname in keinem der Belege als Appellativum gewertet werden.

Während mfr. *locrenan* (1564, Beleg s. oben s.v. *doulas*) sicher gleichfalls durch englischen Einfluß zu erklären ist (im Englischen ist *lockram* 'a linen fabric' seit dem 15. Jh. gut bezeugt, s. OxfDict), entsteht unabhängig davon im Neufranzösischen

locrenan m.

'grosse toile de chanvre écru' < (*toile de*) *Locrenan* (Locronan, Dep. Finistère); SavBr 1723–Trév 1771, FEW 5,391b.

---

[19] Cf. auch ca. 1585 Item, here you shall bye great store of salt, *poldavise*, piche and tarr, divers other kinde of marchaundize, ReadTrade 521.

[20] In einer anderen Handschrift *Pol d'Avys*.

[21] Nach OxfDict unbekannter Herkunft.

Außerhalb Englands[22] werden die Stoffe aus Locronan auch auf dem Kontinent seit dem 15. Jh. erwähnt, so z. B. zwischen 1450 und 1475 in der Normandie, s. MollatNorm 111. Im 16. Jh. auch in Spanien, cf. die folgenden Belege:

1530 Vendu en la ville de Calix six pacquès de toille contenans sçavoir VI pièces et demye Doulas, VI pièces bastard Doulas, plus VII pièces et demie *Locrenan,* faisant en tout XX pièces à VIII ducatz la pièce, Cpt Bret 161; Des *toilles Locrenan.* Et premier, vendu I pièce et demie, à VII ducatz la pièce, vallant X ducatz et demy. Vendu au grand coustumyer dudict Sainct Lucas pour le duc de Medyna unge pièce *Locrenan,* VI ducatz et demi. ... Somme desdictes *Locrenan,* VI pièces, sçavoir IIII pièces en gros et II pièces en destaille, ib. 164 (s. dazu auch Girard 343).

Auch hier wird deutlich sichtbar, daß noch der Ortsname und kein Appellativum vorliegt[23]. Als solches finden wir die Form nur in Wörterbüchern verzeichnet[24], so daß seine Existenz oder doch zumindest seine Vitalität angezweifelt werden muß.

Ebenso seit dem 16. Jh. bezeugt ist die periphrastische Form *toile de Morlaix* 'espèce de toile fine fabriquée aux environs de Morlaix':

1530 Plus vendu du pacquet n° 16 sçavoir d'unge pièce *toille de Mourlaix* VIII varres, à XL deniers, la varre, CptBret 166; pour XXXIIII varres *toille fine de Mourlaix* ... pour XXVII varres *toilles de Mourlaix,* ib. 174 (s. auch Girard 343)[25]; cf. noch SavBr 1762, 4,1030[26].

Vereinzelt tritt *morlaix* im 18. Jh. auch als Appellativum auf, ohne daß sich dies in allen Fällen mit Sicherheit nachweisen läßt. Daher nfr.

morlaix m.

'espèce de toile fine' < (*toile de*) *Morlaix* (Dep. Finistère); 1748–1750. – FEW fehlt.

1748 les *morlaix* gris ont de la consommation, SéeBMaine 48 n5; Vos toiles n'ont point à beaucoup près autant de demande pour l'Amérique que les *morlaix,* les bretagnes et les grosses toiles, ib. 56; 1750 Les *morlaix* et bretagnes sont assez demandées pour l'Amérique et l'Espagne; il n'en est pas de même des Laval, dont M. Duchemin Favardière a bonne provision, ibid. – Schon 1733, SéeBret 188; 1736 und 1741, SéeBMaine 47, jedoch alle ohne Beleg. S. noch SéeNotas 183; LefEsp 42.

---

[22] S. dazu noch BarbProc 1,208. Cf. auch den Beleg von ca. 1585, hier n17.

[23] S. hier 70 + n18.

[24] Noch LarI verzeichnet die Form *locronan.*

[25] Der Stoff wird im 17. Jh. in Deutschland nachgeahmt, s. dazu Girard 354.

[26] Cf. auch Sav 1675, 2,68: »Les marchandises que l'on envoie en Espagne sont particulierement des *toiles de* Roüen, Coûtance, *Morlaix,* Laval, et d'autres lieux, qui est la marchandise la plus necessaire ...«.

Auch das im Maine gelegene Laval wird seit dem 16. Jh. häufig als Ursprungsort von Leinenstoffen genannt[27]:

1573 (Lyon) Ces toilles de lin et chanvre qui sont blanches, crues, fines, moyennes et grosses se font à Paris, Roüen, Lyon, Troyes, *Laval*, Authun, NicolayLyon 191; ebenso im 16. Jh. in Nantes, Tanguy 30 sowie in Toulouse, EstèbeToul 185.

Ebenso in Südwestfrankreich

1533 (abearn., Bayonne) Plus dues peces de *telle de Labal* tirant à chacune dotze aunes, ViePrivBay 388; 1563 (abearn., Pau) Cargue de *telas de Laval*, Rouhan, Bretaigne, dues liures tournezes, Iuraments 62[28]; 1578 (fr., Bordeaux) La *toille de Laval*, l'aulne de la moindre quinze soulz, PrixEtBord 183.

Sodann vereinzelt elliptisch

labal

'espèce de toile' < (*toile de*) *Laval*; Bayonne, hap. 1625. – FEW fehlt.

1625 Plus deux aulnes deux tiers *labal* a doubler les pantes, WGask.

Ebenso im 16. Jh. im Spanischen

1569 *Labales* batidos muy riquisimos y muy floretisimos, Ruiz 612; 1587 sino que se an de blanquear en Laval para telas blancas y para batir algunas dellas para *lavales*, ib. 507 n22. Nach Ruiz 527 schon 1562, jedoch ohne Beleg.

Vereinzelt wird auch im 18. Jh.[29] im Französischen der Ortsname elliptisch verwendet, ohne daß jedoch der Schritt zum Appellativum gänzlich vollzogen wird:

1746 J'ai peine à croire que ce sont des *Laval*, car elles ont le grain plat et ressemblent fort aux toiles de Mayenne, SéeBMaine 65; 1750 Les morlaix et bretagnes sont assez demandées pour l'Amérique et l'Espagne; il n'en est pas de même des *Laval*, dont M. Duchemin Favardière a bonne provision, sans pouvoir en trouver qu'un débit très lent, ib. 56.

Als etwas vitaler erweist sich nfr.

pontivy m.

'espèce de toile' < (*toile de*) *Pontivy* (Dep. Morbihan); SavBr 1723–Trév 1771, FEW 9,174a[30].

---

[27] Nach Hav s.v. *toile* schon 1401, doch fehlen hierfür Belege. S. auch Ruiz 511.

[28] S. hier 54 n18.

[29] Zur Leinenindustrie von Laval im 18. Jh. s. SéeBMaine passim sowie Henri Sée, El comercio de telas de Laval en España y en la América Española, Revista Nacional de Economía 24, 1927, 65–78.

[30] Das FEW zitiert die Formen *pontivy* SavBr 1723, *pontivi* Trév 1771, *pontivis* Lar 1874.

1725 Il se débite en Espagne des bretagnes de Laval, contrefaisant celles de Quintin; ce sont des toiles de la qualité des *pontivis*, que je vous ai envoyées, qu'on met par 6 aunes de Bretagne, SéeBMaine 8 (ebenso *pontivys*, ib. 40, jedoch ohne Beleg); 1734 Quand vous aurez besoin de bretagnes et de *pontivy*, vous n'aurez pas besoin de vous adresser à Saint-Malo. Vous trouverez aussi bien à Morlaix et meilleur marché, SéeBret 189; 1737 plus de débit que les *pontivys*, SéeBMaine 41; 1743 Losteau me paraît très coupable d'avoir différé à vous remettre le compte de la vente de votre balle *pontivy* jusques après que l'acheteur a manqué, ib. 45.

Eine dem periphrastischen Ausgangstypus nahestehende Form läßt sich schon im 16. Jh. nachweisen[31]:

1530 Plus vendu le pacquet n° 10 contenant V cents varres *toille Pontivi*, à XXVI deniers la varre, CptBret 161; vendu III pièces *toille Pontyvy*, ib. 162; Plus pour deulx barriques vuiddes pour mettre deulx pacquès de *toille Pontyvy*, ib. 175[32].

Daneben elliptisch

1530 Plus à François Marzyn, pour bastelaige de II pacqués *Pontyvy*, unge pièce d'artillerie, ib. 176,

wo aber *Pontyvy* sicher noch als Ortsname zu interpretieren ist.

Im Spanischen lebt noch *vitre* 'especie de lona delgada'[33], das Corom seit Acad. 1925 bezeugt. Das Wort geht zurück auf den Namen der bretonischen Ortschaft Vitré, deren Leinwandindustrie seit dem 14. Jh. nachweisbar ist und im 15. und 16. Jh. einen großen Aufschwung erlebt[34]. Im 15. Jh. werden die Stoffe von Vitré vor allem nach Flandern verhandelt[35]. Seit dem 16. Jh. lassen sich Zeugnisse für den Handel mit Spanien nachweisen[36], ebenso sind zu dieser Zeit Kaufleute von Vitré in Saint-Malo, La Rochelle und Nantes anzutreffen[37]. Sie verkaufen dort nicht nur die Erzeugnisse

---

[31] So auch im Spanischen 1572 69 fardeles de *telas blancas de Pontibi* que son 9 fardeles de quintines blancos y 60 fardeles de bretañas, Ruiz 510 n45.

[32] S. dazu noch Girard 343, 346.

[33] Ebenso kat. und pg.

[34] S. dazu LabbéVitré 111–114 und passim.

[35] 1473 tant ès pays de Flandres que ailleurs, LabbéVitré 121; 1481 nul d'entr'eux ne pouvoit fréter ni faire fréter aucuns navires pour mener leurs canevats en Flandre, ib. 122. – Wohl auch hierher gehören die folgenden Belege aus dem 15. und 16. Jh.: 1455 Pour trois cens trente aulnes de *cannevach de Vitry*, dont a esté faicte une couverture pour couvrir ledit pavillon, LabordeDucs 1,434; 1472 pour cent cinq aulnes de *canevast de Vitry*, ib. 2,225; 1550 chargée de toiles *canevatz de Vitry* et fil a reet, CartConsEsp 216. Man könnte auch an den Ortsnamen *Vitry* (Dep. Marne) denken, doch ist dort sonst keine Leinwandindustrie bezeugt. Dagegen sieht Doehaerd sicher zu Recht den Ortsnamen *Vitry* in den folgenden Belegen aus Genua: 1227 in *telis de Vitro* et viridibus Çaaloni, Doehaerd 2,220; 1247 in telis de Alamania et *virtonis* et peciam unam sanquintinis, ib. 2,299; 1278 tot *telas de Vetri*, ib. 3,766. Allerdings ist *tela* sicher nicht mit 'toile', sondern eher, wie öfters in diesen Texten, mit 'drap' zu übersetzen.

[36] Cf. LabbéVitré 124; Girard 50.

[37] Zu Nantes s. noch Tanguy 30.

ihrer Heimatstadt, deren Spezialität eine grobe Leinwand für Segel sowie Packleinwand ist[38], sondern auch die der umliegenden Orte, so z.B. die Stoffe von Morlaix, Fougères, Rennes und Merdrignac[39]. Durch den Handel mit Spanien, der meist über Nantes ging[40], entstand schon im 16. Jh. sp. *vitre* 'espèce de canevas':

> 1558 les *vitres* que llamais de la rosa que aca llamanos humanas, Ruiz 510 n51; Ende 16. Jh. Dies y seis varas de *Vitré,* a 60 maravedis la vara monta 28 reales, Frain 30[41].

Sodann auch im 18. Jh. sp. *bitres* 'toiles écrues, moitié étoupe et moitié laine', LefEsp 126.
Im 17. und 18. Jh. geht die Leinwandfabrikation von Vitré stark zurück[42], so daß die Kaufleute sich in der Folgezeit darauf beschränken, Erzeugnisse der benachbarten Orte als *toiles de Vitré* zu verkaufen. So schreibt Savary des Bruslons: »Cette fabrique des ouvrages de fil au tricot est proprement la seule manufacture qui soit établie dans Vitré et ces Fauxbourgs; car pour les toiles qu'on appelle *Toiles de Vitré,* dont il se fait un si grand commerce au dehors, il ne s'y en fabrique aucunes, et elles viennent toutes de trente Paroisses qui sont à trois lieues aux environs de cette Ville«, SavBr 1765, 5,206[43].

Vereinzelt finden wir im 18. Jh. in appellativischer Verwendung

vitré

'espèce de toile' < (*toile de*) *Vitré*; SavBr 1762[44].
Jedoch vermochte sich diese Form als Appellativum nicht gegen den periphrastischen Ausgangstypus *toile de* + ON zu behaupten. Die Übergangsstufe vom Ortsnamen zum Appellativum ist aus den beiden folgenden Belegen klar ersichtlich:

> 1730 D'autres de la même espece, mais plus ordinaires ou des *vitré,* de deux à deux reaux et demi de villon, SavBr 1730, 618; *Vitré.* On nomme des *Vitré,* les toiles qui se fabriquent dans cette Ville de Bretagne et aux environs, ib. s.v.

Eine Reihe weiterer auf Ortsnamen der Bretagne zurückgehenden Leinwandbezeichnungen sind aus adjektivischer Verwendung der Ortsnamenform oder durch Adjektivableitung entstanden:

---

38 S. Tanguy 30; Girard 344.
39 S. Girard 343.
40 S. Girard 343; Ruiz 510.
41 Gehört hierher auch arag. *vitre, bitre* (1469), das Pottier, Vox 10,217 als 'toile fine de couleur verdâtre' definiert?
42 S. Girard 345.
43 Daneben allerdings »On nomme des *Vitrés,* les toiles qui se fabriquent dans cette Ville de Bretagne et aux environs«, SavBr 1762 s.v., das wohl aus älteren Auflagen stehengeblieben ist; cf. SavBr 1730 s.v.
44 S. den n43 zitierten Beleg.

noyale f.[45]

'toile qui sert à fabriquer les grandes voiles d'un navire' < *toile noyale* < *Noyal-sur-Vilaine* (Dep. Ille-et-Vilaine)[46]; seit 1665[47]. – FEW 7,218a[48]; Hav; Girard 344, 347f.

1665 qu'il trouve les eschantillons que je luy ay envoiés admirables, ce sont ses termes, et beaucoup meilheurs que la *noialle* de Bretaigne, Corr Louis 3,718.

Daneben häufiger die Verbindung *toile noyale*, so

1666 que les Anglois font toutes sortes de diligence, par le moyen des négocians, pour tirer des *toiles noyales* de Bretagne, Colbert 3,1,59; Je ne doute pas que vous n'ayez fait voiturer, avec la mesme diligence, la quantité de *toiles noyales* portée par ma première dépesche, ib. 3,1,45, 1667 Aux manufactures anciennes et nouvelles des chanvres, *toiles noyales*, en Levant et en Ponant, ib. 7,303; pour le maintien des manufactures, tant anciennes que nouvelles, achats et fabriques de *toiles noyales*, en Levant et en Ponant, ib. 3,1,89; 1671 La plus grande partie des *toiles noyales* et toiles de Mélie vient de Bretagne, ib. 3,2,323; 1676 J'ay visité ensuite les manufactures des *toiles noyales* et meslées, ib. 3,2,189.

rosconne f.

'toile blanche de lin' < *crée rosconne*[49] < *Roscoff* (Dep. Finistère); SavBr 1723–Trév 1771. – FEW 10,486b[50].

Nach FEW l.c. ist „der wortausgang ... vielleicht nach dem namen des städtchens *Olonne* umgebildet worden, das ebenfalls in der fabrikation von leinwand eine rolle spielte". Die Erklärung einer Umbildung nach *olonne* 'variété de toile à voile fabriquée en Bretagne' ist sicher zutreffend, doch ist die Herleitung dieses Wortes vom Ortsnamen *Olonne*, so FEW 7,351a, fraglich[51]. FEW 1,75b wird der gleiche Worttypus im Anschluß an Gdf sicher zu Unrecht auf *Alonne* (Ortschaft in der Beauce) zurückgeführt. SéeBret 13

[45] Im FEW irrtümlich m.

[46] Cf. SavBr 1730, 304: »Commerce de la Ville de Rennes. Il y a quelques manufactures dans la Ville de Rennes et aux environs, qui lui donnent quelque relation avec les Etrangers, et qui y attirent un commerce assez avantageux; l'une est la manufacture des *toiles noyalles*, et l'autre celle des fils retors. . . . Le nom de *Noyalles* leur vient de la Paroisse de Noyalles située à deux lieües de Rennes, où d'abord cette fabrique a été établie«.

[47] Nach Tanguy 30 schon im 16. Jh., jedoch ohne Beleg.

[48] Das FEW gibt im Anschluß an DG als Erstdatum 1666. An der betreffenden Stelle steht die Ausgangsform *toiles noyales*.

[49] Nach Girard 346f. schon im 17. Jh., jedoch ohne Beleg.

[50] Das FEW bezeugt das Wort bis Lar 1874 (ebenso noch Lar 1964), doch ist es kaum über das 18. Jh. hinaus vital.

[51] S. dazu hier 123.

erwähnt daneben die Form *roscoves* (18. Jh., ohne Beleg), in der die ursprüngliche Ortsnamensform noch besser erhalten ist.

1736 Si, après le départ des deux navires en charge, les crées larges tombaient à 104 ou 105 livres, les *rosconnes* à 70, les graciennes à 62, j'entrerais volontiers, SéeBret 177 n4.

gratienne f.

'espèce de toile commune' < *crée gratienne*[52], Ablt. zu *Graces* (Dep. Côtes-du-Nord)[53]; SavBr 1723–Trév 1771. – FEW fehlt.

1736, s. oben s.v. *rosconne;* ebenso 1751, SéeBret 67; 1755, ib. 70; 1755, SéeNotas 188.

Von dem Namen der Stadt *Nantes* abgeleitet ist die von H. Lapeyre erwähnte Leinwandbezeichnung *nantaise*[54], für die jedoch französische Belege fehlen[55]. Bezeugt ist nur sp. *nantesa* 'espèce de toile', so z. B.

1572 Y las *nantesas* yo las boi comprando pieça por pieça para que no salgan aun tan caras como si se comprasen en fardeles, Ruiz 514 n89.

Ähnlich nach *Angers* benannt und gleichfalls nur in spanischen Texten bezeugt[56] ist *angeos* m.pl. 'espèce de canevas':

1569 porque en Beofort se açen los *angeos* todos los mercaderes se an de alli salido y benido a Angers, Ruiz 408 n46[57].

Zwei weitere Leinwandbezeichnungen, die auf Ortsnamen der Bretagne zurückgehen, sind in den Wörterbüchern des 18. Jhs. verzeichnet, doch sind uns dafür im Französischen keine Textstellen bekannt:

clisson m.

'espèce de toile blanche' < (**toile de*) *Clisson* (Dep. Loire-Inf.); SavBr 1723–Trév 1771. – FEW 2,788a[58].

Im Spanischen dagegen schon im 16. Jh.

---

52 Nach Girard 346f. schon im 17. Jh. (*crée grassienne*, jedoch ohne Beleg).

53 Cf. SavBr 1762, 4,1030: »Les *crés Graciennes* nommées *Graciennes* à cause qu'il s'en fait beaucoup de cette espéce dans la Paroisse de Grace, sont d'une largeur pareille à celle des crés communes, mais de beaucoup plus grosses«.

54 Ruiz 510 n43, 514, 524 + n196.

55 Cf. jedoch *toiles Nantoises*, SavBr 1762, 4,1019.

56 Oder gehört hierher der folgende abearn. Beleg aus Pau? 1563 Carge de Telas de Chasteleraut ... Cargue d'*Angues*, chalers communs, melins et brunet, Iuraments 62 (s. hier 54 n18). In einer anderen Ausgabe lautet die gleiche Stelle: Cargue d'*Angeus*, chalers communs, melins, et brunet (Compilation d'auguns priviledges et reglamens deu pays de Bearn, feyts et octroyats a l'intercession deus estats, Pau 1716, 71).

57 Der Stoff wird seit 1556 erwähnt, s. Ruiz 527 (ohne Beleg). Ebenso 1558, ib. 523 + n188; 1560, ibid. n189; 1576 und 1579, ib. 512 + n66.

58 Danach seit SavBr 1740 bezeugt.

1576 por los malobries y *clisones* esta dado cargo, Ruiz 516 n109; 1587 Las mercaderias de Poetu que son malobries, *clisones* y bellevinas, ib. 512 n67[59].

perte f.

'variété de toile de chanvre écru employée dans la confection de draps de lit ou de voiles légères' < (**toile de*) *Perte*[60]; SavBr 1723–Trév 1771, FEW 8,278a.

H. Lapeyre erwähnt noch die Leinwandbezeichnungen *saint-brieuc* (2. Hälfte 16. Jh., Ruiz 510) und *angoulême* (2. Hälfte 16. Jh., ib. 512), doch fehlen für beide eigentliche Belege.

Im Gegensatz zur Leinwandfabrikation spielt die Bretagne im Rahmen der Tuchindustrie von jeher nur eine untergeordnete Rolle. Entsprechend ist auch die Benennung eines Wollstoffs nach einem Ortsnamen der Bretagne äußerst selten. Soweit Wollstoffe aus dieser Provinz erwähnt werden, sind sie meist minderwertiger Qualität, wie dies H. Sée noch für das 18. Jh. ausdrücklich hervorhebt[61]. Dagegen ist von feinen bretonischen Tuchwaren nur ausnahmsweise die Rede, wie etwa im folgenden Beleg von

1462 en fines toilles d'Ollande, en *fins draps de lene* de Rouem, de *Bretaigne* et d'ailleurs, LAffBerr 250.

Einer der im 15. und 16. Jh. am häufigsten genannten Ursprungsorte von groben Wollstoffen ist die Stadt Josselin, wo noch heute Tuche dieser Art hergestellt werden. Daher mfr.

josselin m.

'espèce de gros drap' < (*drap de*) *Josselin* (Dep. Morbihan); 1443–1455. – FEW 5,51a[62]; Gay.

1443 *josselins*, Gay; 1449 *jousselins*, ibid.; 1455 *gros josselin de Bretaigne*, ibid.; Item, pour ledit chaperon, ay acheté un cartiez de *jocelin* de ij s.p., CptCoutPar 168.

Daneben die periphrastische Ausgangsform *drap de Josselin*, so

1471 Pour l'achapt de XXIIII aulnes de gros *drap de Josselin* pour faire des couvertes aux pauvres, Gay; 1512 Pour pièce de *draps de Jousselin*, ij s., Mant 3,315[63].

---

[59] S. noch ibid. n68 + 69 sowie Tanguy 30.
[60] Nach FEW l.c. das heutige *Pertre* (Dep. Ille-et-Vilaine).
[61] SéeDrap 84.
[62] Das FEW zitiert mfr. *jousselin* (1449–16. Jh.), doch fehlen für das 16. Jh. eigentliche Belege.
[63] Tuche aus Josselin werden ca. 1577 in La Rochelle erwähnt, s. Trocmé 132.

Wohl hier anzuschließen ist das nur einmal im Mittelfranzösischen belegte

dacigné

'espèce de drap' < (**drap*) *d'Acigné* (Dep. Ille-et-Vilaine); hap. 1512, Gdf. – FEW 1,22a[64].

1512 Pour chacune charge de draps de la façon de Rennes lx s. – Pour chacune charge de *Dacigné*, xl s., Mant 3,315.

Südfrankreich

Ohne die Bedeutung Nordfrankreichs zu erreichen, hat sich doch auch in verschiedenen Gegenden Südfrankreichs sowie im angrenzenden Roussillon schon früh eine eigenständige Tuchfabrikation herausgebildet. An erster Stelle ist hier Perpignan zu nennen, dessen Textilindustrie seit dem 13. Jh. einen guten Ruf genießt[1]. Der in Perpignan hergestellte Wollstoff wird im 14. und 15. Jh. vor allem nach Italien verhandelt[2], daher it. *perpignano* 'panno di lana', nach BattAl seit 1453, jedoch schon

1357 salvo panni di stame e *perpignani* e saie discotte o panni fiorentini[3]; 1442 Panni bianchi di cadis cioe *perpignani*, Gay 1,244b.

Ebenso im Portugiesischen

1534 It. Dele, digo, de *perpinhã*, dous covados onze dozaos, roto, de trezentos cinqoẽta reaes covado, InvJoão 386.

Seit dem 15. Jh. werden die Wollstoffe aus Perpignan auch häufig in Nordfrankreich erwähnt[4]:

1490 Pour neuf aunes un tiers de *drap de Perpignan*, Gay 2,306b; 1531 sont attraits à tondre en ladite ville fins estametz, crezez, cadits, cordillatz, fins *draps d'*Angleterre, Carcassonne, *Perpignan*, fines serges, drappées de Millan, Venise et autres, LespMét 3,111; 1551–56 *draps de Parpignan*, ChambRevGéogr 32,294; 1573 1 saye de *drap de Parpignan*, bordé de velours gris, DrotMin 66; ebenso im 16. Jh. in Lyon, s. Brésard 185; im Altbearnesischen 1521 *drap de Perpignan tanat*, WGask.

Doch wird im Gegensatz zum Italienischen der Ortsname im Französischen nur vereinzelt im 15. und 16. Jh. als Stoffbezeichnung verwendet. So entsteht im Mittelfranzösischen

---

64 Im FEW irrtümlich als afr. zitiert.

1 S. dazu L. Bourdon, AM 62,74 n 81.

2 S. dazu FEW 8,261a.

3 Statuti dell'arte di Por Santa Maria del tempo della Repubblica, a cura di Umberto Dorini, Firenze 1934, 263.

4 In Avignon schon 1397 *Draps de Perpignan* e cadisses: s. VIII, per pessa, GabAv 45.

parpignan m., **parpegnan** m.

'espèce de drap fabriqué à Perpignan' < (*drap de*) *Perpignan*; 1485; 1516[5]. – FEW 8,260b; ThomasEss 405.

1485 Trois aulnes de *Parpignan* tamné, pour faire robbes aux paiges, Gay; 1516 (Tournai) Pour six aunes de *parpegnan* a . XXV . s. l'aune . . . pour une robe de *parpegnan* doublé de soye, Gdf.

In zahlreichen Orten Südfrankreichs ist schon im 13. Jh. die Herstellung von Wollstoffen bezeugt, ohne jedoch über das Ursprungsgebiet hinaus zu großer Bedeutung zu gelangen. So werden in einem Dokument aus Narbonne unter anderen Stoffe aus Figeac, Cahors, Albi, Narbonne und Sarlat genannt.

13. Jh. (Narbonne) *Drap de Figac,* e *de Caortz*[6], e *d'Albi,* la pessa, II deniers. – Drap de Lerida, e brunetaz, e *sarlaz,* de XX canas, III deniers. – *Drap de Narbona*[7] ques venda mens de XL sols la pessa, I denier, FagniezDoc 1,330.

Doch zeigt der Beleg, daß nur in einem Fall der Ortsname elliptisch als Stoffbezeichnung verwendet wird. Daher

apr. sarlaz pl.

'draps fabriqués à Sarlat' < (**drap de*) *Sarlat* (Dep. Dordogne); Narbonne, hap. 13. Jh., FEW 11,231a[8].

Neben den Erzeugnissen aus Perpignan werden auch Wollstoffe aus Carcassonne seit dem 14. Jh. recht häufig erwähnt. Während aber im 14. Jh. diese Stoffe noch auf Südfrankreich beschränkt bleiben[9], erscheinen sie im 15. und vor allem im 16. Jh. auch recht häufig in nordfranzösischen Dokumenten:

1454 12 pièces de *draps de Carcassonne,* JCœur 197; 1531 fins *draps d'*Angleterre, *Carcassonne,* Perpignan, LespMét 3,111; 1533 toille de Hollande, *draps de leyne de Carcassonne,* bougran frizé, CptBâtRoy 2,225; 1538 sur chacune robbe de *drap gris de Carcassonne* dont le Roy leur a semblablement faict don, ib. 2,251; 1571 Pour les *draps de Carcassonne* et Limoux, GuitardDrapLang 19; 1664 *Draps de Carcassonne,* Sattes, et autres de Languedoc, Tarif 59; ebenso im 16. Jh. in Lyon, s. Brésard 184 sowie in Toulouse, s. DoucetLaran 86.

---

5 Nach FEW 8,260b hap. Tournai 1516.

6 Ebenso apr. 1277 (Montsalès, Aveyron) e per III palms de *saia de Caortz,* AlauzierEtQuercy 88.

7 Ebenso apr. 1343 (Albi) Item, que tot mercadier de *draps* de Carcassona e *de Narbona* e de esta terra, CConsAlbi 185; 1352 (Albi) per VII canas de *blan de Narbona,* RegNotAlbi 165; 1462 (Albi) *bruneta de Narbona,* ibid.

8 Das FEW führt diese Form sicher zu Unrecht als Singular an.

9 Cf. oben n7 den Beleg von 1343 aus Albi.

Daraus vereinzelt elliptisch in einem Inventar aus Südwestfrankreich

carcassonne

'espèce de drap fabriqué à Carcassonne' < (*drap de*) *Carcassonne*; Saint-Sever, hap. 1566.

1566 XI ā [= aunes] III carts drap pretz d'Angleterre . . . X ā I tiers roge de Normandie . . . XII ā *Carcassonne,* InvLand 230.

Doch liegt hier lediglich einmalige elliptische Verwendungsweise des Ortsnamens vor, ohne daß von einem eigentlichen Appellativum die Rede sein kann.

Brésard 165 erwähnt noch mfr. *mende* 'drap de petit prix' und *serverette* 'id.' (beide Lyon 16. Jh.), doch gibt er dafür keine Belege. Beiden scheint ein südfranzösischer Ortsname zugrundezuliegen, doch läßt sich eine endgültige Entscheidung mangels Belegen nicht treffen.

Wollstoffe aus Mende (Dep. Lozère) werden schon im 14. Jh. in Avignon erwähnt:

1397 *Draps de Mende,* Clarmont, Marvejols, de Anduza; de Uzes et de Proensa: s. VI, per pessa, GabAv 45[10].

Weitere Belege im 16. Jh.

1542 *Draps d'*Aumalle, Beauuais, Vallois, Abbeuille, Amiens, Blangi, *Mande,* le Puy, Poictou, Felletin, fellins et frises d'Angleterre, et autres semblables petis draps, Fontanon 2, 352; 1582 *Draps d'*Aumalle, Beauuais, Vallois, Abbeuille, Amiens, Bauge, *Mande,* le Puy, Poictou, ib. 2,389[11].

Dagegen sind uns für eine Tuchindustrie im benachbarten Serverette keine historischen Belege bekannt.

Seit dem 16. Jh. werden in verschiedenen Orten des Languedoc leichte Wollstoffe unter dem Namen *serge* bzw. *sarge* hergestellt. So lesen wir z. B. in Paris

1597 Pour le regard des *sarges,* il en peut travailler en France facilement, à l'exemple de la ville de *Sommières* en Languedoc, qui depuis cinq à six ans ils font des *sarges* larges et fines aussi belles et meilleures qu'il en vint jamais de Florence[12], LaffRégl 542[13].

Ebenso

1634 *Sommières, Nismes,* Saint-Maixant, Chartres, et plusieurs autres villes de ce royaume, fabriquent des *sarges* aussi fines et meilleures que celles que les estrangers nous sçauroient fournir, et à beaucoup meilleur marché, ReglMarch 120f.

---

[10] Ebenso in mlt. Testamenten des 15. Jhs. aus dem Forez, s. RLiR 29, 1965, 165 s.v. *gris,* 316 s.v. *pannus.*

[11] Daraus dann in einem späteren Tarif entstellt 1664 *Draps* petits pour doubleures *d'*Aumalle, Beauuais, Vallois, Abbeuille, Amiens, Blangy, *Mantes,* le Puy, Poitou, Tarif 17. [12] Zu *serge de Florence* s. hier 106 n7. [13] S. dazu auch FagniezInd 82.

Daher dann seit dem 17. Jh.

sommière f.

'espèce de serge qui se fabriquait originairement à Sommières' < (**serge de*) *Sommières;* 1693–1780. – FEW 12,85a[14].

1693 Espagnolettes 2/3 de large, laines fines de France en chaîne, et laines d'Espagne en trame. *Sommières*[15] de demi-aune, et demi-aune demi-quart de large, laines fines de France, MémGénParis 802; 1708 Outre ces étoffes-là, les drapiers [sc. de Beauvais] fabriquent encore des espagnolettes à demi-aune demi-quart, des *sommières* de même largeur et de demi-aune ... Les sempiternes et les *sommières* se fabriquent aussi avec des laines de France, ib. 625. Daneben Ende 18. Jh. die Form *saumière,* AM 70,288, jedoch ohne Beleg.

Ebenso wie die *sommières* werden auch die ursprünglich in Nîmes hergestellten *serges* schon bald in der Pikardie nachgeahmt. Cf. z. B.

1698 La principale fabrique est appelée sayetterie, à cause que le fil fait de sayette, de laine peignée et filée au petit rouet compose seul la chaîne de ces étoffes, qui sont des serges de Crèvecoeur, d'Aumale, des baracans, des camelots, des ras de Gênes, ras façon de Châlons, *serges façon de Nîmes,* serges façon de seigneur, le tout de pure laine, MémGénAmiens 159.

Doch fand hier, im Gegensatz zu *sommière,* die Entwicklung vom Ortsnamen zum Appellativum im Französischen nicht statt.

Ebenfalls auf einen Ortsnamen des Languedoc geht zurück nfr.

vigans m. pl.[16]

'gros draps qui se vendent à la foire de Beaucaire et qui sont destinés à être exportés dans le Levant' < (*Le*) *Vigan* (Dep. Gard); 1679–Li 1872, FEW 14,435b. – Chabaud 167.

FEW 1,303a zitiert npr. *bearnet* 'drap de Béarn'. Cf. ähnlich schon mfr.

biarn

'espèce de gros drap' < (**drap, cape de*) *Bearn*; Cotgr 1611, BarbProc 6,230f.

Eine weitere im Französischen vereinzelt auftretende Stoffbezeichnung geht auf einen Ortsnamen Südfrankreichs zurück:

---

[14] Das FEW gibt als Erstdatum SavBr 1723. Noch bei Lar 1964 verzeichnet, jedoch nur als historischer Ausdruck. [15] In Beauvais hergestellt.

[16] Li und LarI führen im Gegensatz zu SavBr und Trév die Singularform *vigan* an.

toulousin m.

'espèce de drap d'or et de soie', Ablt. von *Toulouse;* 1317. – FEW fehlt[17].

1317 Item, iij *Toulousins* d'Outre mer changens. Item, xv samitons, que uns que autres, DouëtNArg 2; Somme des *Thoulousins,* iiij pièces, ib. 4; Item, ij camoquas dont l'en fit j seurcot à la Royne. Item, ij *Toulousins,* pour faire sa volenté. Item, j *Toulousin,* ib. 6; Item, ij draps de Luques de ij couleurs. Item, j *Toulousin.* Item, vij pièces de cendaus ardans, ib. 17[18].

Doch liegt hier im Gegensatz zu den bisher behandelten Bezeichnungen nicht Benennung nach der ursprünglichen Herkunft des Stoffes vor. Toulouse scheint vielmehr der Handelsplatz dieses aus dem Orient stammenden Stoffes zu sein.

Pyrenäenhalbinsel

Im Gegensatz zu den bisher behandelten Gebieten spielt die Pyrenäenhalbinsel als Stofflieferant nur eine untergeordnete Rolle. Während schon im 13. Jh. zahlreiche Tuche aus Flandern und Nordfrankreich in katalanischen, spanischen und portugiesischen Handelstarifen erwähnt werden[1], bleibt die Textilindustrie dieser Länder im wesentlichen auf den Eigenbedarf beschränkt. Zwar wird spanische Wolle seit dem 14. Jh. in größeren Mengen nach Frankreich exportiert, doch bleibt die Fertigung von Stoffen den französischen Tuchgebieten vorbehalten. Vor allem seit dem 15. Jh. wird immer mehr spanische Wolle in Frankreich eingeführt, wo sie die lange Zeit bevorzugte Wolle aus England ersetzt[2]. Im 17. und 18. Jh. ist Spanien vielleicht der bedeutendste Wollieferant Frankreichs überhaupt, wobei die Wolle aus Segovia wegen ihrer hervorragenden Qualität besonders geschätzt wird. Daher auch nfr. *ségovie* 'espèce de laine très fine' nebst Ableitungen und Zusammensetzungen, s. FEW 5,256b und 11,413f., wo die folgenden Belege nachzutragen sind:

1666 (Bourges) Nos laines et nos eaux y seront fort propres en y meslant de la *Ségovie,* CorrLouis 3,769n; 1698 ils emploient de la laine d'Espagne, de pure *Ségovie,* pour la chaîne et pour la trame, MémGénAmiens 162; 1706 (Romorantin) Qu'il ne pourra estre employé dans la manufacture de Romorentin que des laines de Berry et de Sologne, et des laines d'Espa-

---

17 FEW 13II, 20b verzeichnet nur die unabhängig davon entstandene jüngere Bildung nfr. *toulousine* f. 'taffetas tramé de coton' (1765, Enc 15, 828a).

18 Cf. noch mlt. 1327 (Unteritalien) *panni tholosani,* Yver 91.

1 S. dazu weiter oben die Kapitel Flandern und Nordfrankreich. 2 S. hier 14f.

gne *prime-sigovie*, prime-sovia[3] et *prime-sigovianne* seulement, Hayem Mém 8,133[4].

Doch zeigen die Belege bereits deutlich, daß die aus Spanien importierte Wolle erst in Frankreich zu Stoffen verarbeitet wird. So bezeichnet auch das vor allem im 17. Jh. bezeugte *drap (serge) de Ségovie*[5] keine spanischen Erzeugnisse, sondern vielmehr mit spanischer Wolle gefertigte französische Produkte, während die Tuchherstellung in Spanien der Frankreichs zu jener Zeit weit unterlegen zu sein scheint:

1669 Ils ont aussy de draps fins, qui se fabriquent en Ségovie, particullièrement les noirs; mais ceus de couleur, nonobstant qu'ils ont la meilleure laine de l'Europe et en grande abondance, ne les sçavent travailler, Corr Louis 3,436.

Der bescheidenen Rolle der Pyrenäenhalbinsel im Rahmen der europäischen Textilindustrie entspricht auch ihr relativ geringer sprachlicher Einfluß auf dem Gebiet der Stoffbezeichnungen. Am bedeutsamsten ist der Einfluß des Spanischen als Vermittler arabischen Wortguts, so z. B. einiger orientalischer Stoffbezeichnungen wie etwa *barracan*, das das Französische wohl dem Spanischen verdankt[6]. Ebenso vermittelt das Spanische im 17. und 18. Jh. dem Französischen zahlreiche Bezeichnungen von Woll- und Leinenstoffen, die im

---

[3] Zu verbessern in *soria*. Nfr. *soria* 'sorte de laine d'Espagne' ist nach FEW 12,109a erstmals 1719 bezeugt. – Weitere sprachliche Zeugnisse für die Bedeutung der spanischen Wolle im 17. und 18. Jh. sind nfr. *burgalèse* 'laine mérinos provenant de Burgos' (seit Trév 1752, FEW 1,634a), nfr. *campo* 'espèce de laine espagnole' (SavBr 1723–Rich 1759, FEW 2,162a; cf. schon 1661 (Montauban) dix balles de *laine blanche de Campo*, AM 70,104), nfr. *fleuret* 'premier choix de la laine' (seit 1708, FEW 3,635a; < iberorom., cf. kat. *floret* 'das Beste von einer Sache'), nfr. *florétonne* 'espèce de laine d'Espagne' (Trév 1752–Lar 1872), *laine fleuretonne* (Enc 9,177, FEW 3,635a; < sp. *floretón*; cf. schon 1716 (Romorantin) font journellement commerce de laine dite de Barbarie, et *fleuretons de Navarre*, Hayem Mém 8,138; 1730 des *Fleuretons de Navarre*, SavBr 1730, 216; cf. noch saint. *fleureton*, 1714–17, Musset) und nfr. *refleuret* 'meilleure laine d'Espagne' (seit SavBr 1723, FEW 3, 635a; cf. schon 1565–67 sp. *refloretes*, *floretes*, *finas* und *otras suertes*, Ruiz 579).

[4] Cf. auch 1664 *Laines venant d'*Espagne, des Indes, Allemagne, Angleterre, *Sigouie*, et autres païs étrangers, Tarif 69.

[5] 1614 les *serges appellées de Ségovy*, de Lymestre, de Languedoc, et autres serges et sergettes fines, leur seront aussi propres que le satin, AdvisLuxe 440; 1628 Six aulnez *sarge noire fine de Segovie*, tainct de soye, à faire rideau au caroche, Roy 62; 1629 troys quart *sarge fine de Sigovie*, tant vert comme coullonbien, ib. 34; 1665 (Romorantin) Pour faire les fins *draps de Sigovie* blanc seront fillez sur estin à soixante et six portée[s] et trente-deux fils à chaque portée, Hayem Mém 8,116; s. noch Roy 89, 518.

[6] S. dazu A. Steiger, Zur Sprache der Mozaraber, Sache, Ort und Wort, J. Jud zum sechzigsten Geburtstag, RH 20, 1943, 624–714; id., Aufmarschstraßen des morgenländischen Sprachgutes, Vox 10, 1948–49, 1-62. Indes scheint im Bereich der Textilterminologie der größere Teil des orientalischen Wortguts über Italien ins Französische gelangt zu sein. – Zu *barracan* s. jetzt auch FEW 19,28b.

Rahmen der spanisch-flandrischen Handelsbeziehungen den Kaufleuten der Pyrenäenhalbinsel bekannt wurden[7].
Dagegen ist die Benennung von Stoffen nach iberoromanischen Ortsnamen im Französischen[8] äußerst selten, ja in keinem einzigen Fall läßt sich eine solche Herkunft mit Sicherheit nachweisen[9]. Und auch im einzigen uns bekannten Beispiel aus der Zeit bis 1700, in dem ein Ethnikum zur Bildung einer Stoffbezeichnung herangezogen wurde, bezeichnet dieses nicht eigentlich die Herkunft des damit benannten Stoffes.

espagnolette f.

'sorte de ratine fine', Ablt. zu *espagnol;* 1693–18. Jh.[10]; daneben saint. id., 1583–1798, FEW 4,438a.

---

[7] S. die Zusammenstellung französischer Stoffbezeichnungen spanischen Ursprungs bei VidosMots passim und HerbEsp 116, wo *melinar* sicher zu streichen ist (s. dazu hier 9). Ergänzungen und Korrekturen zu den umfangreichen Materialien dieser beiden Arbeiten geben wir in unserem Beitrag Zum spanischen Lehngut im Französischen der Niederlande, Z 82, 1966, 267–274. S. noch hier 42.

[8] Anders in den iberoromanischen Sprachen, wo solche Bildungen gelegentlich auftreten. Cf. z.B. pg. *saragoça, çaragoça* 'tecido originàriamente proveniente da cidade espanhola do mesmo nome' (zu arag. *çaragoça,* 1365, s. noch Pottier, Vox 10,218) und pg. *segobiano* 'espécie de pano, talvez de Segovia' beide Machado, Língua Portuguesa 2,190. Dagegen liegt dem ib. 191 zitierten pg. *valancina, valencina* 'pano fino de lã, que se fabricava no reino de Valença em Hespanha' wohl eher der Ortsname *Valenciennes* zugrunde, wie die folgenden spanischen Belege vermuten lassen: 1271 Por cada pieza de *Velencienas* y de Bruydas, Rolin 39; 1351 A esto rrespondo que tengo por bien que qual quier barragana de clerigo publica o ascondida que vestiere pano de color, quelo vista de viado de Ypre o tiricanna viada o *valançina* viada e non otro ninguno, ib. 24 n2; cf. noch 1268 la vara dela *valançina* de cuerda la mejor çinco sueldos de dineros alfonsis, ib. 31.

[9] Afr. *panpelune* 'sorte d'étoffe précieuse fabriquée à Pampelune' (ca. 1180, FEW 7,532a) ist nur einmal in einem literarischen Text bezeugt. Zudem ist die Bedeutung des Wortes nicht völlig gesichert, cf. z.B. MichEt 1,111 n3 und Gay, die beide mit 'espèce de fourrure' definieren. – Die Herleitung von fr. *cadis* 'sorte de serge' (seit 1352, BlWtbg; im Apr. schon 1340 (Carcassonne) per iiij palms e mieg de *cadis* negre, Saval 431; cf. auch 1397 Draps de Perpignan e *cadisses*: s. VIII, per pessa, GabAv 45) aus dem Ortsnamen *Cádiz,* so zuletzt noch DDM, ist durch nichts gestützt. – Ebenso entbehrt die Erklärung von nfr. *mahou(t)* 'espèce de drap de laine, fabriqué en Angleterre et dans le midi de la France, et destiné à l'exportation dans le Levant' (nach FEW 6,52a von 1697 bis Lar 1873 bezeugt, jedoch kaum über das 18. Jh. hinaus vital; schon 1696 Pour 6 pièces escarlate d'une aune et 1/4 *mahous,* GuitardDrapLang 34, betr. die Manufakturen von Saptes und Clermont) als Benennung nach *Puerto Mahón,* dem Hauptort der Baleareninsel Menorca, so FEW l.c., der sachlichen Grundlage. – Boillot 89f. verzeichnet in diesem Zusammenhang noch nfr. *grenade* f. 'étoffe à mouchetures en forme de graine' und *valencia* f. [sic] 'étoffe légère, en laine peignée, d'origine anglaise'. Während *grẹnade* (SavBr 1723–Land 1851, s. FEW 4,236a), eine Ableitung zu lt. GRANUM, nichts mit dem Ortsnamen *Granada* zu

1693 *Espagnolettes*[11] ²/₃ de large, laines fines de France en chaîne, et laines d'Espagne en trame, MémGénParis 802; 1703 État des manufactures de toiles et étoffes de la Généralité de Paris ... Beauvais. Draps et ratines. Serges fines. *Espagnolettes.* Toiles, ib. 620; 1708 Outre ces étoffes-là, les drapiers fabriquent encore des *espagnolettes* à demi-aune demi-quart, des sommières de même largeur ... Les *espagnolettes* et les flanelles ou bayettes se font, quelques-unes avec des laines d'Espagne, et les autres de fines laines de France, ib. 625.

Vielleicht hat die Verwendung von spanischer Wolle zur Benennung dieses in Nordfrankreich hergestellten Stoffes beigetragen.

FEW 2,488a erwähnt noch mfr. *castelloigne* 'sorte d'étoffe de laine' (1468), *cathalongne* (1567), *catelonne* (ca. 1580), *castaleyne* (1588), *castologne* (1594), nfr. *castellongne* (1640) als Übertragung des Ländernamens *Catalogne* auf einen seit dem 15. Jh. von dort importierten feinen, meist weißen Wollstoff. Doch ergibt eine Prüfung der Belege bei Godefroy[12] und Huguet[13], daß in keinem einzigen Fall mit Sicherheit die obige, auch von Huguet gegebene Bedeutung vorliegt. Vielmehr scheint die im FEW als Übertragung betrachtete Bedeutung 'couverture de fine laine' überhaupt die einzige des Wortes zu sein. In anderen Fällen wie in dem Beleg von 1567 (*Couverte de cathalongne rouge*, GdfC s.v. *castelogne*) ist *cathalongne* wohl noch als Eigenname zu verstehen. Die ursprünglich aus Katalonien bezogenen Wolldecken werden bald auch in Südfrankreich sowie in Flandern hergestellt, cf. z. B.

1573 *Couvertures à mode de Catheloigne* de Montpeslier, Narbonne et autres lieux du Languedoc, NicolayLyon 165; 1582 *Castelongnes de Flandres* de toutes sortes et grandeurs payeront pour douzaine quinze s., Fontanon 2,394; 1629 des *catalognes de Montpellier*, Pincennades et coutils de Bruxelles, LespMét 2,710n; 1636 autres marchandises, comme coutil de Bruxelles, *catalogne de Montpellier*, d'Avignon, de Rouen, Normandie, Beauvais et autres lieux, ib. 2,712[14].

---

tun hat, ist nfr. *valencia* m. (seit Lar 1876) wohl aus älterem e. *valencia* (seit 1850, OxfDict) entlehnt, das seinerseits aus dem ON *Valencia* gebildet wurde.

10 Das FEW bezeugt nfr. *espagnolette* SavBr 1723–Lar 1930, doch ist das Wort kaum über das 18. Jh. hinaus vital (s. auch Lar 1961).

11 In Beauvais hergestellt.

12 GdfC s.v. *castelogne.*

13 Hu s.v. *catelonne.*

14 Weitere Belege: 1542 toilles de cotton, treillis, caneuas, bougrãs d'Allemagne, et autres[,] *mentes de Cathalogne* et semblables couuertures, Fontanon 2,353 (ebenso 1582, ib. 2,391); 1613 tapisseries, coustilz, courtepointes, *couvertures castelognes* et autres[,] franges, passemens, dentelles, LespMét 2,272; 1640 *Castelognes,* ou Mantes, estimées la douzaine à XXV. l., Tarif 10; 1664 *Castalognes,* couuertures et mantes de laines, le cent pesant paiera comme Mercerie, Tarif 11.

Orient

Wie wir gesehen haben, ist die nordwesteuropäische Tuchindustrie des Mittelalters schon früh über ihre Ursprungsgebiete hinaus zu großer Bedeutung gelangt[1]. Im Gegensatz dazu sind die kostbaren Seidenstoffe, die zu jener Zeit in großer Zahl in Europa anzutreffen sind, zunächst fast ausschließlich orientalischer Herkunft. So begegnen wir in zahlreichen Inventaren vor allem des 14. und 15. Jhs. Bezeichnungen wie *camocas* und *taffetas, satin* und *tabis,* die das Französische alle den europäischen Handelsbeziehungen mit den islamischen Völkern verdankt. Es ist nicht unsere Aufgabe, die Geschichte der orientalischen Textilfabrikation und den Export ihrer Erzeugnisse nach Europa darzustellen[2]. Ebensowenig soll im folgenden den verschiedenen Wegen nachgegangen werden, auf denen orientalisches Wortgut in die europäischen Sprachen gelangte[3]. Was uns in diesem Zusammenhang allein interessiert, ist die Benennung von Stoffen nach ihrer Herkunft mit Hilfe von Orts- und Ländernamen. Eine Durchsicht der reichhaltigen Materialien ergibt, daß diese Art der Benennung, die wir für das Französische schon durch so viele Beispiele belegen konnten, auch den orientalischen Sprachen keineswegs fremd ist[4]. Doch beschränkt sich auch hier unsere Darstellung auf Neubildungen innerhalb der romanischen Sprachen, so daß Bezeichnungen wie fr. *satin* und *tabis* ebenso wie *bougran,* trotz ihrer etymologischen Herkunft aus orientalischen Ortsnamen, im Sinne unserer Fragestellung im folgenden unberücksichtigt bleiben können. Dadurch reduziert sich das zu behandelnde Wortmaterial beträchtlich, ja es bleiben nur wenige Beispiele, von denen mit Sicherheit gesagt werden kann, daß sich die Entwicklung vom Ortsnamen zum Appellativum innerhalb des Romanischen vollzogen hat. Am erfolgreichsten war dabei der Name der Stadt Damaskus, deren Seiden- und Brokatgewebe seit altersher besonders geschätzt waren[5]. Daher mfr. nfr.

damas m.

'étoffe de soie à fleurs' < (*drap de*) *Damas*; seit 14. Jh., FEW 3,9a; BlWtbg. – MichEt 2,214–219; Gay.

---

1 S. dazu auch Ammann passim.

2 S. dazu vor allem W. Heyd, Histoire du commerce du Levant au Moyen-Age, 2 vol., Paris 1885-6; cf. noch MichEt passim.

3 S. dazu A. Steiger, Aufmarschstraßen des morgenländischen Sprachgutes, Vox 10, 1-62.

4 Es läßt sich allerdings feststellen, daß im Gegensatz zum Französischen, wo in der überwiegenden Zahl der Fälle die Form des Ortsnamens unverändert als Appellativum verwendet wird, im Arabischen solche Stoffbezeichnungen meist mit Hilfe von Suffixen vom Ortsnamen abgeleitet werden. S. dazu besonders SteigerMoz 677–680, 682f.

5 Es überrascht daher, daß Seidenstoffe aus Damaskus in den altfranzösischen literarischen Denkmälern des 12. und 13. Jhs. nur selten ausdrücklich genannt werden. S. dazu einige vereinzelte Beispiele bei MichEt 1,311.

Es fällt auf, daß die ältesten Belege von *damas* fast durchweg auf die Verwendung als Goldverbrämung (*orfroi de damas*) weisen:

1354 I aune et demi d'*orfroi d'or de Dommast*[6], DehDoc 383; 1367 pour 3 aunes et 1 quartier de satanin azuré et 4 *orfrois de Damas*, InvBourg 1,123; 1369 deux *orfrois de Damas*, ib. 1,192; 1370–71 pour un chapperon d'*orfrois de Dapmas*, DehDoc 497; 1373 pour un *orfroy de damas*, Inv Bourg 1,352; 1377 casule, domaticque, tornicle, estoffé les *offroix* et croisures de sanguin *drap damas* figuré, DehDoc 549; 1380 manches et colet d'*orfroiz de damas*, sur lequel *damas* a ung lassiz de neuz de menues perles, InvCh 352; 1387 pour 9 aulnes et demie d'orfroiz d'or de Chippre, une aulne d'*orfroiz d'or de Damas*, 2 onces d'autres orfroiz d'or de Chippre, InvBourg 2,280; 1388 un *orfroy de Dama*s pesant 2 onces et demie... lequel orfroy fu mis ou collet et aux bors des manches, ib. 2,408; 1389 chazuble, tunique et domatique, *orfrasiez de dammaz*, InvOrl 69[7].

Dabei ist noch häufig *damas* als Ortsname zu erkennen, d.h. das Bewußtsein der ursprünglichen Bildungsweise bleibt lange erhalten. So ist auch die periphrastische Form *drap de Damas* noch im 15. Jh. durchaus die geläufigere:

1352 pour 6 *draps d'or de domasque*, DouëtArg 120; 1353 pour 2 *draps d'or de Damas*... pour 5 *draps d'argent de Damas* neufs, ib. 326; 1363 quatre *draps de soie de Damas* de pluseurs couleurs, InvBourg 1,17; 1367 trois *draps* et demie *de soye de Damas*, ib. 1,104; pour un *drap d'or de Damas*, ib. 1,118; 1368 un *drap d'or de Damas*, ib. 1,150; 1370 une piece de *drap de dapmas* ardant fort d'une soye, MandCh 362; 1371 deux pieces de *drap d'or de Dapmas*, ib. 401; 1377 trois pieces de *draps d'or de Dapmas*, ib. 773; 1385 une chambre de *draps de soie de Damas*, InvBourg 2,196; 1387 pour une pièce de *drap de soie de Damas* taint en graine, DouëtNArg 140; pour j quartier et demi de *drap d'or de Damas*, ib. 142; pour 4 pieces de *drap d'or de Damas* à fleurs de liz, InvBourg 2,290; 1388 pour la chambre de *drap d'or de damas*, ib. 2,392; 1390 *drap de soye de Damas*, ib. 2,569; *draps de soye de damas* azurés, ib. 2,605; 1392 de rouge et de blanc *drap de Damas*, DehDoc 702; 1393 houppellande bastarde de *drap de damas*, LabordeDucs 3,68; 1398–99 les aournemens d'une cappielle de vert *drap de Damas*, DehDoc 771; 1399 deux couvertures de *drap de Dampmas* vert, LabordeDucs 3,171; 1400 ung autre coursot blanc de *draps de Damas*, TestOffBes 1,541b; 1400–1 pour II noirs *draps de Damas*, DehDoc 794; 1401 une cape d'un *drap d'or de Damas*, ib. 812; 1404 ung *drap d'or* blanc *de Damas*, ib. 838; une autre chambre

---

6 Die Form mit vortonigem -*o*- lebt noch in kat. *domàs*, Alcover; cf. auch afor. *domas* (1372), TestForez 130, 145, *daumas* (1424), RLiR 29,141, (panni de) *domas* (1430), ib. 143.

7 So auch noch 1504 à *orfrois de drap de damas* blanc figuré, Gay 1,537a; 1630 avec les *offroitz de damas* d'Angleterre, ib. 1,538a. – Cf. auch 1367 3 *rubans d'or de Damas*, InvBourg 1, 108; 1368 4 aunes de *rubem d'or de Damas*, ib. 1,166.

eschiquetée de *drap de damas* blanc et vermeil, ib. 846; 1405 *drap de damas* noir, ib. 878; 1408 *drap de Damas* bleu, LabordeDucs 3,238; *drap de Dammas* brochié d'or sur champ blanc, InvOrl 127; *drap de Dampmas*, ib. 128; 1412 pour deux *draps de damas*, LabordeDucs 1,68; 1416 une robe de noir *drap de damast*, ib. 1,123; *drap de damas* noir, ib. 1,127; houppelande de *drap de damastz*, ib. 1,141; 1420 *drap de Damas* blanc, vermeil et bleu, InvPhilBon 246; 1424–25 *drap de damas* bleu et blanc, LabordeDucs 1,203; 1427 pour deux *draps de Damas* violès cramoisis, ib. 2,387; 1431 Une rauche auvecque les manchettes batue d'argent de roige *drap de damas*, BormansGloss 255; 1433 ung cothidien de *drap de damas* en graine, LabordeDucs 1,272; 1434 pour IIII aulnes de *drap de damas* noir, ib. 1,341; 1439 X robes de *drap de damas*, ib. 1,369; 1441–44 ung pourpoint de *drap de Damars*[8] vermeil, CptCoutPar 163; 1449 neuf cottes d'armes de *drap de damas* et de tiercelin noir, LabordeDucs 1,396; 1453 une pièce de *drap de damas* vert, JCœur 43; 1455 *drap de Damas*, ib. 458; banières de *drap de damas*, LabordeDucs 1,431; 1467 Une mictre de *drap de damas* blanc, InvChTém 26; 1469 manteaulx de *draps de damas* blancs, Isamb 10,590; 1485 *draps de Damas*, satin figuré, ib. 11,156.

In einigen Texten des 15. Jhs. finden wir den periphrastischen und den elliptischen Typus nebeneinander, so z. B.

1433 pour III aulnes I quart de *drap de damas* noir du grant ley, à III salus demi l'aulne; IIII aulnes de *damas* gris, à II salus demi l'aulne, LabordeDucs 1,294; 1453 une robe de *damas* cramoisi, JCœur 41 neben ... une pièce de *drap de damas* vert, ib. 43; 1455 banières de *drap de damas*, LabordeDucs 1,431 neben ... deux pourpointz, l'un de *damas* noir et l'autre de camelot, ib. 1,448; 1467 Une mictre de *drap de damas* blanc, InvChTém 26 (ebenso ib. 100, 106) neben ... ung cotidian de *damas* noir, ib. 27 (und oft).

Alleinstehendes *damas* ist im 14. Jh. noch selten (s. oben die Belege zu *orfroi de damas*), wird im 15. Jh. häufiger, so z. B.

1447 7 palmes et demie de *damars* noir, Gay 1,778b; s. noch die Belege weiter oben,

---

[8] Die Schreibung *damars* als Hyperkorrektion zum Schwund des auslautenden *-r* findet sich seit dem 15. und vor allem im 16. Jh. recht häufig, so z. B. 1447, Gay 1,778b; 1537, CptBâtRoy 2, 398; 1565–67, DocTour 336; 1571, DrotMin 57; 1572, Gay 2,86b; 1584, ib. 1,247b; 1599, ib. 2,85a; s. noch GdfC s.v. *damas*. Daß dieses sekundäre *-r* zum Teil auch Lautwert bekam, zeigt ang. *damarre* (Mén 1694, s. FEW 3,9a); schon in seinen Observations von 1672 schreibt Ménage: »Pour ce qui est de *damas* et de *damarre* il est sans doute qu'il faut dire *damas*. C'est comme tout le monde parle et à la Cour et à Paris.... Il faut dire aussi, pour le dire en passant, *prunes de damas*, comme on dit à Paris, et non pas *de damarre*, comme on dit en plusieurs Provinces«, Observations de Monsieur Menage sur la langue françoise, Paris 1672, 35.

verdrängt jedoch erst gegen Ende des 15. Jhs. die periphrastische Form, ehe es sich im 16. Jh. endgültig gegen diese durchzusetzen vermag[9]:

1465 III quartiers de vert de Bourges à raison de XXXV s.t. l'aune, et de *damas* vyolé demie aulne à raison de III escus l'aune, LAffBerr 261; 1474 une piece de *damas* et troys pieces de satin plain, DocTour 271; 1484 draps tant d'or, que d'argent, que de soye, veloux, satin, *damas*, taffetas, camelotz soient fillées ou deffillées, Brésard 146; 1491 *damas*, DocTour 288; 1514 Une pièce de *damas* vert, InvValent 75; 1515 *damast* pour en faire ung paltot, CartConsEsp 241; 1519 une chasuble de satin rouge, en laquelle les offrez sont de *damas* blanc damassé d'or, InvSPaul 105[10]; 1531 au regard des ouvrages de *damas*, ceulx qui seront d'une couleur auront demye aulne du moins, entre les deux cordons; et *damas à pichole*, et *damas caffart*[11] semblable laise, StatRouen 12f.; 1533 satin cramoisy *damas* incarnat, *damas* viollet, *damas* jaulnes, CptBâtRoy 2,224; 1537 *damas* blanc figuré de jaulne, ib. 2,229; *damas* cramoisy, ib. 2,235; *damars* viollet... *damars* vert, ib. 2,398; vestuz de velours, satin, *damas* escarlate, rouge ou violette, NégLev 1,348; 1538 *damas*, ib. 1,378; *damas* rouge, CptBâtRoy 2,242; 1541 *damas*, NégLev 1,475, 478; 1542 Draps d'or et d'argent, satins brochez, toiles d'or et d'argent, veloux, satin et *damas* à fleur d'or, Fontanon 2,351 (ebenso 1582, ib. 2,389); veloux, satins, *damas*, taffetas, camelotz, ostades, LespMét 3,121; 1551–56 Veloux de Gennes et d'ailleurs, taffetas dudict Gennes, satins, *damas*, rubans, ChambRev Géogr 31,371 (s. noch ib. 33,221); 1554 draps et toilles d'or, d'argent, fins satins, *damas* et armoisin, Isamb 13,376; 1558 draps d'or, d'argent, velours, satin, *damas*, taffetas et autres draps de soye, LespMét 2,262; 1565–67 ung pesle de *damars* bleu, DocTour 336; 1567 *damas* gris, Reg NotAlbi 89; 1571 *damars* gris, façon nouvelle, DrotMin 57; 1572 Défendons aussi très-expressément toute entrée en cestuy nostredit royaume, de tous draps, toilles, passemens et canetilles d'or ou d'argent: ensemble tous veloux, satins, *damas*, taffetas, camelots, toilles, et toutes autres sortes d'estoffes rayez, ou y ayant or ou argent, Isamb 14,242; 1574 les rideaux de *damas* orenge et noyr, InvBarbAmb 18 (und oft); 1577 Satins et *damas* de Gennes, OrdPolGén 211; 1585 velours, satin, *damas* et taffetas, LespMét 3,32; 1604 velours de Milan, satin de Luques, *damas* de Gènes, et autres des plus exquises, LaffRec 231; 1608 *damas* blanc, Drot Min 296; 1610 les sattins fasson de prairie, fleurs des Indes, à la turque, en ligature de *damas*, à ramages, à fleurs et aultres de plusieurs coleurs; les *damas* de mesmes, et les taffetas fasson de Turquie, FagniezInd 302;

---

[9] Gelegentlich, schon im 14. Jh., auch die Zwischenstufe *drap damas*, so 1377 casule, domaticque, tornicle, estoffé les offroix et croisures de sanguin *drap damas* figuré, DehDoc 549; 1407 une couete perce de *drap damais*, InvJoss 235.

[10] Ebenso in einem mlt. Text 1516 cum alio panno de *damas* albo, ib. 102.

[11] Zu *damas cafard* s. jetzt FEW 19,76b sowie Höfler, Z 83, 1967, 60–64.

1615 Aucun ne pourra estre reçeu maistre cy-après, s'il ne fait chef d'euvre sur l'ung des quatre draps cy-après nommez. Le satin, le *damas*, le velours plein, et le brocard d'or et d'argent, LespMét 2,290; 1622 *damais* rouge, Roy 323; 1630 *damas* fort de Florance changeant incarnadin d'Espaigne et coullonbien cramoysie, ib. 89; 1636 drap, soye, velour, satin, taffetas, *damas* et autres estoffes, LespMét 2,713; 1640 *Damas* de soye, la liure estimé xii. l. *Damas* d'or et d'argent, la liure estimée xxv. l., Tarif 16; 1664 Draps, toilles et estoffes d'or et argent, satin, brochez et non brochez, velours, satins et *damas* à fleurs d'or et autres draps, ausquels il y a or ou argent, Tarif 16; 1667 le velours plain, le satin plain, le *damas*, le brocard d'or ou d'argent, LespMét 2,302; 1678 drap d'or ou d'argent, velours, *damas*, satin et autres, ib. 3,463. – Zu *damas Venitienne* s. hier 109.

Aus einigen Belegen geht hervor, daß mit *damas* im 14. Jh. vielfach ein dem *baudequin*[12] ähnlicher Stoff bezeichnet wird. Cf. z. B.

1360 pour une pièce de *baudequin de Donas*, DouëtArg 266; 1367–70 Item pour II pieces de *baudequins* de pluseurs soyes, lune en champ azuré et lautre *contrefait de dapmas* en bleu à lettres ... *baudequin* de pluseurs soiez, *contrefait à dapmas*, CptNav 181; 1369 pour II pieces de *baudequins de domas* en champ vermeil et à euvres vers, MandCh 308; 1370 *baudequins de domas*, ib. 377; 1376 *baudequin de Damas*, InvBourg 1,495; 1378 *baudequins de Damas*, ib. 2,26; *baudequin de Dampmas*, MandCh 796; s. noch Gay 1,136b.

Seit dem 15. Jh. tritt die Bedeutung der Herkunft immer stärker in den Hintergrund, dominierend wird jetzt das für den Damast charakteristische Blumenmuster[13]. So werden auch in Europa, vor allem in Italien, Seidenstoffe nach Damaszener Art gewebt. Cf. dazu außer den bisher zitierten Belegen, aus denen zum Teil bereits der europäische Ursprung hervorgeht, noch

1398 Pour 13 aulnes et demie de drap de soye noir de Lucques *à la façon de Dapmas*, Gay 1,581a; 1404 une chappe de drap d'or vermeil *a ouvraige de Damas*, a ung orfrois de satenin bleu, aseuré, DehDoc 836; 1420 Ung drap d'or, *ouvraige de damas*, sur champ blanc, InvPhilBon 246; 1490 drap d'or raz tanné *à l'euvre de Damas*, Gay 1,309a (s. noch ib. 1,537b).

Seit dem 16. Jh. wird *damas* auch zur Bezeichnung von Stoffen verwendet, die nicht ausschließlich aus Seide gefertigt sind, cf. dazu *damas cafard*, hier 111.

So wird *ouvrage de Damas* seit dem 15. Jh. auf Leinen-, speziell auf Wäschestoffe bezogen, wie z. B. in den beiden folgenden Belegen:

1461 Ung autre coffe quarré, ouquel avoit une douzaine de linceulx de deux toilles, quatre touailles fines ouvrées, l'une à ouvrage de Venise et les troys autres *à Damas*, et huit longières de mesme façon, DocTrém 80;

---

[12] Zu diesem s. hier 98f.

[13] S. dazu auch MichEt 2,218f.

16. Jh. Mémore du linge donné à ma nièche Marie: Trois doubliers de cyens *à euvre damas.* Item trois draps de lit de deux toelles. ... Ma nieche Margrite, ung doublier *damas.* Item elle demy douzaine de servietes à petite venise. Martine Deslandes, quatre servietes *à euvre damas,* Bphhist 1898, 455.

Daher nfr.

damas m.

'sorte de linge ouvré'[14], seit SavBr 1723. – Poerck, LeuvBijd 35,26f.

In der daneben von Littré verzeichneten allgemeineren Bedeutung 'étoffe de laine, de coton ou de fil de lin' läßt sich fr. *damas* schon im 17. Jh. nachweisen:

1669 *Damas,* à Meaux, 20 métiers, Colbert 7,288; 1670 Celle [= manufacture] des *petits damas de Flandre,* à Meaux, composée de 80 métiers; celle des moquettes, en la mesme ville, composée de 20 métiers, ib. 7,242; Dans la mesme ville [= Meaux], la manufacture des *damas de Flandre*[15] de fil et laine, et soye, y a esté establie par les sieurs Pittan et autres, ib. 2,560; 1671 ouvrages et manufactures quy se font dans les villages de Tourcoin, Roubaix et autres lieux du plat pays, notament les *damas* de laine dont les supplians faisoient un commerce considérable en Allemagne, Vanhaeck 2,156; 1690 les *damas,* velours, trippes de velours de puraine saïette et autrement, du stil des bourgeteurs, ib. 1,259; 1698 On y [= à Lille] fabrique de très-bons draps, des ratines, des serges, des *damas,* des velours, des camelots, des coutils, MémFlandWall 472.

Ebenfalls schon im 17. Jh. bezeugt ist

damassin m.

'étoffe plus légère que le damas ordinaire', Ablt. zu *damas* oder Umbildung von älterem *damasquin* 'sorte d'étoffe' (< it. *damaschino,* seit 16. Jh., Batt Al), das im FEW nicht verzeichnet ist, für das sich jedoch Belege vom 16. Jh.

---

[14] Ähnlich *damassé* 'sorte de linge' (nach Gay 2,82b schon 1688; FEW 3,9a zitiert nfr. *damassé* ohne Datierung), verkürzt aus *linge damassé,* so z. B. 1683 Il est à craindre que lorsque la ville [= Courtrai] sera démantelée une partie des principaux habitans, particulièrement ceux qui y entretiennent la manufacture du *linge damassé,* ne se retirent, MémFlandWall 428; s. dazu noch GdfC. Wohl hiervon zu trennen ist aus semantischen Gründen der folgende Beleg von 1623 (Lille): bouratz, baracans, *damassés,* doublettes, satinetz de Béthune, sayes d'Ypre et de Honschote, Vanhaeck 2,123. Oder ist *damassés* hier Adjektiv zu *baracans*?

[15] Zu *damas de Flandre* s. noch Hav s.v.

bis 1649 bei Huguet und Gay[16] finden. FEW 3,9a belegt *damassin* seit Rich 1732, in unseren Texten schon

1667 le gros de Naple, poulx de soye, satins tant plains que faconnez, damas Venitienne, *damassin* Luquoise[17], valoise, velours à fonds d'or, sergé de soye, LespMét 2,307.

Zwei weitere zur gleichen Wortfamilie gehörige Stoffbezeichnungen lassen sich nicht vor dem 18. bzw. 19. Jh. im Französischen nachweisen: nfr. *damasquette* f.[18] 'espèce d'étoffe fabriquée à Venise et destinée à l'exportation dans le Levant' (seit SavBr 1723)[19] < it. *damaschetto*[20] und die innerhalb des Französischen gebildete Ableitung *damassade* f. 'étoffe damassée', für die uns keine Belege vor 1862 vorliegen, die aber doch wesentlich älter sein muß[21].

Im Gegensatz zu der sehr vitalen Wortfamilie von fr. *damas* hat im folgenden Fall der Benennung eines orientalischen Seidenstoffs nach seiner Herkunft die Verkürzung des periphrastischen Typus nur vereinzelt stattgefunden, ohne daß sich das so entstandene Appellativum im Französischen zu behaupten vermochte.

turquie

'espèce de drap d'or' < (*drap de*) *Turquie*; hap. 1317. – MichEt 2,175 + n2; Gay.

1317 Item, iiij pièces de nacques que l'en apelle *Turquie*, qui ne font que ij draps. Item, iij grans nacques que l'en apelle *Turquie*. Item, une petite

---

[16] Gay s.v. *catalouffe, damasquin;* s. auch Lar 1960 s.v. Nicht hierher gehört der von Gay in diesem Zusammenhang zitierte Beleg von 1546 (avec une *damasquine* verte à fleurs d'argent), den Huguet zu Recht allgemeiner definiert mit 'ouvrage semblable à celui qui se fait à Damas'. – Das Adjektiv *damasquin* 'de Damas, à la mode de Damas' (nach BlWtbg seit 1546) findet sich schon 1534 in der Wendung ouvrées *à la damasquine*, CptBâtRoy 2,369 (ebenso 1537, ib. 2,380; 1538, ib. 2,381), die Ablt. *damasquinerie* (nach BlWtbg seit 1688) schon 1571 A Nicolas Bern, marchand doreur en *damasquinerie*, demourant à Paris, Arch Cur 9,116. [17] S. dazu noch hier 110.

[18] Vereinzelt, wohl im Anschluß an it. *damaschetto*, maskulin: 1730 Les Marchands y [= à Caffa] portent aussi une autre sorte de brocard de Venise, dont l'or et l'argent sont faux, et dont les fleurs sont semblables à celles du *damasquette*, duquel il se debite assez avantageusement jusqu'à sept à huit mille piastres par an, SavBr 1730, 562.

[19] Nach FEW 3,9a seit Rich 1732. – Das Wort ist noch bei Littré verzeichnet, jedoch kaum über das 18. Jh. hinaus vital gewesen (s. auch Lar 1960 s.v.).

[20] So z.B. 1664 Più, un'altro copretaula o sia coperta di *damaschetto* di fillosella verde e gialda, InvMon 53.

[21] »La *damassade*, qui a eu autrefois un emploi bien plus étendu qu'aujourd'hui, et dont la consommation est actuellement très restreinte, se fait en couleurs pures«, Bezon 6,99f. (erschienen 1862). FEW 3,9a bezeugt das auch bei Littré verzeichnete nfr. *damassade* nur bei Lar 1870.

nacque que l'en apelle *Turquie*, DouëtNArg 8 (und oft); Somme de la délivrance des draps d'or appelés naques ou *Turquie*, ib. 18.

Die periphrastische Wendung *drap de Turquie* läßt sich schon gegen Ende des 13. Jhs. nachweisen, so

1299 Pour autant de garnemens de *drap d'or* blanc *de turquie*, CptJoy Angl 519[22]; 1302 une chasuble fourrée de *draps de Turquie*, DehDoc 136; 1316 pour 21 *draps de Turquie*, 1 drap a fleurs de lis d'or, 18 cendauls, MaillardCptRoy 2,189; Pour 18 *draps de Turquie*, DouëtArg 54; Item, pour une robe de *drap d'or de Turquie*, ib. 56; 1317 48 *draps d'or*, desquiex il i ot 24 *de Turquie*, et 24 saiez de chanvre, MaillardCptRoy 2,159; pour 2 *draps de Turquie*, ib. 2,163; *draps de Turquie*, DouëtNArg 5 (und oft); 1448 abit de *drap de Turquie*, Gay 1,586a. – Ebenso im Mlt. 1299 de *panno de Turky*, Gay 1,83a; 1330 de *panno* viridi *de Turkie*, ib. 1,586a.

Etwas erfolgreicher war der Name der in Kleinasien gelegenen Stadt Tarsos, deren Seidenstoffe in französischen Texten des 13. und 14. Jhs. recht häufig erwähnt werden. Daher

tarse f.

'espèce d'étoffe de soie' < (*drap de*) *Tarse*; 1345–1404, Gdf[23]; FEW 13I, 124b[24].– MichEt 2,164–166; Gay 1,584f.; s. noch DC s.v. *tarsicus*.

Zu den zahlreichen Belegen für den periphrastischen Ausgangstypus bei Gay l.c. adde:

1315 Pour VI aunes de *drap de tarze* pour les plates Robert, Mahaut 395; 1322 une bourse de vert *drap de soie de Tarse*, DehDoc 243; 1360–61 pour II draps d'argent et I *drap* bleu *de tarsse* pour le corps mons^r^, ib. 419[25].

Hieran lassen sich zwei weitere vor allem im 14. Jh. belegte Bezeichnungen von kostbaren Seidenstoffen anschließen, bei denen die zugrundeliegenden Ethnica weniger eine präzise Herkunft des Stoffes als vielmehr dessen fremdländischen, orientalischen Ursprung zu charakterisieren scheinen[26].

---

[22] Cf. auch 1299 Pour une robe de samit rouge pour une autre *robe dor de turquie*, ib. 520.

[23] Das FEW gibt als Letztbeleg wohl versehentlich 1401.

[24] Daß das Wort nicht, wie dort vermutet, einen Woll-, sondern einen Seidenstoff bezeichnet, zeigen die im folgenden zitierten Belege für den periphrastischen Typus.

[25] Ebenso noch 1408 in Lübeck: vt de auerio ponderis et de aliis rebus subtilibus, sicut de *pannis tarsensibus*, de serico, de cindatis, de seta et aliis diuersis mercibus, Urkundenbuch der Stadt Lübeck, Bd. V, Lübeck 1877, 181.

[26] Cf. zu ähnlichen Fällen einer pseudogeographischen Benennung BertoldiMercato 96ff.

tartaire m.

'étoffe de soie fabriquée originairement dans l'Orient' < (*drap*) *tartaire;* 1276/77–1403; mlt. *pannus tartaricus* 1294–1361, Gay 1,585f.; Zangg 106. – MichEt 2,167–169; Gdf; Gay s.v.; Zangg 105f.

1276–77 Pour un *tartaire,* II dras d'or, DehDoc 71; ca. 1281 la chambre toute couverte par dessus le ciel et toutes parrois aussi couvertes tout de *tartaire* ou de cendal, ib. 75; 1301 Item, II vermels *tartaires* et II indes, ib. 120; 1302 Mises pour une sele pour guerre broudée des armes monseigneur li cuens, garnie d'un *tartare d'outremer*[27] vermel a treçons et florons, ib. 123; 1308 pour une fourrure qui fut mise en un surcot de *tartaire,* Mahaut 170 n4; 1312 Pour II chaperons de *tartare* pour madame et pour II onces de cendal noir, ib. 177; 1313 LIIII onces de *tartaire* ynde et de camocat, ib. 178; 1317 j *tartaire d'Outremer* semé de poissons d'or. Item, j autre *tartaire* tenné changeant *de Luques,* DouëtNArg 15 (und oft); 1321 une chapelle de *tartaire* vermeille, DehDoc 235; 1322 *tartare* plunqué, Mahaut 189; 1323 deus *tartaires* pour couvrir le car medemisielle dedens, DehDoc 254[28]; pour II pièces de *tartaires* raiez à faire III paires de custodes, Mahaut 401; Item, I chasuble, tunique, dalmatique et III chapes de coer de *tartaire* rouge, ib. 411; 1327 Pour 8 aunes de *tartaire* royé, MaillardCptRoy 2,184; 1328 une robe de tiretaine ... fourrée de *tartaire* violet, DouëtNArg 70; *tartaire* changeant, Mahaut 193; 1342 *tartaire* vert, DouëtNArg 35; 1347 Item, un autre Chaperon, fourré de *tartaire* vert, InvJPresles 96; 1353 pour 2 pièces de *tartaire,* l'une vert et l'autre vermeille, DouëtArg 328; 1367 Une bourse de cede *tartaire,* cul de villain, vies, VI gros. ... 6 chaperons de soie, de *tartaire* et de camocas, de V a 2 escus, DehDoc 473; 1368 pour 6 aunes de *tartaire* large, pour doubler lad. hoppelande, InvBourg 1,158; 1369 fourré de *tartaire* vermeil, ib. 1,199; 1377 pour 14 *tartaires* alixandrins pour la

---

27 FEW 14,11a belegt fr. œuvre, ouvrage *d'outremer* 'fabriqué dans l'Orient' 1328–1399, doch finden sich dafür zahlreiche Belege seit ca. 1200: Ele remest en paile *d'outre mer,* La Chevalerie d'Ogier de Danemarche, ed. per cura di M. Eusebi, Milano-Varese 1963, v. 59; de samiz, de dras *d'outremer,* GuillDole 234; Vestus de gris, de cendals *d'outremer* (Girart de Vienne), Gay 1,295b; Vestue ert d'un drap *d'outre-mer* (Cleomadés), ib. 1,6b; ca. 1296 Item, le quartel *de d'Outremer,* DouëtTarif 224; 13. Jh. camelos *d'outremer,* CrapProv 93; 1307 pour 2 dras d'or massif *d'outre mer,* FawtierCptRoy 2,544; 1328 deus draeps *de outremeir,* Deh Doc 276. Cf. ähnlich im Mlt. Italiens 1215 (Genua) in purpura una *de Ultramare,* Doehaerd 2,173; 1276 (Rom) seta de zanfrore *de ultramari,* Actes et lettres de Charles Ier, Roi de Sicile, concernant la France (1257–1284), par A. de Boüard, Paris 1926, 298.

28 Das im gleichen Text bezeugte *gartaire* (vingt quatre pieces de *gartaires* vers. ... bleu *gartaires* pour faire les compas, ib. 252), das Gay als eigenes Stichwort mit der Bedeutung 'étoffe' anführt, ist verschrieben für *tartaire.*

chambre de madamoiselle Marguerite, ib. 1,610; 1380 troys courtines de *tartare* vermeil changeant et royé d'or, InvCh 362; et sont les courtines de ladite chambre de *tartaire* vert rayé d'or, ib. 363; 1403 unam longam hoppelandam, foderatam de *sandal vel de tartare*, TestParis 110. – Ebenso adjektivisch 1302 Item, II *draps tartais*[29] samblans aeuvrés, XII l. Item, I drap besenté, VII l. Item, I drap d'or roseté, LXX s. Item, I *drap tartaire*, oiselé d'or, VI l., DehDoc 133; 1317 Somme des *tartaires* changeans de Luques, vij. Ainsins demeure qu'on li doit j *drap tartaire*, Douët NArg 19.

Dazu die Adjektivbildung *tartarin* 'd'origine orientale', so z.B. 1299 pour *dras tartarins* et pour III catessamis, DehDoc 106[30], woraus elliptisch

tartarin m.

'étoffe de soie', 1342–1423. – Zu mlt. *pannus tartarinus, tartarinum* s. DC; Zangg 106.

1342 Pour V pièces de *tartarin* ardant, large, pour faire les encourtinemens d'entour ledit paveillon, DouëtNArg 29; 1355 vestu de drap d'or, de *tartarins* ne de camelot, Gay s.v. *tartaire;* 1423 Quatorze peces de *tarterin*[31] de diverses colours, ibid.[32]

Wohl durch Suffixwechsel aus *tartaire* entstanden ist

tartelle f.

'étoffe de soie', 1361–1422. – Gdf; Gay; Zangg 106 + n1.

1361 *tartelle* vermeille, Gdf; 1369 pour pluseurs pieces de *tartelles* de sendal et pour soye ... c'est assavoir pour six pieces de *tartelles*, MandCh 339; 1370 pour VI aunes de *tartelle* blanche, DehDoc 497; *tartelles* tannées, ib. 501; 1380 Item, une autre chambre de drap de soye vermeil appellé cramesiz, contenant ciel, dossier, coultepointe et courtines de *tartelles* vermeilles doubles, InvCh 370; 1422 Une courtine de *tartelle* azuré, Gay[33].

---

[29] In dieser Form schon 1266 14 *dras de Tartais*. Por un *drap de Tartais*, 12 besanz, Gay 1,585a; 1299 pour un corset de *tartais* moret et pour une autre robe de *tartais* changent, CptJoyAngl 520.

[30] Der gleiche Beleg bei Gdf auf 1295 datiert.

[31] Im Inventar Heinrichs V. von England. Das Wort lebt vor allem in England, s. dazu Baxter; OxfDict.

[32] S. noch einen weiteren Beleg aus dem 15. Jh. bei Gay s.v. *kirtel*. Wohl auch hierher gehört *sartarin* (1438, Gay s.v.).

[33] Cf. dazu Gdf s.v. *tartellé*.

sarrasinas m. pl.

'étoffes de soie', Ablt. zu *sarrazin* adj. 'd'origine ou d'imitation orientale'[34]; hap. 1370; apr. *sarrazinat,* hap. 1432, FEW 11,217b[35].

1370 Item, pour I piece de racamat d'or, XXV frans. Item, pour IIII aulnes de *sarrasinas* blans, XLVIII frans. Item, pour une piece de racamas d'or, XXV frans. Item, pour IIII aunes de *sarrasinas,* II frans XL gros, DehDoc 499[36].

Das im FEW hier angeschlossene *sarcenet* 'étoffe de taffetas fabriquée chez les Sarrasins' (1530) findet sich nur in einem mlt. Text aus England[37] und kann daher, worauf schon OxfDict hinweist, nicht für das Mittelfranzösische gewertet werden[38]. E. *sarsenet* wurde in moderner Zeit als Bezeichnung eines baumwollenen Futterstoffs ins Französische zurückentlehnt, daher nfr. *sarsenet* (bei Sachs-Villatte verzeichnet, s. BehrensEngl 112), das sich jedoch weder bei Littré, DG noch Lar findet[39]. Ebenso lebt das Wort noch in neuch. frb. Waadt *sarcenet* 'sorte de lustrine de coton qui s'emploie surtout en doublures', Blon. *s a r s ə n ẹ́*, FEW 11,217b, zu welchen Formen noch sav. *sarcinette* f. 'lustrine' zu stellen ist, das irrtümlich FEW 11,222b s.v. SARCIRE verzeichnet ist. Die geographische Verbreitung dieser modernen Mundartformen läßt Entlehnung über das Deutsche nicht ausgeschlossen erscheinen, wo *Sarsenet* 'leichtes Baumwollenzeug, Futterkattun' seit dem 18. Jh. belegt ist[40].

---

[34] Im folgenden Text scheint *sarrasin* eine Farbe ('dunkelbraun, schwarz?'; cf. ähnlich MAURUS, FEW 6,546ff.) zu bezeichnen: 1302–3 (Abbeville) draps bruns, brunettes, fleurs de pêche, *sarrasins,* Thierry 4,69.

[35] Das FEW zitiert für das Mfr. die nicht bezeugte Form *sarrasinat,* die gerechtfertigt wird durch die apr. Form sowie e. *sarcenet,* s. dazu weiter unten. Cf. immerhin andere Stoffbezeichnungen auf *-as* wie *taffetas, marramas* und das im gleichen Text bezeugte *racamas* (neben *racamat).* Wie nahe sich die beiden Suffixe stehen, zeigen neben den Doubletten *marramas* 'drap d'or d'outremer' (Gay) – it. *maramati* (Pegolotti) und *racamas* – *racamat* auch Fälle wie *taffetatier* (Rousseau) zu *taffetas,* s. Nyrop 3, § 89.

[36] Gay schreibt irrtümlich *sarrasmas.*

[37] Daneben bei Palsgr 1530 e. *sarsenet sylke,* das durch fr. *taffetas à cornettes* wiedergegeben wird; s. FEW 11,220a n6.

[38] Dagegen bezeugt OxfDict ein agn. *sarzinett* (1373), das wohl zu Unrecht als Diminutiv zu *sarzin* 'Saracen' (+ *-et*) gedeutet wird. – Im Gegensatz zum Französischen ist e. *sarsenet, sarcenet* (seit 1463, OxfDict), ähnlich wie das oben behandelte *tarterin* sehr vital. Cf. außer den Belegen im OxfDict noch 1545 A canape clothe of whitt *sarcenett* with Colen golde, Gay 2,172b; 1551–60 ffoure curteyns ob Redd *sarcynett* ... Three Curteyns of *sarcenett,* Hubert Hall, Society in the Elizabethan Age, 2nd ed., London 1887, 151; 1589 4 1/4 ells Murry taffeta *sarsnet,* ib. 210.

[39] Dagegen verzeichnen Lar 1875–1933 *sarcenit* 'étoffe qu'on fabriquait autrefois en Orient', dessen Existenz jedoch mangels Belegen bezweifelt werden muß.

[40] Grimm s.v. *sarsche.* Nach Grimm wäre fr. *sarcenet,* das in dieser Form nicht belegt ist, Weiterbildung vom Stamm von *sarge* (< *sericinus* 'seiden').

Im Gegensatz zu den bisher behandelten, im Französischen gebildeten Stoffbezeichnungen scheint sich im Fall von afr. mfr. *baudequin* die Benennung nach einem orientalischen Ortsnamen bereits im Mittellateinischen vollzogen zu haben.

baudequin m.

'espèce d'étoffe de soie qui ressemble au brocart' < mlt. *baldequinus* (seit 995)[41], Ablt. zu *Baldaccum* (Bagdad); ca. 1160 (*baldekin*, Eneas)–1558, TL; Gay. – MichEt 1,251–258; REW 881[42]; FEW 1,204b[43]; Machado 142.

Zahlreiche mlt. und fr. Belege (1197–1558) bei Gay, außerdem 1354 *baldekin, baldakin*, DehDoc 382; 1360 *baudequin de soie de Donas*[44], Douët Arg 266; 1364 *baudequin*, MandCh 40 (und öfter); 1367–70 id., CptNav 180f.; 1368 *baldekin*, DehDoc 485; un drap de soie, appellé *baudequin*, InvBourg 1,151; *baudequins de Lucques*, ib. 1,161[45]; 1370–71 *boudequins* rouges, DehDoc 497; *baudequin* de soie large, ib. 499; 1371 *baudequin* d'or en champ vermeil ... *baudequis* d'or emperiaulx en champ blanc, MandCh 399; *baudequin*, InvBourg 1,259[46]; 1374 draps de soye appellez *baudequins* d'oultre mer, MandCh 528; 1377 *baudequin*, ib. 697, 761; 1378 *baudequin* d'or, InvBourg 2,15; 1381–82 *draps baldekins*, DehDoc 580; 1386–87 *bauldequin*, ib. 630; 1387 *drap de soie baudequin*, Douët NArg 142 (und oft); 1405 *baudequin* vremel, DehDoc 878; *baudekin* a margherites, ib. 891; 1406 *baudequins*, LabordeDucs 1,20; 1408 *baudequin* neoir, ib. 3,239; *baudequin* asuré, InvOrl 111; 1420 *baudequin*

---

41 995 (Paris) Insuper dedit nobis quandam bibliotecam bonam et pulcherrimam ... et duos *baldequinos* pulcherrimos et deauratos, M. Bambeck, Boden und Werkwelt, Untersuchungen zum Vokabular der Galloromania aufgrund von nichtliterarischen Texten. Mit besonderer Berücksichtigung mittellateinischer Urkunden, ZBeih 115, Tübingen 1967.

42 Hierher gehört auch arag. *baldaqui* 'genre de brocart' (1330), Pottier, Vox 10,107; vielleicht auch akat. *bagadell* 'casta de tela que procedia d'Alexandria y d'altres terres orientals', Alcover; Rolin 40 (nach Rolin ist *bagadél* durch Dissimilation entstanden aus **bagdadél*). Dagegen ist das im REW hierhergestellte apisan. *baldinello* 'eine Art Stoff' sicher zu trennen vom Namen der Stadt Bagdad. S. noch hier 110 n2.

43 Aus der Darstellung im FEW geht nicht hervor, ob fr. *baudequin* als Entlehnung aus dem Italienischen oder als eigenständige Bildung aufgefaßt wird. Die im REW angenommene Entlehnung aus dem Italienischen wird durch den oben zitierten mlt. Beleg von 995 unwahrscheinlich. Richtig jetzt auch FEW 19,18b, wo noch mfr. *vaudequin* (Paris 1374), asav. *baudequin* und apr. *baldaqui* belegt sind. S. noch weiter unten n47.

44 S. dazu weitere Belege hier 91.

45 Cf. noch 1368 *baudequins d'or de Lucques*, ib. 1,170; 1369 *baudequins de soie de Lucques*, ib. 1,193; 1386 *baudequins de Luques* vermeilz tains en grainne, ib. 2,243.

46 Ebenso 1374, ib. 1,384; 1376, ib. 1,516; 1377, ib. 1,573; 1381, ib. 2,91; 1384, ib. 2,163; 1387, ib. 2,290; 1388, ib. 2,376; 1389, ib. 2,486.

violet, InvPhilBon 249; 1433 ung drap de *baudequin* ou impérial, LabordeDucs 1,274; 1438 *baudequin*, InvCard 51 (und oft); 1453 *baudequin* de diverses couleurs, JCœur 86; 1455 *baudequin* vermeil, Laborde Ducs 1,440; 1457 *baudequin* renforcé vermeil, broché d'argent, JCœur 637; 1467 *baudequin*, InvChTém 28 (und oft); 1492 (Amiens) ouvrer en drap d'or grant et petit, en draps de soye appellez *baudequins*, bourgettes, sengles et doubles, Thierry 2,454. – Ebenso im Mlt. Südfrankreichs noch 1507 (Vence, AlpesM.) duas cappas corerias ausselades, ex *pano de baudequini*[47].

Vereinzelt ist in einem Text aus dem 15. Jh. die Form *ribaudoquin* neben *baudequin* belegt, ohne daß sich eine semantische Differenzierung feststellen ließe:

1433 Item pour avoir fait ung poile de *ribaudoquin* vermeil, brochié d'or de Luques bordé entour de tiercelin noir, doublé de toille noire, lequel poile MS a donné à la chappelle de Nostre-Dame d'Arras, quand il fist faire l'obsèque de feue madame la duchesse de Bedfort, sa suer, XX s., LabordeDucs 1,274

neben

1433 ung drap de *baudequin* ou impérial, afin d'employer icellui drap en paremens et aornemens d'autel pour la chappelle, ibid.; pour une pièce de *baudequin*, brochié d'or de Chypre, que naguaires MdS a fait mettre en sa chapelle pour couvrir et faire la solennité d'esposées et aultres samblables choses, ib. 1,293.

Ein Zusammenhang dieser Form mit dem im 14. Jh. bezeugten mfr. *ribaudeau, ribaudeaul*[48] 'sorte de drap' ist unwahrscheinlich, da dieses im Gegensatz zu *ribaudoquin* durchweg einen Wollstoff bezeichnet.

Die Reisen nach Indien und China im 16. und besonders im 17. Jh. vermitteln den Europäern die Kenntnis von neuen, bisher unbekannten Erzeugnissen der orientalischen Völker. So lassen sich im Bereich der Kleidung und der Textilien zahlreiche lexikalische Spuren dieser Berührung mit einer fremden Kultur in den europäischen Sprachen nachweisen, die allerdings

---

47 Von *baudequin* zu trennen ist das von Gdf, FagniezDoc u. a. hierher gestellte afr. *waudequin* (Châlons 1244–1247, BiblEcChartes 18, 1857, 57, 59), das zur Wortfamilie von fr. *gaude* (< germ. *WALDA) gehört; cf. die im gleichen Text bezeugte Ablt. *waudee*, Gdf s.v. – S. dazu noch BarbProc 4,212; jetzt auch FEW 17,487b. Irrtümlich ist diese Form jetzt erneut FEW 19,18b s.v. *Baġdād* verzeichnet (die dort gegebene Datierung 1243 ist in 1244 n.st. zu verbessern). Zu ibid. zitiertem Lille *baudequin* 'petite nacelle' s. Höfler, Z 83, 1967, 47.

48 1363 autre cuverteur d'un *ribaudeaul*, fourrey de roige; 1 autre cuverteur d'un autre *ribaudeaul*, fourrey de drap pyouley; 1 cuverteur d'eschaquetat, InvBourg 1,12; 1374 Ung *ribaudeal*, royé de Saintron, ib. 1,360; 1387 pour V aulnes de drap roié appellé *ribaudeau* de Rouen ... pour faire deux longues houppellandes et chapperons, DouëtNArg 239; s. noch FEW 16,702a.

nur in den seltensten Fällen von nachhaltiger Wirkung waren[49]. Neben den aus Asien importierten Seidenstoffen[50] sind vor allem die in Indien beliebten Baumwollstoffe zu nennen, die die Seefahrer auf ihren Reisen kennenlernten und mit in die Heimat brachten. Diese Stoffe, die wohl erstmals durch die Portugiesen eingeführt wurden[51], erfreuen sich in Europa rasch so großer Beliebtheit, daß der nun einsetzende Import nur schwer die Nachfrage zu befriedigen vermag[52]. So werden diese indischen Baumwollstoffe schon bald in ganz Europa, zunächst vor allem in Marseille und Genf nachgeahmt[53]. Fabrikation und Handel erfahren in der 2. Hälfte des 17. Jhs. einen solchen Aufschwung, daß die gesamte übrige Textilindustrie dadurch vorübergehend empfindliche Einbußen erleidet[54]. Dies führt zu einer Reihe von Erlassen, die zunächst die Einfuhr indischer Baumwollstoffe, seit 1686 auch die Her-

---

[49] So z.B. fr. *cachemire, châle;* s. auch *calicot,* hier 124f.

[50] Cf. nfr. *taffetas des Indes,* so z.B. 1691, Gay 1,276b; ähnlich auch 1681 Cinq couvertures de *satin des Indes* à carreaux, InvLouis 2,117; 1731 Autre manteau de *brocard* ou *satin des Indes,* couleur de pourpre, InvMon 259; weitere Belege für *satin des Indes* 1772–1782 s. Hav s.v. *satin* (s. noch Hav s.v. *Chine*); 1778 *étoffes de soie des Indes, de la Chine ou du Levant,* Isamb 25,384. Hierher gehört auch nfr. *calquier* 'satin, taffetas des Indes' (seit SavBr 1723), das FEW 2,65b sicher zu Unrecht s.v. CALCARE verzeichnet ist. Dagegen bezeichnet nfr. *satin de la Chine* (schon 1667 Quant à la brocatelle, toile de pourpoint, echarpe de soye egyptienne, *satin de la Chine,* damas, caffart, camelotine moderne, satin de Bruge, legatine, serge dauphine, etamine du Lude et autres camelots ... faites ou meslées de poil, fleuret, fil, laine et coton, LespMét 2,309) schon früh vielfach ein in Frankreich gefertigtes, dem *satin de Bruges* nahestehendes Mischgewebe, s. dazu SavBr 1723 s.v. *satin de Bruges;* cf. auch 1681 Un petit meuble de *satin de Bruge à la chinoise,* InvLouis 2,282.

[51] Depitre 2. Cf. auch fr. *caracas* 'espèce de toile peinte' (1628) in der Übersetzung eines portugiesischen Reiseberichts, s. Z 82, 1966, 223 n6.

[52] Wieweit die Verbreitung dieser Stoffe in Europa durch die Botschafter von Siam gefördert wurde, die gegen Ende des 17. Jhs. (1680, Depitre 2; 1684, Chabaud 109, LarI; 1688, BlWtbg) an den Hof Ludwigs XIV. entsandt wurden (so R. Forrer, Die Kunst des Zeugdrucks vom Mittelalter bis zur Empirezeit, Straßburg 1898, 48, s. Depitre 2), läßt sich nicht mit Sicherheit feststellen. Cf. dazu nfr. *siamoise* 'étoffe introduite en France par les ambassadeurs du roi du Siam envoyés auprès de Louis XIV en 1688', BlWtbg; nach DDM wäre das Wort seit Ende des 17. Jhs. bezeugt, doch fehlen hierfür eigentliche Belege. Der älteste uns bekannte Beleg ist 1701 sur ladite étoffe appelée *siamoise,* et sur toute autre sorte d'étoffe composée de coton et de fleuret ou soie, ou de fil et fleuret, ou de fil et coton, ou de coton seulement, Depitre 51.

[53] S. dazu Depitre 4,28,247; SavBr 1759 s.v. *calencards;* Hav s.v. *indienne* sowie die Belege weiter unten. Cf. noch Garsonnin, La manufacture de toiles peintes d'Orléans, HayemMém 3,1–36; Pierre Dardel, Les manufactures de toiles peintes et de serges imprimées à Rouen et à Bolbec aux XVIIe et XVIIIe siècles, Rouen 1940.

[54] Cf. Sion 173 n2.

stellung ähnlicher Stoffe in Frankreich untersagen, ehe 1759 alle Einschränkungen wieder aufgehoben werden[55].
Zusammen mit den ostindischen Baumwollstoffen gelangen im 17. und 18. Jh. ihre vielfältigen Namen nach Europa, wo sie indes zum größten Teil ein nur kurzes Leben fristeten. Dazu gehören Bezeichnungen wie *allégeas*[56], *baffetas*[57], *bétille*[58], *chite*[59], *demitte*[60], *sauvaguzée*[61] und *secreton*[62], während *calencar*[63], *guingan*[64] und *percale*[65] etwas mehr Erfolg beschieden war.

---

55 S. dazu Depitre 1,237 et passim. – Nicht eingesehen werden konnte Véron de Forbonnais, Examen des avantages et des désavantages de la prohibition des toiles peintes, 1750.

56 »Etoffe fabriquée aux Indes Orientales. Il y en a de plusieurs sortes. Les unes sont de soie, d'autres de coton, et les autres de plusieurs espéces d'herbes qui se filent comme le chanvre et le lin«, SavBr 1759. So schon 1681 Deux couvertures faites de tapis de toille de cotton peintes, doublées d'*allegeas*, bordées de toille de cotton peintes. ... Dix pièces d'*allegeas* de différentes couleurs, rayées par petits carreaux, faites d'escorse d'arbre, InvLouis 2,117.

57 S. dazu jetzt FEW 19,18b sowie Höfler, Z 83, 1967, 46f.

58 So schon 1681 Cinq pièces de mousseline blanche, appellées *bétilles*, propres à faire des cravattes, InvLouis 2,119; daneben die Form *beatilles*, z.B. 1688, s. SavBr 1730, 459 (s. noch Gay s.v. *béatilles*). Das Wort ist, gegen FEW 1,303b + n3, sicher zu trennen von mfr. nfr. *béatilles* 'petits ouvrages que l'on fait dans les couvents' (seit 1492) bzw. wurde nur sekundär vereinzelt an die Wortfamilie von lt. BEATUS angeschlossen.

59 So schon 1681 Quarente cinq pièces de toille de cotton peintes, appellées *chittes*, InvLouis 2,117; 1689 Lorsqu'il fait froid, les Indiens vétent par dessus la chemise un arcaluq ou juste-au-corps cotonné et piqué, dont le dessus est ordinairement d'une *chite* ou toile peinte, Thevenot, op. cit. 108; 1699, s. hier 102 s.v. *guinée*.

60 Schon 1679 *dimitte* (Sav 2,479, FEWMat); 1688 *Demites* et *Demiton*, SavBr 1730, 451; cf. schon 1665 les *damites* de soye et de coton, Gay s.v. *Damiette* (Gay datiert diesen Beleg aus dem Journal des Voyages de Monsieur de Monconys zu Unrecht auf 1648; s. dazu Arveiller 29).

61 Schon 1688 *Sauvaguses*, 7 livres la piece, SavBr 1730, 458; ebenso 1701 *sauvaguze*, Hav, s. FEW 11,620a; sodann *sauvaguzée* (SavBr 1723–Trév 1771). Das FEW, das nur den Beleg aus Hav zitiert, stellt diese Form irrtümlich zu fr. *sauvage* (< SILVATICUS).

62 SavBr 1723–Trév 1771, FEW 11,378b. Das FEW stellt dieses Wort sicher zu Unrecht zu fr. *secret* (< SECRETUS); cf. neben *secreton* die Form *socreton*, so z.B. SavBr 1761 s.v. *mousseline:* De la Côte de Coromandel, Toiles pour Impression. 2310 piéces Salempouris blancs. 13285 – Guinées blanches. 780 – *Socretons* ou *Suckerdon*. 2560 – Betilles simples.

63 S. dazu Z 82, 1966, 223 n6.

64 Seit 1723, BlWtbg; nach Hav schon 1701. PottierDat 584 und im Anschluß daran BlWbg und BlWtbg vermuten Entlehnung des Wortes über das Portugiesische, wo *guingão* seit 1552 bezeugt ist (sp. *guingao* schon 1485; die heutige Form *guinga* f. erst seit dem 18. Jh.). Doch bleibt trotz der Chronologie der Belege noch zu prüfen, ob das Französische das Wort nicht der direkten Berührung mit Indien verdankt. Völlig abwegig die Erklärung von Gam, wo verschiedene Wortfamilien vermischt werden.

65 S. dazu Cahiers de Lexicologie 6, 1965, 91f.

Sodann werden zur Benennung dieser Stoffe auch innerhalb des Französischen neue Bezeichnungen gebildet bzw. schon vorhandene Bezeichnungen auf die neuen Produkte übertragen. Unter den auf Ortsnamen zurückgehenden Stoffbezeichnungen[65a] ist in diesem Zusammenhang zu nennen:

guinée f.

'toile de coton blanche (ou bleue)[66] qui vient des Indes Orientales' < *(toile de) Guinée*[67]; 1688–Trév 1771[68]. – FEW 4,307b[69]; Arveiller 258f.

1688 La Compagnie d'Orient peut fournir les bouges ou cauris, des toiles peintes, des chicolis, des toiles à carreaux, des anabas, des bassetas bleus, des *toiles guinées*, des salamporis, des chioutres, Ducasse 44[70]; Toiles de coton des Indes. *Guinées* fines. *Guinées* moïennes. *Guinées* ordinaires, SavBr 1730, 455; 1692 Les *guinées* blanches se vendent six gros d'or pièce, Tibierge 62; 1699 perpetuanes bleues, rouges et vertes, verroteries de Venise, toiles des Indes nommées salampouris peintes, bastats noirs, *guinées* bleues, toiles de Silesie, platilles idem (Coste d'Or);... 25 pieces de *guinées* bleues, 60 pieces de brovrilis, 50 d'*etoffes de Guinée*, 60 pieces de toiles peintes, MémNégHoll 280f.; *guinées* bleues, *guinées* noires, bastats noirs, schitz ou toiles peintes, ib. 282[71].

Neben den zahlreichen bisher erwähnten fremdländischen Bezeichnungen, die im Laufe des 18. Jhs. mit dem Rückgang des Imports der indischen Baumwollstoffe sichtlich an Bedeutung verloren und zum größten Teil nicht

---

[65a] Zu fr. *tarlatane* s. jetzt Z 82, 1966, 353f.

[66] Schon SavBr 1730 schreibt »des toiles de coton des Indes Orientales, rayées, blanches et bleuës«, doch sind die *guinées* im 17. und 18. Jh. in der überwiegenden Zahl der Fälle weiß.

[67] Die periphrastische Ausgangsform *toile de Guinée* schon 1666, s. Arveiller 259.

[68] Daneben in der Bedeutung 'toile de mousseline' (Boiste 1803–Lar 1872), 'toile de coton bleue' (Boiste 1829–Lar 1930), FEW 4,307b.

[69] Nach FEW und BlWtbg erstmals 1701 bezeugt. Das FEW l.c. verzeichnete nfr. *guinea* (SavBr 1730–1741) ist vereinzelte Übernahme der englischen Form, die jedoch nur in der Verbindung *Guinea stuff* bezeugt zu sein scheint, cf. »Les *guineas stufs* sont des toiles de coton des Indes Orientales...«, SavBr 1730 s.v. *guinée;* ebenso »Les *Guinéas stufs*, nom Anglois qui signifie *Etoffes de Guinée*, sont des toiles de coton des Indes Orientales...«, SavBr 1761 s.v. *guinée.*

[70] Arveiller 258 datiert diesen Beleg, im Anschluß an MaunyGloss, auf 1687.

[71] Weitere Bezeichnungen wie nfr. *carla* 'toile des Indes' (SavBr 1723–1741, FEW 2,378a), *perse* 'sorte de belle toile peinte' (seit SavBr 1730, FEW 8,263b; s. noch Z 81, 333) u.a. sind nicht vor dem 18. Jh. bezeugt. Nfr. *perse* ist wohl nicht „aus dem adj. *perse* 'persisch' substantiviert" (FEW l.c.), sondern eher verkürzt aus älterem *toile, indienne de Perse;* cf. 1688 Cambrasines de 12 cannes. *Indiennes de Perse*, SavBr 1730, 451. – Dagegen wird *Bengale* 'toile de coton blanche, espèce de mousseline' nur vereinzelt elliptisch verwendet neben geläufigerem *casse Bengale*, so z. B. 1688 *Bengales* blanches, SavBr 1730, 451; *Bengales. Casse Bengales* de 20 aunes. *Casse Bengales* de 16 aunes. *Casse Bengales* de 13 aunes, ib. 459; s. noch SavBr 1759 s.v. *casse*; AM 70,289.

über das 18. Jh. hinaus nachzuweisen sind[72], schuf das Französische im 17. Jh. zwei Gattungsbezeichnungen, die als nicht spezifische Termini zu einer Zeit, als der Handel mit den indischen Erzeugnissen durch die eigene Fabrikation immer mehr zurückgedrängt wurde, auf die europäischen Produkte übertragen werden konnten und sich daher als weitaus vitaler und widerstandsfähiger erwiesen. Während bei *toile peinte*[73] Herstellungsart und Qualität des Stoffes das Benennungsmotiv abgaben, hat im zweiten Fall die ursprüngliche Herkunft dieser Baumwollstoffe aus Indien zur Benennung geführt. So finden wir neben *toile des Indes*[74] seit dem 17. Jh. die Verbindung *toile indienne*, sowie daraus verkürzt

indienne f.[75]

'toile de coton peinte ou imprimée', seit 1632, FEW 4,640b.

1632 *L'indiene* dont vous sçavez que j'estois en peine, m'avoit esté envoyée de Marseille dez le 6e de ce mois ... je luy adresse toute vostre despesche et la boitte mesme où j'ay faict mettre l'*indienne* pour la mieux conserver, Peiresc 5,45f.[76]; Du reste vous sçavez qu'il fault bailler à Monsr Aubery non seulement ses huit pieces de *toille indienne*[77] qu'il avoit demandées et mises en deux fagotz, mais aussy l'aultre *indienne* plus fine que vous avez receue dans une boitte à part, ensemble l'escriptoire de Constantinople et

---

[72] Einige werden noch in den Wörterbüchern des 19. und 20. Jhs. geführt, jedoch meist nur als historische Reminiszenz.

[73] Nfr. *toile peinte* ist nach FEW 8,523a von Fur 1690-Ac 1935 bezeugt, jedoch schon 1628 ensemble plusieurs autres vestements de diuerses sortes, et vne vingtaine de pieces de Caracas, qui sont des *toiles peintes*, ou des tapis de coton qui viennent des Indes, Les voyages advantureux de Fernand Mendez Pinto, fidelement traduicts de Portugais en François par le sieur Bernard Figuier, Paris 1628, 98; ebenso 1678 une cravate de *toile peinte*, Colbert 3,1,140; 1681 Une tenture de tapisserie de *toille peinte* en deux pieces, InvLouis 2,116; Deux *pièces de toille de cotton peintes* pour des carreaux, ib. 2,117 (s. noch hier n56; 1688, *toiles peintes*, Ducasse 44; 1689, s. hier n59; cf. noch 1688 L'arrest que vous m'avez fait l'honneur de m'envoyer, concernant les *toiles de coton*, tant blanches que *peintes*, CorrContrFin 1,147 sowie unten n74.

[74] FEW 4,640b gibt dafür irrtümlich die Bedeutung 'coton importé de l'Orient'. – Cf. daneben auch 1687 de cesser à l'avenir de faire venir dans le royaume aucunes *toiles de coton peintes aux Indes*, ni des blanches pour être peintes en France ... sous leur soumission de prendre ce qui pourra rester après ledit temps desdites *toiles peintes aux Indes* entre les mains des marchands, Depitre 35.

[75] MaunyGloss 43 gibt fr. *indienne* s.m. 'toile de coton à fond blanc peinte de ramages et personnages, originaires de l'Inde' (1658), doch wird das maskuline Genus durch nichts bestätigt.

[76] Lettres de Peiresc, p.p. Philippe Tamizey de Larroque (Coll. de doc. inéd. sur l'hist. de France), t. V, Paris 1894.

[77] Ebenso 1673 Deux petits meubles ... de *toille indienne* rouge et blanche, InvLouis 2,266; 1681 Ledit lit de *toille indienne* fonds rouge, ib. 2,306; 1697 *toille* indienne, ib. 2,354; 1749 Deux rideaux de *toille indienne*, InvTours 79; s. noch hier n80.

les 4 mouchoirs ou voiles de calice qui sont dedans faictz de soye *peinte à l'indienne*[78], ib. 5,48; 1688 *Indiennes* de Perse. *Indiennes* Serongi. Indiennes Varos. *Indiennes* Jafarcanis. *Indiennes* de Levant, SavBr 1730, 451; 1689 ils se couvrent d'une couverture piquée et cotonnée, et couverte d'une toile peinte de fleurs ou autres bagatelles; l'on appelle ces toiles *Indiennes*, parce que la plûpart se font aux Indes, néanmoins il s'en fait aussi beaucoup en Perse[79]; 1712 Un petit pavillon d'*indienne* pour le tabernacle, InvTours 37[80]; 1731 un rideau d'*indienne* ordinaire à fond rouge et blanc... avec ses contours d'autre *indienne* de différentes couleurs, InvMon 153[81]; une courtepointe d'*indienne de Marseille*, doublée de toile rouge et ordinaire, ib. 157; Un couvre-toilette d'*indienne du Levant*, ib.258; Une couverte d'*indienne de Perse*, ib. 298; Item, 2 rideaux aux fenêtres, d'*indienne dite de Saint-Joseph*, ib. 158[82]; 1733 peintures en *indiennes*, Bourrilly 56; weitere Belege im 18. Jh. ib. 61 n3, 64, 68, 73 und oft[83].

FEW 1,64b und Gam erwähnen noch nfr. *alépine* 'sorte d'étoffe de soie et de laine', das seit dem 17. Jh. bezeugt sei. Doch bezeichnet das Wort in dem bei DG zitierten Beleg aus der Nouvelle Maison rustique von Liger keinen Stoff, sondern hat vielmehr die Bedeutung 'espèce de noix de galle', die sich schon im 16. Jh. im Mittelmeerraum nachweisen läßt:

1582 (Marseille) mesme la galle de laquelle ne s'en presente pas septente frans, j'entens de l'*alepine*, Hermite 36; 1593 (Genua) Au reste qui haret icy de gales e des premieres ou *alepines* ou peyzanes ou aultres, s'en tireret de trente a 32 lires du centenal de livres, ib. 106 (ebenso schon 1579 in Marseille, ib. 25, jedoch ohne Beleg)[84].

---

[78] Cf. ähnlich 1673 Six fauteuils de noyer tournés, à fond de paille, avec leurs coussins et dessus de *toile peinte à l'indienne*, Hav s.v. *indienne*. – Der Beleg aus Peiresc zeigt, daß *indienne* auch auf andere als Baumwollstoffe übertragen werden konnte. So finden wir auch nfr. *indienne* 'espèce de saie, partie soie et partie laine, fabriquée à Amiens' (1666–Trév 1771, Hav; s. noch Beleg von 1669, Gay 1,677b).

[79] Suite du Voyage de MR. de Thevenot au Levant, 2nde partie, Paris 1689, 322.

[80] Daneben im gleichen Text 1712 Un pavillon de *toille indienne*, ib. 40; ebenso Un pavillon de *toille indienne* pour le tabernacle, six rideaux d'*indienne* pour les tableaux du maître autel, ib. 42.

[81] Daneben 1731 Un rideau de 12 *toiles d'indienne* ordinaire, ib. 148.

[82] Ebenso 1731 Un rideau d'*indienne dite de Saint-Joseph*, ib. 221; avec leur housse d'*indienne de Saint-Joseph*, ib. 164; 1733 (Marseille) sept chaises bois de noyer à la dauphine garnies de boucassin rouge, avec leurs fourreaux *indienne St Joseph*, le tout usé, InvRoze 473. Cf. dazu npr. *sant-jóusè* 'sorte d'indienne', FEW 5,51a.

[83] It. *indiana*, nach BattAl seit 1705 belegt, findet sich in unseren Texten schon 1701 und ist wohl Umsetzung von älterem fr. *indienne*: 1701 (Monaco) Più, una coperta di *indiana*. Più, 3 coxini di damasco cremesino, InvMon 132.

[84] Ein schönes Beispiel volksetymologischer Umdeutung gibt SavBr 1761 s.v. *galle*: »Les meilleures noix de Galle sont celles du Levant, surtout celles qui viennent

Als Stoffbezeichnung erscheint fr. *alépine* erst seit Beginn des 19. Jhs., so bei Moz 1820[85], der für *alépines* f.pl. die beiden Bedeutungen 'Alepposgallen' und 'Art Zeug' gibt[86]. DComm 1839 schreibt dazu:

> *Alépine*, étoffe dont la chaîne est en soie, et la tissure en laine. Il y a moins de 50 ans que les Anglais seuls s'occupaient de cette fabrication; ce fut seulement vers 1790, que des manufacturiers d'Amiens ... imitèrent ce genre de tissu.

BattNomi 6 betrachtet fr. *alépine* als Entlehnung aus sp. *alepí(n)*, das im 16. Jh. einen leichten Seidenstoff bezeichnet haben soll, doch fehlen dafür Belege. Corom bezeugt sp. *alepín* 'tela muy fina de lana' seit 1828 (nach AlonsoEnc schon im 18. Jh., jedoch ohne Beleg) und erklärt diese Form umgekehrt, sicher zu Recht, als Entlehnung aus dem Französischen. Ebenso macht die Chronologie der Belege eine Weiterbildung aus dem arabischen Adjektiv *ḥalebî* 'aleppino', wie sie Battisti vermutet, unwahrscheinlich. *Alépine* ist sicher Ableitung innerhalb des Französischen vom Ortsnamen *Alep* (Aleppo) + *-ine*, die sich dann in der sekundären Bedeutung 'espèce d'étoffe' im 19. Jh. von Frankreich aus über ganz Westeuropa verbreitete[87].

Italien

Erst langsam vermag sich Europa im ausgehenden Mittelalter gegen die Vorrangstellung des Orients in der Erzeugung kostbarer Seidenstoffe zu behaupten. Am frühesten scheint Italien die Seidenzucht und damit zugleich die Verarbeitung der Seide zu feinen Geweben kennengelernt zu haben, ohne daß diese neue Industrie zunächst im internationalen Handel zu großer Bedeutung gelangt wäre. Lucca und Venedig sind die ersten Städte Italiens,

---

de Smyrne, d'Alep et de Tripoli: la Galle de France, qu'on trouve en Gascogne et en Provence, leur est beaucoup inférieure, étant ordinairement rougeâtre, legére et toute unie, au lieu que celle de Tripoli et d'Alep est pesante et épineuse; ce qui lui a donné le nom de *Galle à l'épine*, pour la distinguer des Galles du païs«; cf. auch dialektal Bray *épine* 'alépine, étoffe de laine et de soie', FEW l.c.

[85] Nouveau Dictionnaire de poche allemand–français et français–allemand ... par l'abbé Mozin, Stuttgart-Tübingen 1820. Nach Corom seit Littré 1863.

[86] Ebenso Moz 1826 ('Alepposgallen; Alepposzeug, Aleppine') und Land 1834.

[87] Cf. noch kat. *alepí*, d. *Aleppin*. Als Stoffbezeichnung ist fr. *alépine* sicher Übertragung aus älterem *alépine* 'espèce de noix de galle', da dieser aus Aleppo importierte Farbstoff ursprünglich zur Fertigung dieses Gewebes verwendet wurde; cf. dazu DComm 1839 s.v. *alépine*: »on dut se borner pendant longtemps à ne produire que la couleur noire; mais par suite des perfectionnemens successivement introduits, on est arrivé à fabriquer ce tissu d'une très belle qualité et en toutes couleurs«.

deren Erzeugnisse seit dem 13. Jh. in Frankreich genannt werden[1]. Doch noch im 14. Jh. spielt Italien vorwiegend die Rolle des Vermittlers im Handel mit orientalischen Seidengeweben und vermittelt so auch einen Teil des orientalischen Wortguts in die übrigen europäischen Sprachen[2]. Erst im Laufe des 15. und 16. Jhs. erfährt die Seidenindustrie Italiens, die nun neben Venedig und Lucca noch vor allem durch Florenz, Neapel[3], Genua[4], Mailand und Bologna[5] vertreten ist, einen solchen Aufschwung, daß ihre Erzeugnisse in großer Zahl auf den internationalen Märkten anzutreffen sind[6]. Besonders die Seidenstoffe aus Florenz werden seit dem 15. Jh. in zahlreichen französischen Dokumenten erwähnt. So finden wir neben *serge de Florence*[7] die seit 1449 häufig bezeugte Verbindung *taffetas de Florence*, aus der im 17. oder 18. Jh. appellativisches *florence* m. 'espèce de taffetas très léger' entstand[8].

---

1 So z.B. 1264 pour XI fors *dras de soie de Venisse*, DehDoc 61; ca. 1296 *drap d'or de Venise*, DouëtTarif 224; zahlreiche Belege im 14. Jh., s. DouëtNArg 8, 13 und oft. 1302 *royés vermaus de Luque*, DehDoc 133; 1307 Pour 6 dras d'or et de soye diapré, couvers d'or le plus de blanc, et 8 *dras d'or et de soye diapré blancs de Luques*, et 5 *dras diapres et vermeils de Luquese* [sic] et 4 *dras diapres venus de Luques*, et 3 *dras d'azur diapres de Luques*, FawtierCptRoy 2,546; s. noch DouëtNArg passim. – Allerdings läßt sich aus den Belegen nicht mit Sicherheit bestimmen, ob damit italienische Erzeugnisse oder aber orientalische Seidenstoffe bezeichnet werden, die über Venedig und Lucca, zwei der bedeutendsten Umschlagplätze im Ost–Westhandel jener Zeit (s. DehHist 328f.) nach Europa gelangten. Cf. dazu noch die Belege zu *tartaire de Lucques, baudequin de Lucques*, hier 95f., 98.

2 Aus dem Italienischen wohl fr. *armoisin, organsin*, vielleicht auch *marramas, taffetas* u. a.

3 Zu nfr. *damas de Naples* s. Hav sowie FEW 7,9a.

4 Zu nfr. *damas de Gênes* s. Hav.

5 Bologna liefert vor allem feine Kreppstoffe (cf. 1551–56 gans perfumez de hault pris et valleur, *crespes de Boullongne*, Levant et autres lieux d'Ytalie, ChambRevGéogr 33,225), die bald auch in Frankreich nachgeahmt werden: 1604 »La prétieuse manufacture des crespes fins de Bolongne, tant crespez que liz, et de toutes sortes qui ne se faisoyent que cy-devant en Italie, et maintenant establye dans le chasteau de la ville de Mante, par la permission dudit sieur de Rosny, considérant que le profit en sera d'autant plus grand en la France que l'usage desdits crespes de toutes sortes s'en rend commun et fréquent«, LaffRec 223; cf. noch 1665 (Lyon) »Il s'est présenté à moy un nouvel ouvrier pour des crespes, qui promet mesmes de mieux faire qu'à Boulogne«, CorrLouis 3,675.

6 Cf. 1551–56 »Et les aultres draps de soye venans des Ytalies, comme Venise, Florence, Lucques, Millan, Boullongne et aultres villes d'Ytalie, se montent bien quatre milions de livres«, ChambRevGéogr 33,224; s. noch Brésard 195f.; Estèbe Toul. – Zu nfr. *mode(s)ne* 'petite étoffe mêlée de fleuret, de poil de laine ou de coton' (1679–Trév 1771) s. jetzt FEW 6^{III}, 4b.

7 So z.B. 1551–56 draps d'escarlatte de Venise et de Florence, *serges drappées de Florence* et d'ailleurs, estametz fins de Venise, Millan, Florence et aultres villes des Italies, ChambRevGéogr 33,225; s. noch Z 80, 453 + n66.

8 Seit Trév 1721 bezeugt; s. dazu Z 80, 452f. Nach Monin 350 schon 1698, jedoch ohne Beleg. Daneben auch vereinzelt in elliptischer Verwendung *demi-Florence*,

Ein ähnlicher, jedoch dichter als der gewöhnliche Taft gewebter Seidenstoff wird seit dem 16. Jh. aus Neapel eingeführt, ehe er in der Folgezeit in Frankreich selbst hergestellt wird. Seine charakteristische Köperbindung und die dadurch erreichte festere Qualität[9] gaben ihm den Namen

gros de Naples m.

'étoffe de soie plus forte que le taffetas', seit 1586. – FEW 4,279a[10].

1586 7 aulnes 1/4 *gros de Naples* changeant, à 35 s.t. l'aulne, DrotMin 94; 1599 Un petit manteau reystre de *gris* [lies: *gros*] *de Naples* incarnatin, chamarré de sept passements d'argent par bas clinquant, fourré de marte sublime la plus belle, prisé 500 escus, Gay 2,292b; 1615 toutes sortes de lames et toilles d'argent, frisez, brochez, tant plains que façonnez, *gros de Naples*, serges de soye, satins façonnez, rayez, picquez et autres damassez, LespMét 2,290; 1618 une cappe de *gros de Naples*, garnie de passement de Milan doublée de toile d'or, Gay 2,129b; 1627 plus unne chimare de *grodenaple* blanc, mouchetté à flocz et effillé, Roy 412; 1629 Quatre aulnez *gros de Naple* ranforcé incarnadin d'Espaigne, à faire une hongrelline, ib. 98; 1646 (Tours) Les *gros de Naples* en demie aulne, moins un 32me, Bossebœuf 261; 1667 Seront les draps d'or et d'argent, tant frisez que brochez, à lames d'or et d'argent, tant plaines que faconnées, le *gros de Naple*, poulx de soye, satins ... de largeur de demy aulne, moins un vingt quatriesme d'aulne entière, LespMét 2,307; 1673 Un tapis de Perse d'une manière de *gros de Naples* vert, tout uny, InvLouis 1,381; Trois

---

so z. B. SavBr 1762 s.v. *taffetas de Florence*: »Taffetas de Florence. Il se fait à Lyon; les piéces sont de 5/8 de large et de 60 aunes de long. Il est très mince et d'une qualité médiocre. Les *demi-Florence* valent encore moins; les uns et les autres servent à faire des doublures d'habits de femmes. Il y en a de toutes sortes de couleurs«; s. auch Bezon 1,66. Der ursprünglich aus Florenz importierte Stoff (s. SavBr 1730, 543) wird schon im 17. Jh. in Frankreich, besonders in Lyon nachgeahmt, cf. Monin 350; Chabaud 44. – Ob schon im folgenden Beleg von 1394, wie der Herausgeber vermutet, Ellipse aus der Verbindung *taffetas de Florence* vorliegt, muß wegen der Vereinzelung des Belegs offenbleiben: 1394 deux longues hoppellandes de drap de damas noir ... Item, celui jour, autour de deux manches d'une hoppellande de *Fleurance*, maille de haubergon, faicte de brodeure et camprons d'or, Inv. des princes d'Orléans-Valois, p.p. Roman, Paris 1894, 64. Unklar sind auch die beiden Belege von 1490 und 1507 bei Gay s.v. *Florence*. Zu ähnlich gebildetem pg. *florença* 'tecido de Florença' (16. Jh.) s. Machado 147. – Im 17. und 18. Jh. auch *ratine de Florence*, für das gleichfalls vereinzelt elliptisches *Florence* steht: 1633–35 L'habit de *ratine de Florance*, un pantalon. Une père de brassières neuves de ratine, doublé de *Florance*, Arch Gir 34,345. Oder liegt hier Erstbeleg für nfr. *florence* (< *taffetas de Florence*) vor? Immerhin wird im gleichen Text häufig *taffetas* als Futterstoff verwendet. – Zu nfr. *florentine* s. weiter unten.

9 »Le gros de Naples diffère du taffetas, en ce que le grain y est plus marqué, et par conséquent en plus forte qualité«, Bezon 1,29.

10 Das FEW gibt als Erstbeleg Cotgr 1611.

pièces de brocat de Florence, fonds de *gros de Naples* vert, à fueüillages d'or et d'argent, ib. 2,181.

Ähnlich im 16. Jh. vereinzelt auch

gros de Milan m.

'étoffe de soie du même genre que le gros de Naples', 1586–1590. – Fehlt FEW s.v. GROSSUS.

1586 9 aulnes 1/2 *disgros* [sic] *de Milan*, à 4 livres laulne, DrotMin 100; 1590 Ung manteau de *gros de Millan* fourré de peaux d'ours, Gay 2,129b.

Durch den großen Erfolg der italienischen Seidenstoffe in Frankreich im 16. und 17. Jh. erhält auch die sich herausbildende französische Seidenindustrie starke Impulse. Neben Lyon, das seine unumstrittene Vorrangstellung innerhalb Frankreichs erst gegen Ende des 17. Jhs. erlangt[11], ist vor allem Tours, eines der ältesten Seidenzentren Frankreichs, an diesem Aufschwung beteiligt. Zahlreiche bisher aus Italien importierte Gewebe werden nun in Tours nachgeahmt, darunter auch der *gros de Naples*, dem sehr rasch ein fast ebenbürtiges französisches Erzeugnis zur Seite gestellt wird. Daher nfr.

gros de Tours m.

'étoffe de soie plus forte que le taffetas, mais moins forte que le gros de Naples' (s. SavBr 1761), seit 1673[12]. – FEW 4,279a[13].

1673 Un meuble de *gros de Tours* bleu, en broderie et retaille, InvLouis 2,218; Dix-sept rideaux de *gros de Tours* rouge cramoisy, ib. 2,262; 1681 Un entour de lit, de *gros de Tours* vert, garny de frange et mollet d'or, ib. 2,320; 1684 Un entour de lit de *gros de Tours* blanc, ib. 2,329; 1688 Aux étoffes, comme Velours, Pannes, Brocars et *Gros de Tours*, même à quelque sorte de rubans, SavBr 1730, 435; 1697 avec fausses housses de *gros de Tours* cramoisy, InvLouis 2,404.

---

[11] Girard 364.

[12] Nach Roy 98, 168 schon ca. 1625, jedoch ohne Beleg.

[13] Das FEW gibt als Erstbeleg Fur 1690. Aus dem Französischen entlehnt sp. *grodetur*, s. dazu ThomasEss 313 + n2, 402f. – Parallel zu fr. *gros de Naples*, *gros de Tours* gebildet sind die im FEW nicht verzeichneten Verbindungen *gros d'Afrique* 'espèce de taffetas', Bezon 1,57; *gros d'Alger*, ib. 1,102; *gros d'Athènes*, Le Magasin des Familles 1853, 104; *gros de Berlin*, *gros de Chine*, Bezon 1,102; *gros d'Écosse*, Le Magasin des Familles 1853, 52; *gros des Indes*, Bezon 1,56; *gros de Lyon*, ib. 1,102; *gros d'Oran*, ib. 6,97; *gros d'Orléans*, ib. 1,100; *gros de Suisse*, ib. 1,102; ähnlich auch *gros d'été*, ib. 1,101. S. noch ABC der Stoffkunde, 4. erweiterte Auflage, hg. von Kurt Hellmich, Düsseldorf s.d., 33 (s.v. *Gros de* ...); Schlomann-Oldenbourg, Illustrierte technische Wörterbücher in sechs Sprachen, hg. von Alfred Schlomann, Bd. XVI, Weberei und Gewebe, München 1925, 400f.

Seit dem 17. Jh. erscheinen in französischen Texten eine Reihe weiterer Bezeichnungen von Seidenstoffen, die alle auf italienische Ortsnamen zurückgehen. Dabei weist die ursprüngliche Adjektivform sowie das allen gemeinsame feminine Genus auf einen Ausgangstypus *à la* ~, wie er auch in anderen Fällen zu jener Zeit recht häufig nachzuweisen ist:

> 1625 Lesd. seiges et plafonds de velours emplis de bonne plume avec un couty dedans, avec les 10 rideaux de bon *damas* rouge cramoisy *à la Génoise*, Gay 1,285b; 1628 (velours noir de Tours, façonné) *à la napollitaine*, Roy 178 (s. noch ib. 231); 1662 un présent de douze aulnes de *satin à la Boullonoise*, RegMerc 74.

Es ist daher wahrscheinlich, daß die folgenden Bezeichnungen ähnlich entstanden sind und von Anfang an nur auf die französischen Imitationen italienischer Seidengewebe angewendet wurden.

florentine f.

'espèce de satin façonné' < (**satin à la*) *florentine*[14]; 1666–Trév 1771[15]. – FEW 3,627b[16]; Gay. Cf. außer den bei Gay zitierten Belegen noch

> 1733 couvert de *florentine* jaune aussi usé, InvRoze 473.

vénitienne f.

'espèce d'étoffe de soie, variété de damas' < (**damas à la*) *vénitienne*[17]; SavBr 1723–Trév 1771[18]. – FEW 14,239b.

Das FEW gibt im Anschluß an Hav als Erstdatum 1667, doch ist in dem zugrundeliegenden Text nur die Übergangsstufe *damas Venitienne* bezeugt[19]:

> 1667 Seront les draps d'or et d'argent, tant frisez que brochez, à lames d'or et d'argent, tant plaines que faconnées, le gros de Naple, poulx de

---

[14] Cf. ähnlich 1605 Cadrega pur di noce, con sua coperta di *teletta alla Firentina* nera e frangie di seta nera, InvMon 18; Un paro di maniche de *teletta alla Fiorentina*, nere, ib. 25. Im Katalanischen schon 1424 *Draps* de la gran sort *a la florentina*, Alcover. – Dagegen bezeichnen aragon. *florentin* (1348, Tilander, RFE 22,133), *florentin, florentini* (beide 1426, Pottier, Vox 10,155), akat. *florentí* (1374–1490, Alcover) wohl eher aus Florenz importierte Stoffe.

[15] Noch bei Li, DG und Lar, jedoch kaum über das 18. Jh. hinaus vital.

[16] Das FEW gibt nur den Beleg von 1666.

[17] Cf. daneben 1615 Item, la brocatelle, toille de pourpoint, burail, *toille façon de Venize*, escharpes, poux de soye, gazes teintes, tant pleines que façonnées, Lesp Mét 2,291. – Zu *damas de Venise* s. Hav s.v. *damas* sowie 1699 Un lit à l'impériale à la Duchesse, fait en lit tournant, de *damas de Venise* rouge cramoisy et blanc, InvLouis 2,444.

[18] Noch bei Lar, jedoch kaum über das 18. Jh. hinaus vital.

[19] Solange keine eigentlichen Textbelege für einfaches *vénitienne* nachzuweisen sind, fragt es sich, ob ein solches Appellativum überhaupt je geläufig war oder nur eine lexikographische Schöpfung des 18. Jhs. darstellt. Das gleiche gilt auch für nfr. *luquoise*.

soye, satins tant plains que faconnez, *damas Venitienne,* damassin Luquoise, valoise[20], velours à fonds d'or, serge de soye, tabis à fleurs et taffetas façonnez, et generalement toutes sortes d'estoffes, sous quelques noms qu'elles puissent estre, de largeur de demy aulne, moins un vingt quatriesme d'aulne entière, LespMét 2,307[21].

lu(c)quoise f.

'espèce d'étoffe de soie' < (**damassin à la*) *lucquoise*[22]; SavBr 1723–Trév 1771[23]. – FEW 5,429a.
Daneben schon 1667 die Übergangsstufe *damassin Luquoise,* s. oben Beleg zu *vénitienne*; s. noch n19.

Deutschland

Was Flandern und England für die mittelalterliche Tuchindustrie, der Orient und Italien für die Seide bedeuten, dem entspricht das Gebiet um den Bodensee im Rahmen der europäischen Leinenindustrie und, in geringerem Maße, seit dem 14. Jh. in der Barchentweberei[1]. Über das Ursprungsgebiet hinaus stellt die Leinwandfabrikation des Bodenseeraums einen wichtigen Faktor im internationalen Textilhandel des ausgehenden Mittelalters dar. 'Deutsche Leinwand' wird in Oberitalien ebenso wie in Paris, in Lyon und Avignon ebenso wie auf der Pyrenäenhalbinsel erwähnt[2].

[20] Nach FEW 14,152a ist nfr. *valoise* f. 'sorte d'étoffe de soie' 1669–Trév 1771 bezeugt.

[21] Cf. daneben eine weitgehend gleichlautende Passage aus den Statuten von Bordeaux: 1676 It. Fairont pareillement ... toutes sortes de satins et *damas, venision, damasion, luquoise,* valoise, divers noirs et généralement toutes autres étoffes figurées et à fonds, de toute manière à la tire, sous quelque nom qu'elles soient où il y aura or et argent, Gay 1,575b.

[22] Zu *damas de Lucques* s. Hav s.v. *damas.* Für ein bei MichEt 2,217 verzeichnetes *drap damasquin de Lucques* (15. Jh.) fehlen eigentliche Belege.

[23] Das FEW bezeugt das Wort bis Land 1851. Ebenso noch bei Lar, doch beruhen diese Belege lediglich auf Übernahme aus älteren Wörterbüchern.

[1] S. dazu und zum folgenden AmmannLeinen 251f. und passim.

[2] AmmannLeinen 273ff. Cf. 1201 (Genua) de *telis Alamaniae,* quas Septam [= Ceuta], causa mercandi, portare debeo, Doehaerd 2,77; 1202 (Genua) in *telis de Alamania,* has res portare debeo Ultramare, causa mercandi, ib. 2,78; 1206 (Genua) in *telis de Alamania* et *baldinellis,* ib. 2,106; 1215 (Genua) *baldinellarum de Alamania,* ib. 2,172; zahlreiche weitere Belege s. Doehaerd passim. Zu *baldinella* cf. apisan. *baldinello* 'eine Art Stoff', it. *bandinella* 'Art Handtuch', die REW 881 sicher zu Unrecht als Ableitungen vom Ortsnamen *Bagdad* erklärt. – Zur Verbreitung der Leinenstoffe des Bodenseegebiets s. noch die Karte bei AmmannLeinen 255.

Das wohl bedeutendste Fabrikationszentrum des gesamten Gebiets im 13. und 14. Jh. ist die Stadt Konstanz, deren Leinwandgewerbe in städtischen Verordnungen seit 1255 bezeugt wird[3]. Daß diese Industrie jedoch beträchtlich älter sein muß, zeigt ein Beleg aus Genua, wo schon 1216 Konstanzer Leinwand erwähnt wird:

1216 (Genua) in canis CLII 1/2 de *telis de Constantia de Alamania*, Doehaerd 2,181[4].

Seit der 2. Hälfte des 14. Jhs.[5] werden Leinenstoffe aus Konstanz in großer Zahl nach Katalonien exportiert, wo wir sie besonders in Barcelona in zahlreichen mittellateinischen und volkssprachlichen Dokumenten antreffen:

mlt. 1389 implicatas in quadam bala *telarum* astrictarum de *Constança*, MitjáDif 206; 1417 pro decem cannis de *tela de Constança* negra, Mitjà Com 312;

akat. 1394 Item teles de Rems lo quintar sinquanta solidos ... Item per quintar de *teles de Constança* vint e dos solidos, MitjáDif 211; 1404 IIII bales *teles gostanses* amples, que son XXXIII peses, tiren CXIII cordes, costen CX lliures. Item, d En Neri Nicolau, IIII bales *gostanses* amples, ib. 192; Item d el, VIII peses de *Constança*, ib. 193; I bala de *telles de gostanses* tintes ... VIII bales de *constanses* astretes ... VI bales de *constança* ampla, ib. 194; II peses de *tela de gostansa*, ib. 196; 1405 II canes e VI palms de *tela* negra *de Constança*, ib. 198; 1417 item un pali del prop dit, d aur blanch ab senyals reyals forrat de *tela de Constança*, MitjàCom 312; 1425 6 bales *costança*, HäblerDok 357; 1427 5 bales *Costança*, ib. 364; 1428 3 bales *teles de Costança*, 15 bales fustans, 1 bala *Costança*, ib. 369; 1 bala *Costança*, Peyer 1,67; 1429 16 bales *Costances*, ib. 1,68; 1430 6 bales *teles de Constanses*, ib. 1,80; 1431 3 1/2 peces *Costança*, HäblerDok 373; 1432 16 bales *Costances*, ib. 376; 1434 10 bales *Costances*, ib. 382; 1436 3 bales *Constances*, ib. 388; 1437 2 bales *Constances*, ib. 392[6].

---

[3] AmmannLeinen 269. Zur Leinwandindustrie von Konstanz s. vor allem Friedrich Wielandt, Das Konstanzer Leinengewerbe. 1. Geschichte und Organisation, Konstanz 1950; 2. Quellen, Konstanz 1953 (Konstanzer Stadtrechtsquellen II–III).

[4] Ebenso noch ca. 1340 A centinaio di canne si vendono in Genova. Tele di Nuovo, e *tele di Gostanzo*, e tele navarresi, et d'altre tele, cioè lunigiane, e chermonese, e melanese, Pegolotti 216 (s. auch AmmannLeinen 278); 1540 (Venedig) Tragonsino anchora fustagni Cremonesi, boccassini, e fustagni Melanesi, e sarze di Fiandra assai tinte, uerde, biaue, e rosa secca, rasse di Schiauonia bianche, tele Todesche di fontego ĩ falda, ĩ rodolo, e *tele tinte di ogni sorte di Cõstanza* dilla serpe, Pasi 108 r°.

[5] Nicht erst seit Beginn des 15. Jhs., wie AmmannLeinen 274 im Anschluß an Häbler schreibt.

[6] Weitere Belege aus Barcelona und Perpignan von 1430 bis 1481 s. Wielandt op. cit. 1,30; AmmannLeinen 276. S. auch Alcover s.v. *costança*.

Ebenso in Brügge

1414–15 van CXXV ellen caneuets; van XLIIII ellen *constanscher thoolen* coste delle V gro, InvChartesBruges 4,327.

Auf galloromanischem Boden wird Konstanzer Leinwand erstmals 1365 in Avignon ausdrücklich genannt:

1365 (mlt., Avignon) pro I corda cum 2 palmis *tele de Constancia,* AusgUrban 122; 1371 *tela de Constantia,* AmmannLeinen 274; 1375 pro $1^{1}/_{2}$ corda *tele Constantie,* AusgUrban 613.

Sodann auch in volkssprachlichen Texten

1397 (Avignon) Tellas finas de Reins, o de Compaigna, o d'Olanda: fl. VI, per balla. Teillas de Brebant et de Henaut: fl. II, per carga. Teillas blancas et largas d'Espinau: fl. I, per carga. Teillas ytalianas: fl. II, per carga. *Teillas de Costance* largas et finas: fl. II, per carga. Teillas de Autun blancas: fl. I, s. XII, per carga. Teillas crusas et estrechas d'Espinau: s. XVI, per carga. *Teillas* estrechas *de Constance*: s. XVIII, per carga. Teillas tenchas d'Alamaigna: fl. I, per pessa, GabAv 49f.; 1397 (Carpentras) *tela de Constansa,* tela de Geneva, CptMercGilb 154; 1496 (Tarn-et-Garonne) dos lensols de *tela de Costansa,* Zangg 113.

Daneben, wie im Katalanischen, elliptisch

apr. **constansa**

'espèce de toile' < (*tela de*) *Constansa*; Carpentras, hap. 1396, Pans 5. – FEW 2,1260a[7].

1396 (Carpentras) una corda de *constansa,* Pans 5.

Ebenso im Französischen *toile de Constance, toile de Coustances* u. ä., so

1474 Une piece *toile de Coustances* tenant trente cinq aulnes et demye. Une autre piece *toile de Coustances* tenant vingt trois aulnes, Gay 2,404a; 1483 Quatre draps de *toille de Coustance,* ib. 2,402b; 1484–86 Item et pareillement audit lieu de Genesve l'on vendoit plusieurs *toilles de Constance,* d'Alemaigne et autres montans a plusieurs grans somes, Brésard

[7] Im FEW wird diese ebenso wie die weiter unten zitierten französischen Formen im Anschluß an Gay irrtümlich zum Ortsnamen *Coutances* (Dep. Manche) gestellt: „Coutances (lt. CONSTANTIA) ist eine textilindustriestadt", FEW l.c. Doch sind uns für eine Leinenindustrie in Coutances keine Belege vor dem 17. Jh. bekannt; cf. z. B. 1674 (Caen) La fabrique et le prix des toilles, qui composent la plus grande partie de revenu de l'Élection de *Coustances,* sont beaucoup diminuées depuis la déclaration de la guerre contre l'Espagne, CorrLouis 3,783; 1675 Les marchandises que l'on envoie en Espagne sont particulierement des *toiles de* Roüen, *Coûtance,* Morlaix, Laval, et d'autres lieux, qui est la marchandise la plus necessaire, Sav 2,68 (s. noch Girard 345, 351, 354). Wollstoffe aus Coutances werden schon im 16. Jh. erwähnt, so z. B. 1582 *Draps de* Berry, Lourry, Chastillon sur Inde, Chartres, *Constances,* Cherebourg, Vallongnes, Constantin et tout le bas pays de Normandie, Troyes, et toutes autres villes, Fontanon 1,824.

331; 1498 2 grans linceus de *toyle de Constance*, Gay 1,419a; 1580 passemains noyrs, forrez de *toylle de Constance* blanche, ibid.; ebenso noch zu Beginn des 17. Jhs., s. Roy 496 (ohne Beleg).

Sodann erscheint auch im Französischen vereinzelt elliptisches

constance f.

'espèce de toile' < (*toile de*) *Constance*; 1580–1593, Gay. – FEW 2,1260b.

1580 Ung porpoinct de satin noir tout neuf avec passemains noyrs, forré de *constance* blanche, Gay[8]; 1593 Toiles. – *Constances* sans galle, 56 s. la cane. Gambre rouge, la cane 48 s. A l'Aigle, 40 s. la cane, ibid.

Im Laufe des 14. Jhs. kommt zu der bestehenden Leinwandindustrie des Bodenseegebiets die bisher in Oberitalien, besonders in Mailand florierende Barchentweberei hinzu[9]. Während sich Konstanz nur vorübergehend diesem neuen Zweig der Textilindustrie zuwandte, erfahren eine Reihe anderer süddeutscher Städte, die bisher im Schatten von Konstanz standen, durch die Fertigung von Baumwollstoffen einen gewaltigen Aufschwung.

Die wohl bedeutendsten Vertreter der süddeutschen Barchentweberei sind Ulm[10] und Augsburg[11], deren Erzeugnisse seit dem 15. Jh. auch in Frankreich recht häufig anzutreffen sind[12]:

1454 Item, 10 aulnes de *fustaine d'orme* blanche, estimée 2 l. 10 s. tournois. Item, deux aulnes de fustaine de Chambery, 6 s. 3 d. tournois, JCœur 267 (ebenso 1455, ib. 310); 1520–24 Item que je doie a Pol ....

[8] Daneben im gleichen Text *toylle de Constance*, s. oben.

[9] S. AmmannLeinen 254; cf. noch 1253 (Genua) pecias centum viginti sex *fustaneorum mediolanensium*, Doehaerd 2,474. – Noch im 16. Jh. wird Mailänder Barchent recht häufig in Frankreich ewähnt, so 1551–56 *Fustaines de Millan* et Piedmont, ChambRevGéogr 33,290; 1554 ung pourpoinct de *fustaine de Millan* cottonné, CptClaudeLand 37; 1571 (Auxerre) 4 aulnes *futaine de Milan* 50 s.t., DrotMin 57; 1573 *Fustaine de Milan* et Piemont, NicolayLyon 192; ebenso im 16. Jh. in Toulouse, s. EstèbeToul 186.

[10] S. dazu Eugen Nübling, Ulms Baumwollweberei im Mittelalter. Urkunden und Darstellung. Ein Beitrag zur deutschen Städte- und Wirtschaftsgeschichte (Staats- und socialwissenschaftliche Forschungen, Band 9, Heft 5), Leipzig 1890; cf. noch Schulte 1,646; AmmannLeinen 268.

[11] S. dazu O. Reuther, Die Entwicklung der Augsburger Textilindustrie, Diss. Heidelberg, Diessen vor München 1915; cf. noch Schulte 1,648–656; AmmannLeinen 268f.

[12] Schon 1408 wird Barchent aus Deutschland in Paris erwähnt, jedoch ohne nähere Herkunftsbestimmung: 1408 de vendre icelles denrées en la manière qui s'en suit, c'est assavoir, *fustaines qui se font en Allemaigne*, LespMét 2,251. Cf. auch 1484 Les Alemans, comme Coulongne, Francquefort, Strabourc, Mayence, Nozembert, *Ulme, Ozebourg*, Berne, Fribourc, Sansgal, Constance, Dossebourc, Mainingue, et la pluspart desdites Alemaines, peulent venir par le Rin ... et en viennent peleteries, cires, *fustaines*, tous métaulx, argent, sendrées, sortes d'espices et plusieurs autres marchandises, Bphhist 1890, 389.

une *futenne d'Ourme* pour le pris de . X . s. . III . d. g. Et une *futenme de Osbourcq* pour le pris de . VIII . s. de g., CptSalv 25; Item que je doit a Caron mercié de le rue Sien Martien . VI . g. flandre d'une *futenne d'Ourme* et . VIII . s. d'une *de Osbourcq.* ... Item que je doit a Caron merchié . III . *futene d'Ourme* . XI . s. le piesse, et . II . *futenne d'Osbour* a . X . s. le piesse, et . I . piesse de soie de . XXVIII . g. Melan e demy. Item que doie a Quaron merchié troys *futenne d'Ourme* du pris de . XI . s. . III . d.g. le pieche, mont . XXXIII . s. . IX . d. Item troys *Osbourcq* du pris de . IX . s. . III . d. le pieche, ib.31 (und oft); 1551–56 Aultres denrées et marchandises amenées desdictes haultes Allemaignes et pays septentrionaulx. *Fustaine d'Auxbourg,* bougran, boucassin, toilles de Sainct Gal, ChambRevGéogr 31,227; 1566 I ā [= aune] et demye *fustène Ausbourg,* InvLand 233; 1571 3 quartiers *futaine Augsbourg* 5 s.t., Drot Min 56; 7 aulnes *futaine Augsbourg* blanche 3 l. 10 s.t. 5 aulnes *futaine* noire *Augsbourg* 50 s.t., ib.57; 1573 *Fustaines d'Augsbourg,* Bougran, Boccassin, Toilles de S. Gal, NicolayLyon 175; Augsburger Barchent im 16. Jh. auch in Toulouse, s. DoucetLaran 86; EstèbeToul 186; 1607 (Bordeaux) Plus, sept pièces *fustaine Haussebourg,* blanc et noir, a six livres cinq soulz aulne, InvBeaunom 182; zum 17. Jh. s. noch Roy[13].

Der Beleg von 1520–24 zeigt, daß anstelle von *futaine d'Augsbourg* vereinzelt der Ortsname elliptisch zur Bezeichnung dieses Gewebes verwendet wird, ohne daß jedoch die Entwicklung vom Ortsnamen zum Appellativum vollzogen wäre. Wohl auch hierher gehört

saint. **ausebour** m.

'espèce d'étoffe'[14] < (*futaine d'*) *Augsbourg*; 17. Jh., FEWMat.
17. Jh. *Ausebour* meusq ... *ausebour* gris.

Ein ernsthafter Konkurrent entstand den Textilzentren Ulm und Augsburg in der Reichsstadt Biberach, deren Barchentweberei gleichfalls seit dem 14. Jh. bezeugt ist[15]. Ebenso wie die Erzeugnisse von Ulm und Augsburg sind auch die Baumwollstoffe aus Biberach in Frankreich bekannt, und noch im 18. Jh. schreibt Savary des Bruslons:

---

[13] Ebenso im Spanischen *fustanes dolmo* (15. Jh.), Häbler 115; cf. noch dän. *Olmerdug,* KlugeM s.v. *Barchent.* – Seit Beginn des 16. Jhs. wird der Augsburger Barchent auch anderswo nachgeahmt, so 1521 in Brügge, s. CoornaertHondsch 25 n6; cf. auch 1697 Outre cette manufacture, il y a dans Strasbourg celle de couvertes de laine, une de bergame ou de tapisserie façon de Rouen et une de *futaine façon d'Augsbourg* ou d'Aix-la-Chapelle, HayemMém 6,189.

[14] Der zugrundeliegende Beleg erlaubt keine Präzisierung der Bedeutung. Sollte jedoch die hier vorgeschlagene Etymologie zutreffen, so wäre die Bedeutung 'espèce de futaine' anzusetzen.

[15] S. dazu E. Nübling, op. cit. 162; G. Mehring, Württembergische Vierteljahrshefte für Landesgeschichte, Neue Folge, X. Jg., Stuttgart 1901, 422; AmmannLeinen 266, 296f.

> *Bibrack*, dans une agréable vallée, fertile, environnée de montagnes. Le grand commerce de cette ville consiste en futaines, qui s'y fabriquent, y ayant un grand nombre de tisserans qui y travaillent, SavBr 1765, 5,341.

Daher auch nfr.

bibrach

'espèce de futaine' < (**futaine de*) *Biberach*; 1608, Roy 80–82, 161. – FEW fehlt.
Nach Roy ist in den von ihm untersuchten Texten aus der 1. Hälfte des 17. Jhs. die Form *blibach*[16] häufig belegt, doch zitiert er hierfür keine Textstellen. Als einziger sicherer Beleg ist daher das 1608 bezeugte und der Ortsnamenform näherstehende *bibrach* anzusehen, s. Roy 80.

[16] So auch im Glossar.

ZWEITER TEIL

VOM ORTSNAMEN ZUM APPELLATIVUM

EIN PROBLEM DER WORTBILDUNGSLEHRE

Betrachten wir das bisher dargestellte Wortmaterial unter dem ausschließlich formalen Aspekt der Wortbildung, so lassen sich zunächst zwei Hauptgruppen unterscheiden. Auf der einen Seite die Fälle, in denen das Appellativum durch formale Veränderung aus einem ursprünglichen Orts- bzw. Ländernamen entstanden ist*, auf der anderen Seite die Gruppe der Appellativa, die mit dem zugrundeliegenden Ortsnamen formal übereinstimmen**. Diese zweite Gruppe, der schon zahlenmäßig die größte Bedeutung im Rahmen der Entwicklung vom Ortsnamen zum Appellativum zukommt, soll im folgenden in ihrer Entstehung und Vielfalt näher betrachtet werden.

Die Entwicklung vom Ortsnamen zum Appellativum

Der Übergang vom Ortsnamen zum Appellativum ohne formale Veränderung ist eine Erscheinung, die allen romanischen Sprachen in gleicher Weise dazu dient, Sachen nach ihrer ursprünglichen (tatsächlichen oder vermeintlichen) Herkunft zu benennen[1] und damit den Wortschatz »aus sich selbst heraus, ohne Entlehnungen bei einer anderen Sprachgenossenschaft«[2] zu ver-

* Hierher gehören sowohl Fälle wie *noyale, rosconne* etc. als auch Ableitungen vom Typus *toronjat.*

** Eine dritte Gruppe, die Bildungen wie *frisette, damassade* u. a. umfaßt, kann hier außer Betracht gelassen werden, da diese Bezeichnungen mit Hilfe von Suffixen von bereits bestehenden Appellativa abgeleitet wurden.

[1] Im Gegensatz etwa zum Deutschen, das in diesen Fällen meist auf Suffixbildungen, vor allem auf das sehr vitale Herkunftssuffix *-er* zurückgreift.

[2] Definition der Wortbildung nach W. Meyer-Lübke, Historische Grammatik der französischen Sprache. 2. Teil: Wortbildungslehre, Heidelberg 1921, 2.

mehren[3]. Obwohl dieses Mittel der Wortbildung im Rahmen der Geschichte des romanischen Wortschatzes einen recht bedeutenden Raum einnimmt, wurde den damit verbundenen Fragen bisher nur wenig Aufmerksamkeit geschenkt. So findet diese Erscheinung in der Französischen Wortbildungslehre von Meyer-Lübke ebensowenig Erwähnung wie im dritten, der Syntax und Wortbildung gewidmeten Band der Historischen Grammatik der italienischen Sprache und ihrer Mundarten von G. Rohlfs. Während der dem Dictionnaire Général vorangestellte Traité de la formation de la langue française einige Sätze zum Übergang vom Personennamen zum Appellativum enthält, wird die parallele Entwicklung vom Ortsnamen zum Appellativum mit der Bemerkung »Souvent aussi des noms de lieux désignent les produits originaires de ces lieux«[4] abgetan, worauf eine Liste von 48 Bezeichnungen folgt, in der so unterschiedlich gebildete Appellativa wie *brie* (< *fromage de Brie*), *baïonnette* (< *Bayonne* + *-ette*), *artésien* (< *puits artésien*), *noyale* (< *toile noyale*, zu *Noyal*), *dinde* (< *coq*, *poule d'Inde*), *pêche* (< vlt. *persica* < lt. MALUM, POMUM PERSICUM), *mousseline* (< it. *mussolina*) und *cordonnier* (< *cordoanier* × *cordon*; afr. *cordoan* < apr. *cordoan* < sp. *cordobán*) in einem Atemzug genannt werden. Im Gegensatz dazu unterscheidet Meyer-Lübke schon 1894 im 2. Band seiner Romanischen Grammatik verschiedene Bildungsweisen, wobei er Fällen wie it. *campeggio*, *majolica*, *renso* oder fr. *fayence*, *gaze* Benennungen vom Typ fr. *dinde* oder Adjektivbildungen (als Beispiel dafür gibt er it. *cordovano*) gegenüberstellt[5], ohne allerdings auf die Problematik dieser Benennungen näher einzugehen.

Als erster hat unseres Wissens Kr. Nyrop in seiner Grammaire historique de la langue française der Entwicklung vom Ortsnamen zum Appellativum größere Aufmerksamkeit geschenkt. Doch bezeichnenderweise finden sich seine Überlegungen zu diesen Fragen nicht in seiner Wortbildungslehre[6], sondern im vierten, der Bedeutungslehre gewidmeten Band seiner Historischen Grammatik[7] entsprechend dem schon von Meyer-Lübke ausgesprochenen Gedanken „Die Vermehrung des Besitzstandes der einzelnen Wortklassen durch einfache Herübernahme von Wörtern anderer Gattung gehört nicht eigentlich der Wortbildung sondern der Bedeutungslehre an"[8]. Doch abgesehen von der Frage, wieweit das nomen proprium in diesem Zusammenhang als Wort gewertet werden kann – eine im übrigen rein definitorische Frage –, wird bei dieser Haltung völlig übersehen, daß in sehr vielen, wenn nicht in den meisten Fällen gar nicht ein einfacher Wechsel der Wort-

---

[3] In diesem Sinne zählt auch Migliorini 71 die Entwicklung vom Eigennamen zum Appellativum zur Wortbildung: »Come si vede, il nome proprio è uno dei modi più agevoli per moltiplicare le terminologie«.

[4] Op. cit. § 36. [5] MLRGr 2,436.

[6] Kr. Nyrop, Grammaire historique de la langue française, t. III, 4e partie: Formation des mots, Copenhague 1908.

[7] Op. cit., t. IV: Sémantique, Copenhague 1913. [8] MLRGr 2,435.

klassen – oder vorsichtiger ausgedrückt ein direkter Übergang vom Ortsnamen zum Appellativum – vorliegt, daß vielmehr das neu entstandene Appellativum erst die Endstufe einer mehrgliedrigen Entwicklungskette darstellt. Dieser Gedanke findet sich zwar in Ansätzen schon bei Nyrop, der anläßlich der Untersuchung des Genus der aus Ortsnamen entstandenen Appellativa die Frage aufwirft, ob in Fällen wie *du bourgogne, un terre-neuve* Ellipse oder Metonymie vorliegt[9], doch enthält er sich im 4. Band seiner Grammatik, wo die entsprechenden Fälle behandelt werden, jeder weiteren Äußerung zur Frage der Entstehung dieser Appellativa. Er betrachtet lediglich die semantische Seite dieser Erscheinung und kommt dabei zu der vollgültigen Feststellung, daß dieser Benennungstypus in einigen Sachbereichen, so bei den Obst- und Weinbezeichnungen ebenso wie bei den Käse- und Stoffbezeichnungen von besonderer Vitalität ist.

Wie sehr die Entwicklung vom Ortsnamen zum Appellativum auch heute noch außerhalb der Betrachtung des komplexen Bereichs der Wortbildungslehre steht, zeigt der erst kürzlich erschienene Forschungsbericht von P. M. Lloyd[10], wo man gleichfalls vergeblich eine Behandlung dieser Erscheinung und der damit verbundenen Fragen sucht.

So bleibt nur noch die Frage, wieweit bisher in Spezialuntersuchungen auf die uns beschäftigende Frage eingegangen wurde. Hierzu sind im wesentlichen folgende Arbeiten zu nennen: Saavedra Machado, *Palavras formadas de nomes de lugar*, A Língua Portuguesa 2, 1930–31, 139–148 und 184–191; Carlo Batttisti, *Vecchi nomi di stoffe derivati da nomi di luogo*, Lingua Nostra 7, 1946, 4–10 sowie besonders B. E. Vidos, *Noms de villes et de provinces flamands et néerlandais devenus noms communs dans les langues romanes*, Estudios dedicados a Menéndez Pidal 1, 1950, 165–194[11].

Bezieht man die vielfach parallel verlaufende Entwicklung vom Personennamen zum Appellativum in die Betrachtung ein, so lassen sich noch eine Reihe weiterer Arbeiten nennen, so vor allem die grundlegende Untersuchung von Bruno Migliorini, *Dal nome proprio al nome comune*, Genève 1927, daneben zu Einzelproblemen O. Schultz, *Zum Übergange von Eigennamen in Appellative*, Z 18, 1894, 130–137 und Maria do Céu Novais Faria, *Passagem de nomes de pessoas a nomes comuns em português*, Supl. de Biblos 1, Coimbra 1943.

Doch steht, mit Ausnahme der Untersuchung von B. E. Vidos, in sämtlichen bisher genannten Arbeiten die inhaltliche Seite der Benennung nach Orts- bzw. Personennamen im Vordergrund, während der formale Aspekt, d. h.

---

9 Nyrop, op. cit. 3,377f. S. dazu auch VidosNoms 181 + n2.

10 Paul M. Lloyd, An Analytical Survey of Studies in Romance Word Formation, Romance Philology 17, 1964, 736–770.

11 Nicht zugänglich war uns die Arbeit von Maria Lúcia de Jesus Vasco, *Passagem de Topónimos e Nomes Étnicos a Nomes Comuns*, Tese de licenciatura em Filologia Românica, apresentada à Faculdade de Letras de Lisboa, 1947, 166 páginas dactilografadas.

die sprachliche Entwicklung vom nomen proprium zum nomen commune so gut wie unberücksichtigt bleibt.
Eine umfangreiche, wenn auch bei weitem nicht vollständige Materialsammlung[12] bietet FÉLIX BOILLOT, *Répertoire des métaphores et mots français tirés des noms de villes et de pays étrangers*, Paris 1929, das jedoch auf jede Auswertung des Materials verzichtet und an den gleichen methodologischen Unzulänglichkeiten krankt wie der Traité de la formation de la langue française im DG[13].
Andere Arbeiten wie E. BUYSSENS, *Du nom propre et du nom commun*, Neophilologus 23, 1937, 117–127 sind dagegen allgemeine Beiträge zur Theorie der Eigennamen und ihrer Abgrenzung von den Appellativa und haben mehr oder weniger bewußt jede diachronische Fragestellung außer acht gelassen[14].
Es wurde weiter oben darauf hingewiesen, daß sich schon Nyrop bei der Betrachtung der aus Ortsnamen entstandenen Appellativa die Frage stellte: Metonymie oder Ellipse? Dies ist nichts anderes als die Frage: Semasiologie oder Morphologie (d.h. Wortbildung)? Es überrascht daher, daß sich die eindeutigsten Stellungnahmen für die Zugehörigkeit dieses Fragenkomplexes zur Wortbildungslehre in zwei Arbeiten zur Bedeutungslehre finden. So schreibt E. WELLANDER zu zwei ähnlich gelagerten Beispielen aus dem Deutschen:

> Die Doppelheit der Bedeutung von Wörtern wie *Schirm, Korn* bietet semasiologisch kein verwickeltes Problem. Die neue Bedeutung beruht zunächst auf einem morphologischen Vorgang, auf der ein bestimmtes Kompositum treffenden Wortauslassung, aus welchem Vorgang die neue Bedeutung des Simplex ganz fertig und scharf umgrenzt hervorgeht. Das Problem verschiebt sich also; aus einem rein semasiologischen Problem: wie ist das Simplex *Schirm* (oder *Korn*) zu der Bedeutung 'Regenschirm' (bzw. 'Kornbranntwein') gekommen? entspringt ein wesentlich morphologisches: wie kommt diese Auslassung eines Kompositionsgliedes zu stande? Warum wird ein Teil der Zusammensetzung (*Regen-* bzw. *-branntwein*) aus der Rede weggelassen?[15]

---

[12] So werden z.B. von den in der vorliegenden Arbeit untersuchten Stoffbezeichnungen lediglich *Angleterre, damas, espagnolette, flamein, florence, florentine, hollande, -ille, indienne, perse, siamoise, tartare, turquie* und *vénitienne* erwähnt. Zu *brabant* s. hier 32 n129; zu *grenade* und *valencia* hier 85 n9.

[13] Im wesentlichen auf Boillot fußt J. MAROUZEAU, der in seinen *Aspects du français*, Paris 1950, speziell 173–180 einen etwas impressionistischen Überblick mit einzelnen illustrativen Beispielen gibt, ohne auf das sprachliche Problem des Übergangs vom Ortsnamen zum Appellativum näher einzugehen.

[14] Hierher gehören auch Arbeiten wie ERNST PULGRAM, *Theory of Names*, Beiträge zur Namenforschung 4, 1953, 149–196; SIR ALAN GARDINER, *The Theory of Proper Names. A controversial essay*, 2nd edition, London-NewYork-Toronto 1954 sowie E. COSERIU, *El plural en los nombres propios*, Revista Brasileira de Filologia 1, 1955, 1–15. – Wo aber dennoch bisweilen sprachhistorische Betrachtungen angestellt werden wie z.B. bei Pulgram, op. cit. 168, vermißt man wiederum eine klare Unterscheidung der verschiedenen Bildungsweisen sowie eine Trennung nach Entlehnung und eigenständiger Neubenennung; s. dazu weiter unten.

[15] Wellander 2,5.

Und im gleichen Jahr (1923) schreibt H. SPERBER:

> Ebensowenig kann ein solcher [sc. Bedeutungswandel] anerkannt werden, wenn der Lautkomplex *Limburger* einerseits einen Menschen aus Limburg, anderseits eine Art Käse bezeichnet. ... Die beiden *Limburger* sind zwei genetisch ganz verschiedene Worte, das eine gebildet durch normale Ableitung vom Namen *Limburg*, das andere durch Verkürzung von *Limburgerkäse*. Die Homonyme stehen daher zu einander nicht im Verhältnis des Bedeutungswandels, ebensowenig aber hat ein solcher bei *Limburger* < *Limburgerkäse* stattgefunden, das ja vom Augenblick seiner Entstehung an genau dasselbe bezeichnet hat wie späterhin[16].

Eine vermittelnde Haltung nimmt ST. ULLMANN ein, wenn er im Kapitel Historical Semantics seiner Principles unter dem Abschnitt 1. Semantic change schreibt:

> 'Burgundy' rests on a twofold connection: that between the two 'senses', the wine and the province, and that between the two names, combined into the phrase 'Burgundy wine' on so many occasions that eventually the latter term can be safely omitted[17].

Die beiden Möglichkeiten der Betrachtung, einerseits Bedeutungswandel, andererseits elliptische Bildung aus einem ursprünglich zusammengesetzten Typus entsprechen der unterschiedlichen Sprachbetrachtung von Synchronie und Diachronie. Was in diachronischer Sicht streng getrennt werden muß, kann, wie das Beispiel *Burgundy* zeigt, vom synchronischen Standpunkt aus durchaus als zwei Bedeutungen ein und desselben Wortes angesehen werden. Daß aber selbst in synchronischer Sicht nicht immer leicht ein semantischer Bezug zwischen zwei auf diese Weise entstandenen Homonymen herzustellen ist, führt Sperber anhand des schon zitierten Beispiels *Limburger* aus:

> Wer statt *Limburger Käse* der Kürze halber *Limburger* sagt, der ist sich in der Regel ebensowenig bewußt, daß es ein *Limburger* 'Mann aus Limburg' gibt, wie etwa jemand, der an den Worten *Gorgonzolakäse* oder *Goudakäse* analoge Verkürzungen vornimmt, über die ursprüngliche Bedeutung der Lautkomplexe *Gouda* oder *Gorgonzola* zu reflektieren pflegt[18].

Umgekehrt zeigt STRENG-RENKONEN, daß Wellander das Prinzip der elliptischen Bildungsweise sicher überbeansprucht, wenn er in einem Fall wie *Feder* mit der Doppelbedeutung 'Feder; Schreibfeder' Bedeutungswandel ausschließen möchte und vielmehr an eine elliptische Bildung über die Zwischenstufe *Schreibfeder* glaubt, aus der dann das Wort *Feder* in seiner neuen Bedeutung entstanden wäre. So schreibt Streng-Renkonen sicher zu Recht:

> Cependant il faut bien remarquer que le français *plume* a sans doute été employé pour »Schreibfeder« dès l'instant où l'on avait commencé à écrire avec une plume

---

16 Sperber 13.

17 Ullmann 171f. – Ähnlich schon Sperber 14: »Es bleibt demnach auch der Sprachwissenschaft nichts anderes übrig als Vorgänge dieser Art doppelt zu werten, nämlich einerseits formell als Ellipse, anderseits semasiologisch als Metapher, d. h. als eine Form des Bedeutungswandels«.

18 Sperber 13.

d'oie; dans ce mot la signification de »Schreibfeder« s'est conservée aussi après qu'on eût commencé à fabriquer des plumes en acier ou d'autres métaux ...[19].

Aber noch eine dritte Möglichkeit bleibt zu berücksichtigen, auf die gleichfalls schon Wellander anhand der aus der Philatelistensprache genommenen Beispiele *eine Mexiko, eine Thurn und Taxis* hinweist:

Natürlich hat nicht in jedem einzelnen Falle organische Ellipse stattgefunden: viele Bezeichnungen dieser Art sind nach der Analogie schon vorhandener elliptisch gekürzter Ausdrücke geschaffen worden[20].

Was ergibt sich nun aus den vielfach divergierenden Ansichten für die Frage der Entwicklung vom Ortsnamen zum Appellativum? Weder in den bisher zitierten Beispielen noch in den uns interessierenden Fällen der Benennung von Stoffen nach ihrer Herkunft läßt sich von vornherein eine klare Entscheidung zugunsten einer der oben aufgezeigten Kategorien treffen. In jedem Einzelfall bleibt zu prüfen, ob eine Stoffbezeichnung durch Bedeutungsübertragung aus einem Ortsnamen hervorgegangen ist oder ob eine stufenweise Entwicklung vom Ortsnamen über einen zusammengesetzten Typus *drap, toile* etc. *de* + ON vorliegt.

Der periphrastische Typus

Eine solche Entscheidung zwischen Metonymie und Ellipse läßt sich wohl kaum allein mit Hilfe von theoretischen Überlegungen treffen, sie setzt vielmehr eine gründliche Untersuchung der Texte voraus. Es gilt zunächst zu prüfen, wieweit neben dem aus einem Ortsnamen entstandenen Appellativum Belege für den periphrastischen Typus vorliegen. Dies impliziert die Forderung, mehr als bisher neben den reinen Appellativa auch die Verbindungen von nomen generis und nomen proprium systematisch zu erfassen. Diese Forderung wurde von den etymologischen Wörterbüchern bisher nur in den seltensten Fällen erfüllt. So verzeichnet FEW 5,350a ein isoliertes afr. *nicole*, das allein durch die im 13.–15. Jh. gut bezeugte Verbindung (*drap*) *blanc de Nicole* in seiner Entstehung verständlich wird. Ebenso steht nfr. *bretagne* 'espèce de toile' neben der seit Beginn des 15. Jhs. bezeugten Verbindung *toile de Bretagne*, während FEW 1,518a das Appellativum als Übertragung des „name[ns] dieser provinz ... auf einige aus ihr importierte gegenstände" erklärt. In anderen Fällen wird schon im FEW der periphrastische Typus als Ausgangspunkt einer elliptischen Bildung genannt, ohne daß

[19] W. O. Streng-Renkonen, A propos de quelques théories de sémantique, Neuphilologische Mitteilungen 32, 1931, 93–106, Zitat 104f.
[20] Wellander 3,33.

dafür jedoch Belege zitiert werden. So heißt es zu nfr. *rouen* „Wohl aus *toile de Rouen* verkürzt"[1] und zu *frise* 'belle toile de Hollande' „Bei I 1 ist *toile* weggefallen"[2], doch geht in keinem Fall hervor, seit wann die jeweilige Ausgangsverbindung nachzuweisen ist[3]. Aber auch in den wenigen Fällen, in denen der periphrastische Typus datiert wird, sind wir meist auf einzelne, recht zufällige Belege angewiesen. So wird die Verbindung *toile de Hollande* im FEW im Anschluß an Hav auf 1574 datiert, während sie in zahlreichen Texten seit 1453 nachzuweisen ist[4]. Umgekehrt führt FEW 2,127b nfr. *cambrai* auf ein seit dem 12. Jh. bezeugtes *toile de Cambrai* zurück, doch wurde bereits weiter oben darauf hingewiesen, daß diese Verbindung nicht vor dem 15. Jh. belegt ist, während die ältere Verbindung *drap de Cambrai* (seit 13. Jh.) nicht für die Entstehung von *cambrai* 'espèce de toile' verantwortlich gemacht werden kann. Ähnliche Unstimmigkeiten finden sich auch recht häufig bei Corominas, der nicht immer die semantische Seite genügend berücksichtigt; cf. zu sp. *gante* hier 11 + n35, zu *cambray* 29 n117, zu *roán* 52 + n12.

Als erster hat unseres Wissens B. E. Vidos auf die Bedeutung des periphrastischen Typus hingewiesen, wobei er allerdings weniger den linguistischen als vielmehr den sachgeschichtlichen Aspekt im Auge hat, wenn er – etwas überspitzt – schreibt:

> Ce qui est important, c'est la fréquence de la première phase qui, disions-nous, forme la base de la seconde et est beaucoup plus importante que la seconde. En résumé, la première phase (fr. *toile de Hollande*, esp. *escarlate de Brujas*, etc.) est le seul témoignage linguistique que certains produits de la Flandre et de la Hollande étaient exportés en France et en Espagne[5].

Aber auch rein sprachhistorische Probleme lassen sich vielfach erst durch die Kenntnis zahlreicher Belege für den periphrastischen Typus erhellen. So ermöglichten uns erst die Belege für *carisé de Redin(get)* aus dem 16. und 17. Jh., in dem bei Cotgrave verzeichneten Appellativum *redin*, das bisher als unbekannter Herkunft galt, einen Fortsetzer des englischen Ortsnamens *Reading* zu sehen. Und auch eine Verbindung von saint. *ausebour* mit dem Namen der Stadt Augsburg erschiene recht fragwürdig, wenn man nicht auf

---

[1] FEW 10,529a. [2] FEW 3,806a.

[3] Wie wichtig die Belege für den periphrastischen Typus auch zur semantischen Bestimmung der Appellativa sein können, zeigt gerade das Verhältnis der beiden Stoffbezeichnungen *frise*, die bisher nicht klar geschieden wurden.

[4] Ähnlich FEW 4,241b n48 zu nfr. *grain d'orge* 'toile à grain d'orge': „Ursprünglich *futaine*, etc. *à grain d'orge*, so schon Fur 1690". Die Verbindung *futaine à grain d'orge* ist seit Beginn des 16. Jhs. sehr geläufig; cf. z. B. ca. 1520 Une serviete de *futayne* blanc *à grain d'orge*, Gay 2,346b; 1571 5 quartiers de *futaine à grains dorge*, DrotMin 57; 1574 Item, ung petit pavillion de *fustaine*, *à petit grain d'orge* figuré, InvBarbAmb 18; 1578 L'aulne de la *fustaine* large *à grain d'orge* et damassée, PrixEtBord 182; 1582 *Futaines à grains d'orge*, Gay 1,750b.

[5] VidosNoms 184.

die zahlreichen Belege aus dem 16. und 17. Jh. hinweisen könnte, in denen uns *futaine d'Augsbourg* mit seinen verschiedenen graphischen Varianten als geläufige Stoffbezeichnung entgegentritt. Andererseits stimmt im Fall von *olonne* 'variété de toile à voile' das relativ späte Einsetzen der periphrastischen Form *toile d'Olonne* in den von uns untersuchten Texten[6] bedenklich und läßt die allgemein anerkannte Herleitung des schon im 15. Jh. bezeugten Wortes[7] aus dem Ortsnamen *Olonne* (Vendée)[8] zumindest fraglich erscheinen. So scheint es vielmehr, daß ähnlich wie im Fall von fr. *batiste*[9] erst sekundär durch volksetymologische Umdeutung aus einem längst bestehenden Appellativum *alonne, olonne* die Verbindung *toile d'Olonne* geschaffen wurde[10].

So hilft der periphrastische Typus, sobald er in genügender Weise berücksichtigt wird, in manchen Fällen etymologische Fragen erhellen. Daß die

---

6 Erstmals 1640 Seruiettes et nappes de toilles de chanvre, escreuë ou blanche, grosses et moyennes, comprises celles de Champagne, dittes Darnis, Bouis ou Molins ouurées et non ouurées pour tables, auec les Caneuas et *toilles Dollonne,* le cent pesant estimé XXX. l., Tarif 44. Die entsprechende Stelle wird im Tarif von 1664 wie folgt wiedergegeben: Toilles de chanvre blanches ou escruës, grosses, moyennes, compris celles de Champagne, dite Darüis, Brins et Meslins, ouurées et non ouurées, caneuas et *toilles d'Hollande* [!], toilles d'estoupes et de lin, le cent pesant paiera trois liures dix sols, Tarif 39. Daneben auch 1664 *Toilles d'Ollonne* et autres de semblables sortes à faire voilles de Nauire, le cent pesant paiera trois liures, ib. 97.

7 So z.B. 1477 (Rouen) Item icelui, III paques *ollonnes* et draps, MollatDoc 147; ebenso 1479 (Dieppe), MollatDieppe 98 (ohne Beleg; s. auch MollatNorm 125, 151, 167, 201); sodann besonders häufig im 16. Jh., cf. außer den bei Gdf und FEW 7,351a zitierten Belegen noch 1530 Les *olones* Myndriniac, CptBret 164; 1564 *Oulennes* de Bretaigne, EstimMarchAngl 380; 1573 Poudre à canon, Salpestre, *Hallonnes* [!] à faire voile, NicolayLyon 174; 1577 Pour chacun ballot de caneuas ou *ollonnes,* vn escu et demy soleil, Fontanon 2,423; 1588 *olonnes,* Trocmé 131.

8 S. dazu noch hier 76.

9 Mfr. *soye batiche* (1401), *thoile batiche* (1499), *toile batisse* (1503), jedoch erst 1536 die Verbindung *toille de baptiste,* s. Z 80, 1964, 455–464, speziell 457f. + n13.

10 Es ist selbstverständlich, daß beim heutigen Stand der lexikographischen Erfassung, insbesondere angesichts der bisherigen Vernachlässigung des periphrastischen Typus die Chronologie der Belege kein ausreichendes Argument für etymologische und wortgeschichtliche Fragen abgeben kann. Doch vermag sie durchaus, zusammen mit anderen Argumenten, die Herleitung von fr. *olonne* aus dem Ortsnamen *Olonne* in Zweifel zu ziehen. Während z.B. im CptBret von 1530 die bretonischen Ursprungsorte von Leinenstoffen im allgemeinen deutlich als Ortsnamen zu erkennen sind und die Entwicklung zum Appellativum noch nicht vollzogen haben (cf. dazu auch Z 80, 451), ist *olone* in diesem Text reines Appellativum, ja es kann sogar durch die Herkunftsbestimmung *Myndriniac* (s. dazu hier 71) ergänzt werden. Gegen eine Herleitung aus dem Ortsnamen *Olonne* sprechen auch die frühen iberoromanischen Belege sp. *alona* (1495), *lona* (seit 1519), pg. *lona* (1506) neben der erst im 17. Jh. bezeugten Form sp. *olona,* s. Corom.

systematische Heranziehung dieser Belege darüberhinaus ein wesentliches Problem der Wortgeschichte zumindest mitzulösen vermag, soll im folgenden an einigen Beispielen näher ausgeführt werden.

Entlehnung oder eigenständige Bildung?

Gerade bei der Entwicklung vom Ortsnamen zum Appellativum ist bisher nur in den seltensten Fällen sorgsam zwischen eigenständiger Bildung und Entlehnung eines schon in der gebenden Sprache gebildeten Appellativum unterschieden worden[1]. So wird FEW 10,529a sp. *ruán* 'especie de lienzo' als Entlehnung aus gleichbedeutendem fr. *rouen* betrachtet, obwohl hier sicher Verkürzung innerhalb des Spanischen aus älterem *lienzo de Ruán* vorliegt. Ähnlich FEW 1,518a, wo die portugiesische Neubildung *bretanha* zu Unrecht auf fr. *bretagne* zurückgeführt wird. Umgekehrt werden Fälle wie nfr. *jersey*[2], *peniston*[3] u.a. allgemein als Bildungen innerhalb des Französischen angesehen, obwohl die Entwicklung vom Ortsnamen zum Appellativum zweifellos schon im Englischen stattgefunden hat und das Französische lediglich das schon verkürzte Appellativum aus dem Englischen übernommen hat. Gerade das völlige Fehlen des periphrastischen Typus **drap de Jersey, *drap de Peniston* im Französischen, dessen englische Entsprechungen nach OxfDict gut bezeugt sind, weisen darauf hin, daß die Verkürzung im Englischen stattgefunden haben muß. Das Vorhandensein oder Fehlen des periphrastischen Typus wird somit zu einem wichtigen Kriterium für die Frage Neubildung oder Entlehnung.

Dies ermöglicht uns, die Entstehung von fr. *calicot* 'sorte de toile de coton' in neuem Licht zu sehen. Während schon der DG die Bildung des Appellativum aus dem Ortsnamen *Calicut* dem Englischen zuschrieb und von der französischen Form *calicot* sagte, sie »reproduit tant bien que mal la prononciation anglaise de *calicut*«, wurde diese Erklärung[4] sehr rasch zugunsten einer Entstehung des Wortes innerhalb des Französischen aufgegeben. Wenn auch in jüngster Zeit die Theorie eines englischen Ursprungs von fr. *calicot* wieder zusehends an Boden gewinnt[5], scheint diese Frage noch lange keine endgültige Lösung gefunden zu haben. Nachdem VidosEmprunt 243ff. im

[1] S. dazu auch unsere kritischen Bemerkungen zu DDM in Z 81, 1965, 544 und zu Arveiller, Z 82, 1966, 225f.
[2] S. Z 81, 544. [3] S. hier 38 n29.
[4] Auch BehrensEngl, Boulan und Mack betrachten fr. *calicot* als Anglizismus, ohne dies jedoch überzeugend zu begründen.
[5] So zuletzt u.a. Brink 90f. (ohne stichhaltige Begründung) sowie Arveiller 135f.

Anschluß an Marouzeau fr. *calicot* als eigenständige Verkürzung innerhalb des Französischen aus älterem *étoffe de Calicut* erklärte[6], heißt es noch bei BlWtbg recht kategorisch:

> Formé sur *Calicut,* nom d'une ville de l'Inde, sur la côte du Malabar; l'angl. *calico* vient du fr.[7]

Wenden wir uns jedoch der Überlieferung im Französischen und im Englischen zu, so stellen wir fest, daß für das von Marouzeau als Ausgangspunkt der Verkürzung angesetzte fr. *étoffe de Calicut* keine Belege vorliegen, während dem englischen Appellativum *calico* zahlreiche Belege des analytischen Typus (so erstmals 1540 *kalyko cloth,* OxfDict) vorangehen. Gegen Ende des 16. Jhs. entstand daraus im Englischen elliptisches *calico,* das 1663[8] ein erstes Mal vereinzelt ins Französische übernommen wurde, ehe es sich zu Beginn des 19. Jhs. im Französischen endgültig durchzusetzen vermochte[9].

Ein letzter Punkt ist in diesem Zusammenhang noch zu berücksichtigen. Zu der Entwicklung vom Ortsnamen zum Appellativum schreibt BarbProc 2,397:

> One has to bear in mind ... That names of stuffs taken from names of towns are more generally attested in other countries than in the country of origin. English *lawn, shalloon,* come from *Laon* and *Chalons,* but it would be difficult to quote instances of *Laon* or *Chalons* used in French in the same way (cf. *poldavy, dowlas, lokeram,* etc., referred to in *Miscell. Lexic.,* iii, 22); similarly in Middle French occur *couchestre, estanfort, limestre, lucestre, paniston,* etc., which are names of English towns, but the corresponding names are not to be found in the NED, because in English one would speak of *Colchester* or *Stamford,* or *Leominster* or *Leicester,* or *Peniston cloth,* just as in French one would generally say *drap de Laon* ou *de Chalons.*

Wieweit lassen sich diese Feststellungen angesichts des bisher behandelten Materials aufrechterhalten? Zunächst einige sachliche Korrekturen. Im Fall von *Peniston* hat die Entwicklung vom Ortsnamen zum Appellativum gegen Barbier bereits im Englischen stattgefunden, cf. dazu die Belege bei OxfDict s.v. *penistone*[10]. Die französische Entsprechung zu e. *lawn* würde nicht *drap de Laon* lauten, sondern lautet tatsächlich *toile de Laon,* s. hier

---

[6] Ähnlich auch Deroy 269, wo im übrigen Entlehnung und eigenständige Bildung ständig vermischt werden.

[7] Ebenso FEW 2,92a.

[8] Nicht 1613, wie BlWtbg schreibt; s. dazu Arveiller 136.

[9] Seit 1792, BehrensEngl; Boulan; Mack. – Erst während der Drucklegung wurde uns der folgende Beleg von 1750 (gleichzeitig neuer Erstbeleg!) bekannt, der die oben vertretene Herleitung bestätigt: »CALICO, s.m. Espece particuliere de toile de coton, qui vient de Calecut sur la côte de Malabar. Les Anglois ont donné ce nom à toutes les toiles de coton, peintes ou blanches, qui viennent des Indes orientales, & que nous appellons *Indiennes*«, Manuel lexique, ou Dictionnaire portatif des mots françois dont la signification n'est pas familière à tout le monde, Paris 1750 s.v.

[10] S. hier 38 n29.

23. *Chalon* ist im Französischen, wenn auch erst im 19. Jh., als Appellativum zur Bezeichnung eines Wollstoffs bezeugt. Allerdings ist dabei Einfluß von e. *shalloon* nicht ausgeschlossen, s. hier 51. Das nur bei Rabelais bezeugte *Lucestre* kann nicht eigentlich als Appellativum gewertet werden, s. hier 42. Neben e. *lockram* hat auch das Französische eigenständig aus älterem *toile* (*de*) *Locrenan* ein Appellativum *locrenan* gebildet, s. hier 71[11]. Der grundsätzliche Irrtum Barbiers besteht jedoch darin, daß er dem periphrastischen Typus in der einen Sprache einen einfachen Typus (Ortsname = Appellativum) in der anderen Sprache gegenüberstellt, ohne zu erkennen, daß auch dieser erst sekundär durch Verkürzung aus einem älteren periphrastischen Typus entstanden ist. So entspricht e. *Colchester cloth* nicht einem französischen Appellativum *couchestre,* sondern vielmehr einem gleichfalls analytischen, wohl nur zufällig nicht belegten **drap de Couchestre*[12], das die Grundlage des im 16. Jh. vereinzelt bezeugten Appellativum *couchestre* bildet. Ebensowenig geht es an, dem französischen Appellativum *limestre* eine englische Konstruktion *Leominster cloth* als gleichwertige Entsprechung gegenüberzustellen. Wir müssen vielmehr im Auge behalten, daß fr. *limestre* lediglich das Resultat einer Ellipse aus gut bezeugtem *drap, serge de Limestre* darstellt. Wenn dennoch der Grundgedanke Barbiers durchaus zutreffen mag, so müssen wir seine Feststellung dahingehend modifizieren, daß im Gegensatz zum Ursprungsland der periphrastische Typus in einer fremden Sprache eher elliptisch verkürzt werden kann[13]. Dies wird leicht verständlich, wenn wir auf das bereits zitierte Beispiel des *Limburger* zurückgreifen. Während im allgemeinen deutschen Sprachgebrauch bei der Verwendung der Bezeichnung *Limburger* 'Art Käse' kaum Zweifel über die Bedeutung aufkommen werden, wird man in Limburg selbst sowie in dem umliegenden Gebiet diese Ellipse bewußt vermeiden, um der nur dort aktuellen Homonymie aus dem Weg zu gehen. Wenn daher die zahlreichen in der vorliegenden Untersuchung dargestellten französischen Stoffbezeichnungen, die auf französische Ortsnamen zurückgehen[14], gezeigt haben, daß die von Barbier getroffene Feststellung nur in beschränktem Maße gültig ist, so läßt sie sich allenfalls als gewisse Tendenz aufrechterhalten, sobald wir die Frage von der Ebene des periphrastischen Typus auf die der elliptischen Bildungsweise verlagern.

---

[11] Daneben werden auch die Ortsnamen *Daoulas* und *Pouldavid* im Französischen vereinzelt elliptisch verwendet, ohne allerdings den Schritt zum Appellativum zu vollziehen, s. hier 70f.

[12] Cf. immerhin mlt. *panni de Colecestre, duodenis de Colsestre* sowie *gris de Colchester,* s. hier 40.

[13] Zum gleichen Ergebnis kommt auch VidosNoms 193, der feststellt, daß die von ihm untersuchten flämischen und niederländischen Orts- und Provinznamen in den romanischen Sprachen zum Teil zu Appellativa wurden, im Flämischen und Niederländischen jedoch diese Entwicklung nicht mitgemacht haben.

[14] Ebenso z.B. die im Englischen entstandenen Appellativa *jersey, penistone, worsted, kersey* etc.

Die Verkürzung des periphrastischen Typus

Bei der Entwicklung vom Ortsnamen zum Appellativum unterscheidet Vidos[1] zwei Ausgangstypen: auf der einen Seite die Verbindung nomen generis + *de* + nomen proprium, auf der anderen Seite die direkte, präpositionslose Fügung nomen generis + nomen proprium (»juxtaposition«). Eine solche Unterscheidung hat schon Delmira Maçãs in einer kritischen Besprechung am Beispiel von pg. *holanda* zurückgewiesen[2]. Aus zahlreichen Belegen geht deutlich hervor, daß die direkte Fügung nicht eigentlich der präpositionalen Verbindung gegenüberzustellen ist, sondern nur eine Übergangsstufe in der Entwicklung vom periphrastischen Typus zum Appellativum bildet. So haben wir bei der Darstellung von fr. *damas* gesehen, daß über hundert Jahre lang die periphrastische Verbindung *drap de Damas* vorherrscht, ehe sich gegen Ende des 15. Jhs. elliptisches *damas* als Appellativum durchsetzt. Wie zögernd sich diese Entwicklung vollzieht, zeigen gerade die Belege für *drap damas*, die eben in diese Zeit des Übergangs fallen. Das gleiche allmähliche Fortschreiten vom periphrastischen Typus zum elliptisch entstandenen Appellativum läßt sich am Beispiel von fr. *hollande* und *cambrai* besonders deutlich nachweisen. Seit 1453 sind die Verbindungen *toile de Hollande, toile de Cambrai* im Französischen reichlich bezeugt[3], im 16. Jh. kommen die direkten Fügungen *toile Hollande, toile Cambrai* (beide 1582, 1607) hinzu, ehe daraus appellativisches *hollande* bzw. *cambrai* entsteht. Zwar wird schon seit Beginn des 16. Jhs. verschiedentlich die Ortsnamensform ohne weitere Bestimmung zur Bezeichnung eines Stoffes verwendet[4], doch liegt dabei jeweils nur vereinzelte, jederzeit mögliche elliptische Ausdrucksweise vor, ohne daß die Entwicklung zum Appellativum bereits abgeschlossen wäre. Ebenso werden die zahlreichen französischen Belege für *drap (gris) de Montivilliers* durch die im Altbearnesischen bezeugte Verbindung *gris Mosteviller* (Anfang 16. Jh.) ergänzt, ohne daß die Endstufe dieser elliptischen Bildung im Altbearnesischen selbst nachzuweisen wäre. Dies soll nun keineswegs heißen, daß die direkte Fügung nomen generis + nomen proprium eine notwendige Zwischentufe in der Entwicklung vom periphrastischen zum elliptischen Typus darstellt – in vielen, ja in den meisten Fällen ist eine solche Zwischenstufe nicht nur nicht belegt, sondern sie wird wohl auch nie bestanden haben –, wir können lediglich umgekehrt sagen, daß eine solche direkte Fügung nicht als eigenständige Ausgangskonstruktion einer elliptischen Bildungsweise betrachtet werden darf, die unabhängig von dem mit der Präposition *de* verbundenen Typus enstanden wäre.

---

[1] VidosNoms passim.

[2] BolFil 12, 1951, 203. S. auch unsere Auseinandersetzung mit Vidos in Z 80, 1964, 433–454, speziell 433–436.

[3] Apr. *tella d'Olanda* schon 1397.

[4] Cf. z.B. 1514 deux paires de linceux neufz de *toille de Hollande*, une pièce de *Hollande* toute neufve et entière, InvValent 95.

Das Problem der Lexikalisierung

Unter den ca. 100 in der vorliegenden Untersuchung behandelten Bezeichnungen, bei denen die ursprüngliche Herkunft des Stoffes als Ausgangspunkt der Benennung zu betrachten ist, sind es nicht weniger als etwa 60, bei denen die Ortsnamensform unverändert als Stoffbezeichnung verwendet wird[1]. Wir können somit sagen, daß die Benennung nach der Herkunft mit Hilfe von Orts- und Ländernamen und die elliptische Verwendung dieser Namen als Appellativa in dem hier behandelten Sachbereich eine nicht unwesentliche Rolle zur Bereicherung des französischen Wortschatzes spielt. Ein Vergleich mit anderen Benennungsmotiven[2] würde sogar zeigen, daß im Rahmen der Stoffbezeichnungen diese Art der Benennung zumindest in der von uns untersuchten Zeit eine der häufigsten, wenn nicht überhaupt die häufigste ist. Betrachten wir jedoch das bisher dargestellte Material genauer, so ergibt sich eine Liste von Bezeichnungen von recht unterschiedlichem Wert. Neben so gängige und im französischen Wortschatz fest verwurzelte Bezeichnungen wie *damas* oder *frise* treten Fälle wie *Chateaurroux*, das vereinzelt in einem regionalfranzösichen Text aus Bordeaux von 1578 elliptisch zur Bezeichnung eines wohl dort hergestellten Wollstoffs verwendet wird. So sind allein unter den ca. 60 Bezeichnungen, bei denen Ortsname und Stoffname formal übereinstimmen, etwa 25 nur ein einziges Mal belegt, während eine Reihe weiterer Bezeichnungen höchstens zwei- oder dreimal nachzuweisen sind. Somit stellt sich für uns die Frage, wieweit diese aus einem periphrastischen Typus verkürzten Elemente überhaupt als feste Bestandteile des französischen Vokabulars betrachtet werden können, d.h. liegen hier tatsächlich Appellativa vor, oder sind diese Bildungen nur das Resultat eines jederzeit wiederholbaren elliptischen Vorgangs, der weniger in den Bereich der Lexikographie fällt als in den der Stilistik[3]. So schreibt schon Wellander:

> Über die Frage, ob eine solche Ellipse als tot zu betrachten sei oder nicht, kann man streiten. Einerseits findet sich daneben noch der vollständige Ausdruck, und die Ellipse kann sich demnach immer wieder von neuem vollziehen. Anderseits wird die elliptische Form durchaus als normaler Ausdruck des betreffenden Gedankens empfunden und ein Gefühl der Ergänzungsbedürftigkeit besteht nicht mehr[4].

Und an anderer Stelle heißt es:

> Solange die Ellipse noch partiell ist, bleibt sie bewusst; auch die totale kann als

---

[1] In den übrigen Fällen liegt entweder eine galloromanische Ableitung oder Entlehnung aus einer Nachbarsprache vor.

[2] Von besonderer Bedeutung ist daneben, vor allem im Mittelalter, die Benennung eines Stoffes nach Farbe oder Muster.

[3] Eine ähnliche Frage stellt sich bei den aus Farbadjektiven entstandenen Stoffbezeichnungen vom Typus *gris* 'espèce de drap gris' < *drap gris*. Cf. auch E.G. Wahlgren, StNeoph 8, 1935–36, 5 zu einem vermeintlichen Substantiv *omple* 'étoffe unie'. [4] Wellander 2,91.

Ellipse empfunden werden, wenn sie nur gelegentlich auftritt, abwechselnd mit der partiellen. Es ist dies also eine lebende Ellipse. Wenn dagegen das gemeinsame Glied nie gesetzt wird, wenn die totale Ellipse gewohnheitsmässig auftritt, schwindet allmählich jedes Gefühl von einer Auslassung, der stattgefundene Vorgang bleibt nur in seinen Ergebnissen bestehen. Es ist dies eine tote Ellipse. Der Unterschied zwischen lebender und toter Ellipse ist demnach kein prinzipieller sondern ein lediglich historischer; die Grenzlinie ist eine fliessende[5].

Daß daneben auch das sprachliche und soziale Milieu für die elliptische Bildungsweise von Bedeutung ist, hat gleichfalls schon Wellander erkannt:

> Das Kernwort ist dann immer dem Bewusstsein nahe und wirkt, obgleich unausgesprochen, bei dem Verlauf der sprachlich repräsentierten Vorstellungen bestimmend mit. Dies ist wohl der Fall bei den Wörtern *Dunkles* bzw. *Helles*, wenn von Bier die Rede ist, oder wenn die Unterhaltung in einem Bierrestaurant vor sich geht, wo der Begriff 'Bier' eigentlich immer aktuell ist. Dagegen, wenn die Unterredung in einem anderen Milieu geführt wird, ... so ist das Kernwort *Bier* nicht entbehrlich. *Helles* und *Dunkles* haben sich nicht in dem Grade von der Verbindung mit dem Kernwort losgelöst wie z.B. *Kümmel*. Die Bedeutung 'Kümmelbranntwein' ist für das Wort *Kümmel* nunmehr eine lexikalische und wird demnach jetzt auch in den Wörterbüchern als eine solche verzeichnet[6].

Betrachten wir unter diesem Gesichtspunkt die oben dargestellten französischen Stoffbezeichnungen, so stellen wir fest, daß auch hier die elliptische Bildungsweise im wesentlichen einem bestimmten sozialen Milieu zugeordnet ist. Vor allem in Inventaren und Rechnungsbüchern läßt sich der elliptische Typus überaus häufig nachweisen, während er in technischen Texten, so z.B. in den zahlreichen untersuchten Statuten, nur selten anzutreffen ist. Indes dürfen aus dieser Feststellung keine zu kategorischen Schlüsse gezogen werden, da auch die periphrastische Verbindung *drap*, *toile* etc. *de* + ON in den Statuten weitaus seltener ist als in den zuerst genannten Texten, was leicht verständlich wird, wenn man bedenkt, daß die Herkunft eines Stoffes erst in dem Augenblick von Interesse wird, wenn dieser Stoff fern vom Ursprungsort in den Handel kommt[7]. Dennoch können wir sagen, daß die elliptische Ausdrucksweise vor allem eine Domäne der Sprache der Kaufleute ist, wie auch schon Trévoux im Fall von *rouen* feststellt:

> *Rouen*. Se dit simplement parmi les Marchands pour toile de *Rouen*, comme on dit Hollande, Bretagne, Cambrai, pour toile de Hollande, de Bretagne, de Cambrai[8].

Darüberhinaus aber besteht ganz allgemein in der Fachsprache die Tendenz zur elliptischen Bildungsweise, während in der Allgemeinsprache noch lange der periphrastische Typus daneben besteht; cf. etwa Rich 1706 s.v. *Holande:*

> Ce mot entre lingeres est en usage pour dire *de la toile de Hollande*. Mais dans le monde ceux qui parlent bien disent *toile de Holande*. (Cette Holande est tresbonne.) Holande parmi les Faianciers veut dire aussi *porcelaine de Holande*.

---

5 Ib. 2,89. 6 Ib. 3,5f.

7 Zum Verhältnis von langue commerciale und langue industrielle im Bereich der Stoffbezeichnungen s. noch PoerckCongr 521. 8 Trév 1771.

(*C'est de la vieille,* ou *nouvelle Holande.* Mais les gens qui ne sont pas du métier, disent porcelaine de Holande vieille ou nouvelle)[9].

Erst mit dem Übergang der elliptischen Form von der Fachsprache in die Allgemeinsprache wird diese Bildungsweise somit lexikologisch relevant. Wie stellt sich nun das Problem von lebender und toter Ellipse im Bereich der von uns untersuchten Stoffbezeichnungen dar? Gewiß hat Wellander die wesentlichen Fragen, die sich bei der Betrachtung der Ellipse als sprachliches Phänomen stellen, erkannt. Doch helfen uns seine theoretischen Überlegungen nicht weiter, im konkreten Einzelfall den Grad der Lexikalisierung einer elliptischen Bezeichnung zu bestimmen. Um diese Frage im Falle der aus Ortsnamen entstandenen Stoffbezeichnungen beantworten zu können, soll daher im folgenden versucht werden, anhand des oben behandelten Wortmaterials einige objektive Kriterien für eine solche Bestimmung aufzustellen.

Daß für die Frage der Lexikalisierung die Aufnahme einer Bezeichnung in die Wörterbücher im allgemeinen ohne Belang ist, haben wir bereits in einer Reihe von Fällen aufgezeigt. So genügt hier wohl ein Hinweis auf das von Littré geschaffene *usseau* m., das dieser nach dem Vorbild zahlreicher elliptischer Bildungen aus der volksetymologisch entstandenen Verbindung *drap d'Usseau* verkürzte, ohne daß ein solches Appellativum jemals bestanden hätte[10]. Ebensowenig ist die Häufigkeit der Belege für den elliptischen Typus ein zuverlässiges Mittel zur Bestimmung der Lexikalisierung, da, wie wir gesehen haben, eine solche elliptische Bildungsweise jederzeit aufs neue möglich ist[11]. So erklärt sich das bereits genannte *Chateaurroux* leicht als stilistische Verkürzung eines sicher nur zufällig bisher nicht nachgewiesenen **drap de Châteauroux,* obwohl die Tuchindustrie von Châteauroux bei weitem nicht an die von Rouen heranreicht, wo zwar zahlreiche Belege für den periphrastischen Typus *drap de Rouen* vorliegen[12], die elliptische Form jedoch nur außerhalb des Französischen bezeugt ist. Kaum stichhaltiger ist das Argument der Groß- oder Kleinschreibung der ursprünglichen Ortsnamensformen, da bekanntlich auch reine Appellativa in älteren Texten nicht selten mit Majuskel geschrieben werden[13]. Immerhin lassen sich in einzelnen Texten nach sorgfältiger Prüfung der Schreibgewohnheiten des jewei-

---

[9] Zit. nach VidosNoms 182 n2. S. noch ib. 184 + n1.

[10] S. dazu hier 53 sowie Z 82, *1966,* 175–181. – Cf. auch ähnlich die lexikographische Schöpfung nfr. *cajante* f. 'plumette, tissu léger de laine ou de laine et de soie' (1725–Trév 1771), s. dazu Z 81, 334ff.

[11] Daher weist auch VidosNoms 183 zu Recht die Annahme Zanggers zurück, daß die Verkürzung des periphrastischen Typus ein Beweis dafür sei, daß der betreffende Ursprungsort im Rahmen des Textilhandels eine besondere Rolle spielte.

[12] S. hier 52.

[13] Cf. etwa 1664 Draps, toilles et estoffes de soye d'or et d'argent faux de toutes sortes et couleurs, Velours, Satins, Damas, Pannes, Tafetas, Serges, Tapis et tous autres draps de soye, la liure paiera quatorze sols, Tarif 17.

ligen Autors wenn nicht kategorische, so doch zumindest ergänzende Schlüsse ziehen[14]. Weitaus aussagekräftiger als die bisher genannten Kriterien ist die Möglichkeit der Pluralbildung, die doch in weitem Maße auf die Existenz eines Appellativum hinzuweisen scheint. So sehen wir uns durch das Pluralzeichen des 1688 bezeugten *Roüens* berechtigt, diese Form trotz der Großschreibung als lexikalisiertes Appellativum zu betrachten, während im ersten französischen Beleg für die elliptische Verwendung des gleichen Ortsnamens von 1606 (9 ballots de *Rouen* ... Les autres trois ballots *Rouen*) gerade das Fehlen des Pluralzeichens erkennen läßt, daß die Entwicklung zum Appellativum noch nicht abgeschlossen ist. Die Berücksichtigung dieses Aspekts erlaubt uns, auch im Falle von *Redins, couchestres, angleterres*[15], *Elbœufs, Feltins, bretagnes, pontivis, josselins, vigans, Guinées, Constances* u.a.[16] in der durch Ellipse aus einer periphrastischen Verbindung entstandenen Form ein Appellativum zu sehen. Im Gegensatz dazu lassen Fälle wie *les Polledavy, des Laval, des vitré* u.a.[17] deutlich erkennen, daß die elliptische Bildungsweise keineswegs zu einem Appellativum führte. Wie vorsichtig wir jedoch bei der Beurteilung solcher Fälle sein müssen, zeigt uns das 1727 belegte *douze balots de toile de rouens*, wo ein bereits vorhandenes Appellativum *rouen* in einer neuerlich gebildeten periphrastischen Verbindung mit *toile* verwendet wird.
Ähnlich wie das Pluralzeichen kann uns auch das Vorhandensein des bestimmten oder unbestimmten Artikels bei der Bestimmung eines Appellativum behilflich sein. Dies allerdings nur unter gleichzeitiger Berücksichtigung des Genus, da im übrigen der Artikel sich jederzeit auf ein implizit vorhandenes *drap, toile* etc. beziehen kann. Daher müssen auch von vornherein all die Fälle ausgeschieden werden, wo der Artikel in der Pluralform auftritt, wie sich dies schon aufgrund des zuletzt genannten Bestimmungskriteriums für *les Polledavy, des Laval* und *des vitré* erwiesen hat. Dagegen läßt sich im allgemeinen eine elliptisch entstandene Ortsnamensform als Appellativum identifizieren, sobald sie sich im Genus von dem bei der Verkürzung unterdrückten nomen generis unterscheidet, da, wie wir an anderer Stelle ausgeführt haben[18], im Bereich der Stoffbezeichnungen der Ortsname beim Übergang zum Appellativum sein Genus beibehält. Daher z.B. appellativisches *rouen* m. (< *toile de Rouen*), während sich *le Chateaurroux* leicht als vereinzelte elliptische Ausdrucksweise für **le drap de Châteauroux* erklären läßt.

Eine ähnliche Funktion wie der Artikel kann auch ein der Stoffbezeichnung zugeordnetes Adjektiv übernehmen. In Fällen wie *Douze chemises d'Ho-*

---

[14] Cf. dazu auch unsere Besprechung zu Arveiller, Z 82, 1966, 222–226, speziell 224 + n8.

[15] Trotz des vereinzelten Belegs, s. hier 47.

[16] Vielleicht auch *sarlaz*.

[17] Ebenso *desdictes Locrenan* als Vorstufe eines Appellativum.

[18] Zur Frage des Genus der aus Ortsnamen entstandenen Appellativa im Französischen, Z 80, 1964, 433–454; zum Verhältnis von Genus und Grad der Lexikalisierung s. speziell 451.

lende fort fine oder *forré de constance blanche* scheint das Adjektiv bereits auf ein Appellativum zu weisen, doch wäre hier immerhin denkbar, daß das Adjektiv sich, ähnlich wie bei *desdictes Locrenan,* auf ein elliptisch geschwundenes *toile* bezieht[19]. Erst bei unterschiedlichem Genus wie z.B. *les morlaix gris* < *toile de Morlaix, Cambraix assortis* < *toile de Cambrai* oder *fine Brucelle vermeille* < *drap de Bruxelles* können wir mit einiger Sicherheit von lexikalisierten Appellativa reden, während dies noch in einem ähnlichen Beleg von 1373 (*broisselle marbré en graine*) wegen des wohl durch *drap* bedingten maskulinen Genus fraglich erscheint.

Ein weiteres Indiz dafür, daß die Entwicklung vom Ortsnamen zum Appellativum als abgeschlossen gelten kann, haben wir im Fall der sprachlichen Entlehnung. So zeigt das aus dem Spanischen entlehnte fr. *brabante,* daß die Entwicklung zum Appellativum im Spanischen – aber nur dort – vollzogen sein muß. Für das Französische jedoch wird das Problem der Lexikalisierung lediglich auf eine andere Ebene verschoben; es gilt jetzt zu untersuchen, wieweit das fremdsprachige Wort im Französischen heimisch geworden, d.h. lexikalisiert ist. Für diese Fragestellung, die außerhalb des von uns betrachteten Bereichs der Wortbildung liegt, gelten andere Kriterien, die in der Lehnwortforschung mehr als bisher berücksichtigt werden sollten[20].

Als letztes, zugleich aussagekräftigstes Kriterium bleibt noch die Möglichkeit sprachlicher Neubildungen durch Ableitung oder Zusammensetzung zu erwähnen. Gerade in Fällen wie *frizaille, damassade* oder *demi-hollande* zeigt die Ableitung bzw. Zusammensetzung, daß bei den zugrundeliegenden Formen *frize, damas* und *hollande* die etymologische Ausgangsvorstellung der geographischen Herkunft vor der qualitativen Vorstellung zurückgetreten und somit die Entwicklung vom Ortsnamen zum Appellativum, d.h. die Lexikalisierung der elliptisch entstandenen Stoffbezeichnung vollzogen ist[21].

Nach dem bisher Gesagten stellt sich somit die Frage, ob solche elliptische Bildungen wie apr. *bruges* oder mfr. *chatellerault* überhaupt zu Recht in einer Darstellung des galloromanischen Wortschatzes Platz finden. Wir

---

[19] Cf. ähnlich auch *moulleron noir* neben *draps de mouilleron* oder *robe de Chastillon gris argenté* (< **drap de Châtillon*).

[20] Erste Versuche einer solchen Bestimmung finden sich vor allem bei G. Matoré et A. J. Greimas, La Méthode en Lexicologie. A propos de quelques thèses récentes, RF 60, 1947, 411–419, speziell 418f. sowie Broder Carstensen und Hans Galinsky, Amerikanismen der deutschen Gegenwartssprache. Entlehnungsvorgänge und ihre stilistischen Aspekte, Heidelberg 1963.

[21] Cf. ähnlich schon PoerckCongr 524: »Le NL français Escot est si bien devenu appellatif en Italie que l'italien a forgé le diminutif *scottino*«. – Entsprechendes gilt für die Stoffbezeichnungen sp. *brabante, holanda,* it. *damasco* u.a., deren Lexikalisierung aus den Ableitungen sp. *brabantillo, holandilla,* it. *damaschetto* ersichtlich ist. Dagegen sind die daraus entlehnten französischen Stoffbezeichnungen *brabantille, hollandille* und *damasquette* in diesem Zusammenhang nicht beweiskräftig, da sie in keinem genetischen Ableitungsverhältnis zu fr. *brabant(e), hollande* und *damas* stehen.

glauben diese Frage bejahen zu können, solange wie im Fall von *bruges* und *chatellerault*[22] die Möglichkeit eines lexikalisierten Appellativum zumindest nicht ausgeschlossen ist. Dagegen läßt sich die Aufnahme von mit Sicherheit nicht lexikalisierten Elementen wie *les Polledavy, des Laval* oder *des vitré* nur aus praktischen Gründen rechtfertigen, da diese Formen für die Entstehung von eventuell später auftretenden Appellativa von Bedeutung sein können. Auf jeden Fall sollte dann aber auch jeweils der periphrastische Typus aufgenommen werden, zumal auch dieser als sprachliche Einheit durchaus lexikalisiert sein kann.

Lexikalisierung des periphrastischen Typus

Wie aber läßt sich feststellen, inwieweit eine periphrastische Verbindung nomen generis + *de* + nomen proprium als lexikalisierte Einheit aufzufassen ist? Im wesentlichen gilt hierfür, was schon Meyer-Lübke zum Problem der Zusammensetzung – um eine solche handelt es sich ja auch in unserem Fall – sagt:

> Eine schwer oder richtiger gesagt überhaupt nicht zu beantwortende Frage ist die, wann der Übergang von der syntaktischen Fügung zum einheitlichen Worte vollzogen, wann also aus *chef d'œuvre* das neue *chef-d'œuvre* entstanden sei. Daß die Orthographie darüber keine Auskunft geben kann, ist selbstverständlich . . .[1]. Als entscheidend kann man den Moment betrachten, wo das etymologische Bewußtsein verloren geht: wenn bei *pomme de terre* der Gedanke an den Apfel sich verliert . . . so liegt das neue Wort vor[2].

Die gleiche Frage stellt sich im Fall von fr. *jeune homme*, zu dem FEW 5,95b n12 schreibt:

> Die verbindung *jeune homme* 'junger mann' (adj. und subst. in der bed. getrennt empfunden) ist natürlich auch schon früher, zu jeder zeit, möglich gewesen. Die semantische verschmelzung zu 'jüngling' tritt aber erst im 16. jh. ein; *jeune homme* löst zu dieser zeit *jouvenceau* ab. Der plur. ist *jeunes gens.* MélThomas 29.

In diesem Fall erlaubt gerade das Auftauchen des unregelmäßigen Plurals *jeunes gens,* in der Verbindung *jeune homme* eine lexikalisierte Einheit zu sehen. Doch sind diese Fälle selten, so daß wir uns nach weiteren Kriterien zur Bestimmung der Lexikalisierung umsehen müssen.

Ebenso wie im Fall der Ellipse kann auch beim periphrastischen Typus die Häufigkeit der Belege allein nicht als ausreichendes Argument bei der Frage

---

[22] Ebenso bei *ro(h)an, marnay, labal, Carcassonne* u. a.

[1] Als Beispiele hierfür nennt Meyer-Lübke fr. *gendarme, chef-d'œuvre* und *pomme de terre.* [2] MLRGr 2,576.

nach der Lexikalisierung gelten. Der entscheidende Schritt von der syntaktischen Fügung zur lexikalischen Einheit ist vielmehr erst dann vollzogen, wenn der semantische Gehalt der Verbindung über die Summe der Einzelbedeutungen hinausgeht[3]. Auf unser Material angewendet würde dies bedeuten, daß eine lexikalisierte Fügung vorliegt, sobald die Verbindung *drap, toile* etc. *de* + ON einen Stoff bezeichnet, der weder in dem genannten Ort hergestellt noch von dort bezogen wird. So erlaubt uns der folgende Beleg von 1533, in der seit dem Ende des 15. Jhs. bezeugten Verbindung *satin de Bruges*[4] eine über die syntaktische Fügung hinausgehende lexikalische Einheit zu sehen:

> Provision adressant aux gens des comptes pour veloux vert, *satin de Burges* vyolet et autres ustancilles q u i o n t e s t é f a i c t z f a i r e a u d i c t P a r i s pour servir au Conseil pryvé du dit Seigneur[5],

weshalb diese Verbindung auch zu Recht in den Wörterbüchern des 18. Jhs. verzeichnet ist[6].

Doch lassen sich auch soweit noch keine sicheren Schlüsse ziehen. Erst wenn die ursprüngliche Bildungsweise nicht mehr erkennbar ist, d.h. wenn, wie Meyer-Lübke sich ausdrückt, das etymologische Bewußtsein verlorengegangen ist, wird der Übergang von einer periphrastischen Verbindung nomen generis + *de* + nomen proprium zur lexikalischen Einheit für uns greifbarer. So zeigt gerade die volksetymologische Umdeutung von *satin de Bruges* in *satin de Bourges* diesen Verlust des etymologischen Bewußtseins

---

[3] Cf. weiter oben den Fall von *pomme de terre.*

[4] 'Espèce d'étoffe dont la chaîne est de soie et la trame de fil'. – Ebenso im Portugiesischen 1534 It. De *cetim de Bruges* de cores, de cem reaes covado, InvJoão 373.

[5] CptBâtRoy 2,219 (Sperrung von uns). Ähnlich schon im Erstbeleg von 1492 (Amiens): Primes, que s'il est trouvé cy-aprez par les eswars dudit mestier [sc. de haute lisse] ... que icelles pièces d'œuvre, c'est assavoir pas de satin, coulombettes roiez, *satin de Bruges* de XVIII aulnes de long et de large demy-aulne demy-quartier ... ne soient de longueurs, largeurs que dessus, Thierry 2,456. – Die Form *Burges* statt *Bruges* findet sich im 16. und 17. Jh. noch recht häufig, so z.B. 1572 *satin* vert *de Burges,* Gay 1,238b; 1582 *satin de Burges,* Fontanon 2,391 (in der Vorlage von 1542 steht *satin de Bruges,* ib. 2,353); 1586 *satin de Beurges,* DrotMin 94; 1604 *satins de Burges,* LaffRec 232 (ebenso RegDélib 161 neben *satins de Bruges,* ib. 184); 1608 *satin de Burge,* DrotMin 296; 1640 *Satins de Burges,* Tarif 43 (dagegen *Satins de Bruges* im Tarif von 1664, 37); 1662 *satin de burge,* WGask. Sodann auch volksetymologisch umgedeutet in *satin de Bourges,* so 1574 une aulne de *sattin* blanc, [*de*] *Bourges* ... Item, cinq aulnes de bendaige, aussi de *sattin* blanc *de Bourges,* InvBarbAmb 30; 1603 *satin de Bourges* bleu, WGask; 1610 *satin de Bourges* vert, ArchGir N.S. 1,121; 1611 *satin de Bourges* blanc, InvPailly 307; ebenso im Mlt. schon 1507 Item, unam cappellam, ex *satino* viridi, *de Borges,* InvVence 268. Wenn Trocmé 134 für Anfang 17. Jh. in La Rochelle *satins* aus Burgos erwähnt, so liegt hier sicher gleichfalls ursprüngliches *satin de Bruges* vor.

[6] Cf. ähnlich *serge de Limestre,* das seit Ende des 16. Jhs. einen mit spanischer Wolle in Frankreich, vor allem in Rouen gefertigten Stoff bezeichnet.

und damit einen Schritt innerhalb der Entwicklung von der syntaktischen Fügung zum lexikalischen Element[7]. Auch die Verbindung *serge de Londres* scheint, angesichts ihres semantischen Gehalts, zu einer lexikalisierten Einheit verschmolzen zu sein, da damit von Anfang an ein in Frankreich gefertigter Stoff bezeichnet wird. Da in diesem Fall jedoch spontane elliptische Ausdrucksweise für das daneben häufig bezeugte *serge façon de Londres, serge à la façon de celle de Londres* etc. jederzeit möglich ist, reicht auch dieses Argument allein noch nicht immer zur Bestimmung einer lexikalisierten Verbindung aus.

Etwas weiter scheint uns in dieser Frage die Stellung des Adjektivattributs zu führen. Solange die Bedeutung einer syntaktischen Fügung nicht über die Summe der Einzelbedeutungen hinausgeht, folgt ein hinzutretendes Adjektiv im allgemeinen unmittelbar dem nomen generis. Sind die Komponenten der Periphrase jedoch zu einer lexikalischen Einheit verschmolzen, so ist, wie uns das bereits erwähnte Beispiel *pomme de terre* zeigt, eine solche Stellung nicht mehr möglich, das Adjektiv tritt vielmehr obligatorisch an das Ende dieser Einheit (*une pomme de terre jaune* – nicht * *une pomme jaune de terre*)[8]. Eine Anwendung dieses Prinzips auf die in der vorliegenden Arbeit untersuchten Stoffbezeichnungen würde uns so erlauben, in der Verbindung *serge de Londres* eine lexikalisierte Einheit zu sehen, da in sämtlichen oben zitierten Belegen das hinzutretende Farbadjektiv nachsteht, während sich umgekehrt *drap de Bruxelles, drap de Rouen* u. a. als lockere syntaktische Fügungen erweisen. Im Fall von *satin de Bruges* ließe sich gar aufgrund der hier zitierten Belege eine fortschreitende Lexikalisierung nachweisen. Während 1572 (*satin vert de Burges*) und 1574 (*sattin blanc de Bourges*) das Adjektiv sich noch zwischen die beiden Formelemente schieben konnte[9], scheint im 17. Jh. (1603 *satin de Bourges bleu;* 1610 *satin de Bourges vert;* 1611 *satin de Bourges blanc*) die Lexikalisierung vollzogen.

Keines der bisher genannten Kriterien dürfte wohl allein ausreichen, den periphrastischen Typus als lexikalisierte Einheit zu bestimmen, zumal der Übergang von der syntaktischen Fügung zu einer solchen Einheit sich nicht plötzlich, sondern nur schrittweise vollzieht. Treffen jedoch mehrere dieser Kriterien in einem Beleg zusammen, so erlauben sie uns doch, gewisse Rückschlüsse auf den Grad der Lexikalisierung zu ziehen.

---

[7] Entsprechendes gilt für die Verbindungen *serge d'ascot* und *drap du sceau.*

[8] Cf. dazu jetzt auch Lennart Carlsson, Le degré de cohésion des groupes subst. + de + subst. en français contemporain étudié d'après la place accordée à l'adjectif épithète. Avec examen comparatif des groupes correspondants de l'italien et de l'espagnol, Acta Universitatis Upsaliensis, Studia Romanica Upsaliensia 3, Uppsala 1966, speziell S. 92, 221.

[9] Cf. allerdings daneben schon 1533 *satin de Burges vyolet.*

Zusammenfassung

Bei der Benennung von Stoffen nach ihrer ursprünglichen (tatsächlichen oder vermeintlichen) Herkunft vollzieht sich die Entwicklung vom Ortsnamen zum Appellativum im allgemeinen über den periphrastischen Typus *drap, toile* etc. *de* + ON. Dagegen kann die direkte, präpositionslose Fügung nomen generis + nomen proprium, im Gegensatz zur Darstellung bei Vidos, nicht als selbständiger Ausgangspunkt, sondern lediglich als Zwischenstufe dieser elliptischen Bildung gelten, während die unmittelbare Übertragung eines Ortsnamens auf das von dort bezogene Produkt zumindest in der von uns untersuchten Zeit eher als Ausnahme zu betrachten ist[1]. Die Bedeutung des periphrastischen Typus im Rahmen der Entwicklung vom Ortsnamen zum Appellativum impliziert die Forderung, die Belege für solche syntaktische Fügungen mehr als bisher systematisch zu erfassen, zumal dadurch auch Erkenntnisse zum Verhältnis von sprachlicher Entlehnung und eigenständiger Bildung gewonnen werden können. Da die elliptische Verwendung eines Ortsnamens anstelle des periphrastischen Typus jedoch im Bereich der *parole* jederzeit möglich ist, gilt es zunächst zu prüfen, wieweit die Entwicklung vom periphrastischen Typus zum Appellativum auch in der *langue* vollzogen ist. Hierzu ergaben sich aufgrund des Materials eine Reihe Bestimmungskriterien von unterschiedlicher Aussagekraft. Daß daneben aber auch der periphrastische Typus den Schritt von der syntaktischen Fügung zur lexikalisierten Einheit vollziehen kann, hat gerade das Beispiel von fr. *satin de Bruges* in eindrücklicher Weise gezeigt.

1 Ein solcher Fall einer vereinzelten metonymischen Verwendung eines Orts- bzw. Ländernamens liegt vielleicht in dem bei Racine bezeugten *angleterre* vor, s. hier 47.

LITERATURVERZEICHNIS*

AdvisLuxe = Advis au Roy des moyens de bannir le luxe du Royaume, ArchCur 2e série, tome 1er, Paris 1837, 431–462.

AlauzierEtQuercy = L. d'Alauzier, Achats d'étoffes d'une dame du Quercy au XIIIe siècle, AM 70, 1958, 87–89.

Alcover = Antoni Alcover y Sureda i Francesc de B. Moll, Diccionari català-valencià-balear, 10 vol., Palma de Mallorca 1930–62.

AlonsoEnc = Martín Alonso, Enciclopedia del idioma. Diccionario histórico y moderno de la lengua española (siglos XII al XX), etimológico, tecnológico, regional e hispanoamericano, 3 vol., Madrid 1958.

Ammann = Hektor Ammann, Deutschland und die Tuchindustrie Nordwesteuropas im Mittelalter, Hansische Geschichtsblätter 72, 1954, 1–63.

AmmannLeinen = Hektor Ammann, Die Anfänge der Leinenindustrie des Bodenseegebietes, Alemannisches Jahrbuch 1953, 251–313.

ArchCur = Archives curieuses de l'histoire de France depuis Louis XI jusqu'à Louis XVIII, par L. Cimber et F. Danjou.

ArchGir = Archives historiques du département de la Gironde, Paris–Bordeaux 1859ff.

Arveiller = Raymond Arveiller, Contribution à l'étude des termes de voyage en français (1505–1722), Paris 1963.

AusgUrb = K. H. Schäfer, Die Ausgaben der apostolischen Kammer unter den Päpsten Urban V. und Gregor XI. (1362–1378) (Vatikanische Quellen zur Geschichte der Päpstlichen Hof- und Finanzverwaltung 1316–1378, in Verbindung mit ihrem Historischen Institut in Rom hg. von der Görres-Gesellschaft, Bd. VI), Paderborn 1937.

BarbProc = Paul Barbier, Miscellanea Lexicographica. Etymological and Lexicographical Notes on the French Language and on the Romance Dialects of France, Proceedings of the Leeds Philosophical and Literary Society, Literary and Historical Section, vol. I–VI, Leeds 1925–52.

BattAl = Carlo Battisti e Giovanni Alessio, Dizionario etimologico italiano, 5 vol., Firenze 1950–57.

BattNomi = Carlo Battisti, Vecchi nomi di stoffe derivati da nomi di luogo, Lingua Nostra 7, 1946, 4–10.

BehrensEngl = Dietrich Behrens, Über englisches Sprachgut im Französischen, Gießener Beiträge zur Romanischen Philologie, IV. Zusatzheft, Gießen 1927.

* Aufgenommen sind nur die Titel, die in der vorliegenden Untersuchung abgekürzt zitiert werden. Zu weiteren, hier nicht aufgelösten Abkürzungen s. W. von Wartburg, Französisches Etymologisches Wörterbuch. Eine darstellung des galloromanischen sprachschatzes. Beiheft (Ortsnamenregister-Literaturverzeichnis-Übersichtskarte), 2. Aufl., Tübingen 1950; id., Supplement zur 2. Auflage des Bibliographischen Beiheftes, redigiert von Margarete Hoffert, Basel 1957.

BertoldiMercato = Vittorio Bertoldi, Esigenze linguistiche del mercato, Vox 5, 1940, 87–105.

Bezon = Jean Bezon, Dictionnaire général des tissus anciens et modernes, ouvrage où sont indiquées et classées toutes les espèces de tissus connues jusqu'à ce jour soit en France, soit à l'étranger, notamment dans l'Inde, la Chine, etc., avec l'explication abrégée des moyens de fabrication, 2e éd., 8 vol., Lyon 1859–63.

Bezzola = Reto R. Bezzola, Abbozzo di una storia dei gallicismi italiani nei primi secoli (750–1300). Saggio storico-linguistico, Heidelberg 1925.

BlWtbg = Oscar Bloch et W. von Wartburg, Dictionnaire étymologique de la langue française, 4e éd., Paris 1964.

Boillot = Félix Boillot, Répertoire des métaphores et mots français tirés des noms de villes et de pays étrangers, Paris 1929.

BoissRHist = P. Boissonnade, Le mouvement commercial entre la France et les Iles Britanniques au XVIe siècle, RHist 134, 193–228; 135, 1-27.

Borel = Frédéric Borel, Les foires de Genève au quinzième siècle, Genève 1892.

BorelDoc = idem (Pièces justificatives).

BormansGloss = Stanislas Bormans, Glossaire technologique du métier des drapiers, BSLW 9, 1865 (Liége 1867), 233–296.

Bossebœuf = L. Bossebœuf, La fabrique de soieries de Tours, Bulletin et Mémoires de la Société Archéologique de Touraine, Mémoires, tome 41, 1900, 193–528.

Boulan = H. R. Boulan, Les mots d'origine étrangère en français (1650–1700), Amsterdam 1934.

Bourq = Félix Bourquelot, Etudes sur les foires de Champagne, sur la nature, l'étendue et les règles du commerce qui s'y faisait aux XIIe, XIIIe et XIVe siècles (Mémoires présentés par divers savants à l'Académie des Inscriptions et Belles-Lettres de l'Institut Impérial de France, 2e série, Antiquités de la France, t. V), 2 vol., Paris 1865.

Bourrilly = V.-L. Bourrilly, La contrebande des toiles peintes en Provence au XVIIIe siècle, AM 26, 1914, 52–75.

Brésard = Marc Brésard, Les foires de Lyon aux XVe et XVIe siècles, Paris 1914.

Brink = Verena Brink-Wehrli, Englische Mode- und Gesellschaftsausdrücke im Französischen; 19. Jahrhundert, Diss. Zürich, Horn, N.-Ö. 1961.

CartConsEsp = Cartulaire de l'ancien Consulat d'Espagne à Bruges. Recueil de documents concernant le commerce maritime et intérieur, le droit des gens public et privé, et l'histoire économique de la Flandre par L. Gilliodts-van Severen, 2 vol., Bruges 1901-2.

CartScriba = Il cartolare di Giovanni Scriba. A cura di Mario Chiaudano e Mattia Moresco (Regesta Chartarum Italiae 19–20), 2 vol., Roma 1935.

Chabaud = Louis Chabaud, Marseille et ses industries. Les tissus, la filature et la teinturerie, Marseille 1883.

ChambRevGéogr = A. Chamberland, Le commerce d'importation en France au milieu du XVIe siècle, Revue de Géographie 31, 1892, 223–229, 292–297, 371–375; 32, 1893, 290–295; 33, 1893, 221–225, 290–294.

ChampFig 4 = Champollion Figeac, Documents historiques inédits tirés des collections manuscrites de la Bibliothèque Nationale et des archives ou des bibliothèques des départements, tome 4e, 2e partie: Texte des documents, Paris 1848 (Coll. de doc. inéd. sur l'hist. de France).

Colbert = Lettres, instructions et mémoires de Colbert, p.p. Pierre Clément, t. I-VII, Paris 1861–73.

CoornaertHondsch = E. Coornaert, Un centre industriel d'autrefois. La draperie-sayetterie d'Hondschoote (XIVe–XVIIIe siècles), Paris 1930.

Corom = J. Corominas, Diccionario crítico etimológico de la lengua castellana, 4 vol., Bern 1954–57.

CoromBr = J. Corominas, Breve diccionario etimológico de la lengua castellana, Madrid 1961.

CorrContrFin = Correspondance des contrôleurs généraux des finances avec les intendants des provinces, p.p. A. M. de Boislisle, 3 vol., Paris 1874–97 (Coll. de doc. inéd. sur l'hist. de France).

CorrLouis = Correspondance administrative sous le règne de Louis XIV. Recueillie et mise en ordre par G. B. Depping, t. III, Paris 1852 (Coll. de doc. inéd. sur l'hist. de France).

CptArchevBord = Comptes de l'Archevêché de Bordeaux du XIIIe et du XIVe siècle. Transcrits et annotés par M. Leo Drouyn, ArchGir 21, 1881; 22, 1882.

CptBâtRoy = Les Comptes de Bâtiments du Roi (1528–1571), suivis de documents inédits sur les châteaux royaux et les beaux-arts au XVIe siècle, recueillis et mis en ordre par Le Marquis Léon de Laborde, 2 vol., Paris 1877–80.

CptBret = D. Tempier, Le compte d'un Breton voyageur de commerce en Espagne (1530), Société d'émulation des Côtes-du-Nord, Bulletins et Mémoires 41, 1903, 161–176.

CptClaudeLand = Livre de comptes de Claude de la Landelle (1553–1556), p.p. le Comte René de Laigue (Société des bibliophiles bretons), Nantes–Rennes 1906.

CptCoutPar = C. Couderc, Les comptes d'un grand couturier parisien du XVe siècle, Bulletin de la Société de l'histoire de Paris et de l'Ile-de-France 38, 1911, 118–192.

CptDamePar = A. de Boislisle, Les comptes d'une dame parisienne sous Louis XI (1463–1467), Annuaire-Bulletin de la Société de l'histoire de France 15, 1878, 209-240.

CptGaillon = Comptes et dépenses de la construction du château de Gaillon, p.p. A. Deville, Paris 1850 (Coll. de doc. inéd. sur l'hist. de France, 3e série, Archéologie).

CptJoyAngl = Walter E. Rhodes, The inventory of the jewels and wardrobe of Queen Isabella (1307–8), The English Historical Review 12, 1897, 518–521.

CptMercGilb = P. Pansier, Le livre de comptes de la mercerie de Gabriel Gilbert et Cnie de Carpentras (1396–1397), Annales d'Avignon et du Comtat Venaissin 15, 1929, 147–162.

CptMetz = Jean Schneider, Recherches sur la vie économique de Metz au XVe siècle. Le livre de comptes des merciers messins Jean Le Clerc et Jacquemin de Moyeuvre (1460–1461), Metz 1951.

CptNav = Le compte des recettes et dépenses du Roi de Navarre en France et en Normandie de 1367 à 1370, p.p. E. Izarn, Paris 1885.

CptPicc = Jacques Heers, Le livre de comptes de Giovanni Piccamiglio, homme d'affaires génois (1456–1459), Paris 1959.

CptSalv = J. J. Salverda de Grave, Un livre de compte du XVIe siècle. Sep. aus Mededeelingen der Koninklijke Akademie van Wetenschappen, Afdeeling Letterkunde, Deel 70, Serie B, No 9, Amsterdam 1930.

CptYpres = Comptes de la ville d'Ypres de 1267 à 1329, p.p. G. des Marez et E. de Sagher (Académie Royale de Belgique, Commission Royale d'Histoire), t. I, Bruxelles 1909, t. II, Bruxelles 1913.

CrapProv = Proverbes et Dictons populaires, avec les dits du mercier et des marchands, et les crieries de Paris, aux XIIIe et XIVe siècles, p. p. G. A. Crapelet, Paris 1831.

Dardel = Pierre Dardel, Les manufactures de toiles peintes et de serges imprimées à Rouen et à Bolbec aux XVIIe et XVIIIe siècles, Rouen 1940.

DardelCorr = Commerce interlope avec les Indes espagnoles. Correspondance adressée de Cadix et de Port-Sainte-Marie à quelques négociants de Rouen (1723–1726), p.p. Pierre Dardel, Mélanges de la Société de l'Histoire de Normandie, 16e série, Rouen-Paris 1958, 53–108.

DDM = Albert Dauzat, Jean Dubois et Henri Mitterand, Nouveau dictionnaire étymologique et historique, Paris (Larousse) 1964.

DehDoc = Documents et extraits divers concernant l'histoire de l'art dans la Flandre, l'Artois et le Hainaut avant le XVe siècle par M. le Chanoine Dehaisnes, Lille 1886.

DehHist = M. Le Chanoine Dehaisnes, Histoire de l'art dans la Flandre, l'Artois et le Hainaut avant le XVe siècle, Lille 1886.

DelanMém = Louis Desgraves, Un inspecteur des manufactures au XVIIIe siècle: Henri Delan et son mémoire sur la ville de Bordeaux (1735), AM 61, 1949, 207–213.

Depitre = Edgard Depitre, La toile peinte en France au XVIIe et au XVIIIe siècles. Industrie. Commerce. Prohibitions (Bibliothèque d'histoire économique), Paris 1912.

Deroy = Louis Deroy, L'emprunt linguistique (Bibliothèque de la Faculté de Philosophie et Lettres de l'Université de Liège, fasc. 141), Paris 1956.

DG = Dictionnaire général de la langue française du commencement du XVIIe siècle jusqu'à nos jours, par A. Hatzfeld et A. Darmesteter, avec le concours de A. Thomas, 2 vol., Paris s. d.

DocAng = Documents en français des Archives Angevines de Naples (Règne de Charles Ier), p. p. A. de Boüard, 2 vol., Paris 1933–35.

DocTour = Documents inédits pour servir à l'histoire des arts en Touraine recueillis et publiés par M. Ch. L. Grandmaison, Tome XX des Mémoires de la Société Archéologique de Touraine, Tours 1870.

DocTrém = Paul Marchegay, Documents tirés des archives du duc de la Trémoille (1156–1652), Archives historiques de la Saintonge et de l'Aunis 1, 1874, 51-161.

Doehaerd = R. Doehaerd, Les relations commerciales entre Gênes, la Belgique et l'Outremont d'après les archives notariales génoises aux XIIIe et XIVe siècles (Institut Historique Belge de Rome, Etudes d'histoire économique et sociale II–IV), 3 vol., Bruxelles-Rome 1941.

DoucetLaran = Roger Doucet, Les de Laran, marchands drapiers à Toulouse au XVIe siècle, AM 54, 1942, 42–87.

DouëtArg = Comptes de l'argenterie des rois de France au XIVe siècle, p. p. L. Douët-d'Arcq (Société de l'Histoire de France), Paris 1851.

DouëtNArg = Nouveau recueil de comptes de l'argenterie des rois de France, publié pour la Société de l'Histoire de France par L. Douët-d'Arcq, Paris 1874.

DouëtTarif = L. Douët d'Arcq, Tarif des marchandises qui se vendaient à Paris à la fin du XIIIe siècle, Revue archéologique 9, 1852, 213–228.

DrapTourn = Michel Dubois, Textes et fragments relatifs à la draperie de Tournai au Moyen Age, Revue du Nord 32, 1950, 145–164, 219–235.

DrotMin = Eugène Drot, Recueil de documents tirés des anciennes minutes de notaires déposées aux Archives départementales de l'Yonne (XVe–XVIIIe siècle), Extrait du Bulletin de la Société des Sciences historiques et naturelles de l'Yonne, Auxerre 1900.

Ducasse = Mémoire ou Relation du sr Du Casse sur son voyage de Guynée avec 'La Tempeste' en 1687 et 1688, in: EtIssiny 1-47.

EBoileau = René de Lespinasse et François Bonnardot, Les métiers et corporations de la ville de Paris, XIIIe siècle, Le Livre des Métiers d'Etienne Boileau (Histoire générale de Paris, Collection de documents publiée sous les auspices de l'édilité parisienne), Paris 1879.

EspDocVal = Georges Espinas, Documents relatifs à la draperie de Valenciennes au moyen âge (Documents et travaux p.p. la Société d'Histoire du Droit des Pays Flamands, Picards et Wallons I), Paris-Lille 1931.

EspPirAdd = Georges Espinas et Henri Pirenne, Additions au Recueil de documents relatifs à l'histoire de l'industrie drapière en Flandre, Bulletin de la Commission Royale d'Histoire (Académie Royale de Belgique) 93, Bruxelles 1929, 33-66.

EspPirDoc = Georges Espinas et Henri Pirenne, Recueil de documents relatifs à l'histoire de l'industrie drapière en Flandre, 1re partie: Des origines à l'époque bourguignonne (Académie Royale de Belgique – Commission Royale d'Histoire), 4 vol., Bruxelles 1906–24.

EstèbeToul = Janine Estèbe, Le marché toulousain des étoffes entre 1519 et 1560, AM 75, 1963, 183–194.

EstimMarchAngl = L'estimacion des marchandises venantes en ce pays d'Angleterre, in: Montchrétien 378–382.

EtIssiny = Paul Roussier, L'établissement d'Issiny 1687–1702. Voyages de Ducasse, Tibierge et d'Amon à la Côte de Guinée publiés pour la première fois et suivis de la Relation du Voyage du Royaume d'Issiny du P. Godefroy Loyer, Paris 1935.

FagniezDoc = Documents relatifs à l'histoire de l'industrie et du commerce en France, p. p. Gustave Fagniez (Collection de textes pour servir à l'étude et à l'enseignement de l'histoire), 2 vol., Paris 1898–1900.

FagniezÉcon = Gustave Fagniez, L'économie sociale de la France sous Henri IV (1589–1610), Paris 1897.

FagniezÉt = Gustave Fagniez, Études sur l'industrie et la classe industrielle à Paris au XIIIe et au XIVe siècle (Bibliothèque de l'Ecole des Hautes Etudes, sciences philologiques et historiques, 33e fasc.), Paris 1877.

FagniezInd = Gustave Fagniez, L'industrie en France sous Henri IV (1589–1610), RHist 23, 1883, 77–97, 249–303.

FawtierCptRoy = Comptes Royaux (1285–1314), p.p. Robert Fawtier, avec le concours de François Maillard (Recueil des historiens de la France, Documents financiers, t. III), 3 vol., Paris 1953–56.

FEW = Walther von Wartburg, Französisches Etymologisches Wörterbuch. Eine darstellung des galloromanischen sprachschatzes, Bonn-Leipzig-Basel seit 1922.

FEWMat = idem; bisher unveröffentlichte Materialien unbekannten oder unsicheren Ursprungs.
FinotGênes = Jules Finot, Etude historique sur les relations commerciales entre la Flandre et la République de Gênes au moyen âge, Paris 1906.
Fontanon = Antoine Fontanon, Les Édicts et ordonnances des roys de France depuis S. Loys jusques à présent, avec les vérifications, modifications, et déclarations sur icelles, 2nde éd., 4 tomes en 2 vol., Paris 1585.
Frain = Frain de la Gaulayrie, Les Vitréens et le commerce international. Extrait de la Revue historique de l'Ouest, Vannes 1893.
FrainEsp = Edouard Frain (de la Gaulayrie), Commerce des Vitréens en Espagne (1629–1630), Vitré 1898.
GabAv = P. Pansier, Les Gabelles d'Avignon de 1310 et 1397, Annales d'Avignon et du Comtat Venaissin 12, 1926, 37–63.
Gam = Ernst Gamillscheg, Etymologisches Wörterbuch der französischen Sprache, Heidelberg 1928.
Gay = Victor Gay, Glossaire archéologique du Moyen Age et de la Renaissance, 2 vol., Paris 1882–87, 1928.
Gdf = Frédéric Godefroy, Dictionnaire de l'ancienne langue française et de tous ses dialectes du IXe au XVe siècle, Paris 1880–1902.
GdfC = idem, t. VIII–X (Complément).
Girard = Albert Girard, Le commerce français à Séville et Cadix au temps des Habsbourg. Contribution à l'étude du commerce étranger en Espagne aux XVIe et XVIIe siècles, Thèse principale présentée à la Faculté des Lettres de Paris, Paris 1932.
GirardRiv = Albert Girard, La rivalité commerciale et maritime entre Séville et Cadix jusqu'à la fin du XVIIIe siècle, Thèse complémentaire présentée à la Faculté des Lettres de Paris, Paris 1932.
GPSR = Glossaire des patois de la Suisse Romande, fondé par L. Gauchat, J. Jeanjaquet et E. Tappolet, Neuchâtel-Paris seit 1924.
GuitardDrapLang = Eugène Guitard, L'industrie des draps en Languedoc et ses protecteurs sous l'ancien régime, HayemMém 1, 1911, 9–34.
Häbler = Konrad Häbler, Das Zollbuch der Deutschen in Barcelona (1425–1440) und der deutsche Handel mit Katalonien bis zum Ausgang des 16. Jahrhunderts, Württembergische Vierteljahrshefte für Landesgeschichte, Neue Folge, X. Jahrgang, Stuttgart 1901, 111–160, 331–363.
HäblerDok = Konrad Häbler, Das Zollbuch der Deutschen in Barcelona (1425–1440) und der deutsche Handel mit Katalonien bis zum Ausgang des 16. Jahrhunderts. Dokumente, Württembergische Vierteljahrshefte für Landesgeschichte, Neue Folge, XI. Jahrgang, Stuttgart 1902, 352–417.
HaustEt = Jean Haust, Étymologies wallonnes et françaises (Bibliothèque de la Faculté de Philosophie et Lettres de l'Université de Liège, fasc. 32), Liège–Paris 1923.
Hav = Henry Havard, Dictionnaire de l'ameublement et de la décoration depuis le XIIIe siècle jusqu'à nos jours, 4 vol., Paris s. d. [1887–1890].
HayemMém = Mémoires et documents pour servir à l'histoire du commerce et de l'industrie en France, publiés sous la direction de Julien Hayem, Paris 1911ff.
HerbEsp = Jules Herbillon, Éléments espagnols en wallon et dans le français des

anciens Pays-Bas (Mémoires de la Commission Royale de Toponymie et de Dialectologie, Section wallonne, 10), Liège 1961.

Hermite = Micheline Baulant, Lettres de négociants marseillais: Les Frères Hermite (1570–1612) (Ecole Pratique des Hautes Etudes – VIe section – Centre de Recherches Historiques – Affaires et Gens d'Affaires III), Paris 1953.

InvBarbAmb = Inventaire des biens meubles et des titres de Barbe d'Amboise, comtesse douairière de Seyssel-La Chambre (1574–1575), p.p. le comte Marc de Seyssel-Cressieu, Extrait du Recueil d'inventaires anciens, Paris 1896.

InvBeaunom = Inventaire des marchandises laissées par Grégoire Beaunom, bourgeois et marchand de Bordeaux. Communiqué et transcrit par M. Roborel de Climens, ArchGir 24, 1884–85, 178–204.

InvBouchet = Inventaire des biens meubles de Gillet Bouchet, Gouverneur de Châtellerault (16 juin 1473), p.p. MM. l'Abbé Legros et Arthur Labbé, Archives historiques du Poitou 42, 1920, 1–87.

InvBourg = Bernard et Henri Prost, Inventaires mobiliers et extraits des comptes des ducs de Bourgogne de la maison de Valois (1363–1477), 2 vol., Paris 1902–13.

InvCabAstr = Inventarios del siglo XVI. Transcripción de José Cabezudo Astrain, Archivo de Filología Aragonesa 8–9, 1956–57, 203–210.

InvCard = L. Douët d'Arcq, Inventaire après décès des biens meubles de Me Pierre Cardonnel, chanoine de Notre-Dame de Paris (1438), Mémoires de la Société de l'Histoire de Paris et de l'Ile de France 7, 1880 [1881], 37–60.

InvCh = Inventaire du mobilier de Charles V, roi de France, p. p. Jules Labarte, Paris 1879 (Coll. de doc. inéd. sur l'hist. de France).

InvChartesBruges = Inventaire des archives de la ville de Bruges publié sous les auspices de l'administration communale. Section première: Inventaire des chartes par L. Gilliodts-van-Severen, 1re série, 13e au 16e siècle, 6 vol., Bruges 1871–76; Introduction 1878; Tables et Glossaire flamand par Edw. Gailliard, Bruges 1879–82; Table analytique par Edw. Gailliard, Bruges 1883–85.

InvChTém = Inventaire de Charles-le-Téméraire, p. p. le comte de Laborde, in: LabordeDucs 2, 1-202.

InvCours = Inventaire du château de Coursan, en 1482, p.p. Alphonse Roserot, Revue des Sociétés savantes des départements, 7e série, tome III, Paris 1881, 258–268.

InvJoão = A. Braamcamp Freire, Inventario da casa de D. João III em 1534, Archivo Historico Portuguez 8, 1910, 261–280, 367–390.

InvJoss = François-L. Bruel, Inventaire de meubles et de titres trouvés au château de Josselin à la mort du connétable de Clisson (1407), BiblEcChartes 66, 1905, 193–245.

InvJPresles = Inventaire de Jeanne de Presles, veuve de Raoul de Presles, 1347, p. p. L. Douët d'Arcq, BiblEcChartes 39, 1878, 81–109.

InvJTourn = Paul Meyer, Inventaire des meubles de Jean de Tournai (7 juin 1429), Bphhist 1899, 464–466.

InvLand = L. Tartière, Inventaire d'un marchand landais, dressé au milieu du XVIe s., Revue des Sociétés savantes des départements, 7e série, tome VI, Paris 1882, 227–234.

InvLouis = Inventaire général du mobilier de la Couronne sous Louis XIV (1663–1715), p. p. Jules Guiffrey, 2 vol., Paris 1885–86.

InvMon = Inventaires du Palais de Monaco (1604–1731), p.p. L.-H. Labande

(Collection de Mémoires et documents historiques publiés par ordre de S.A.S. le Prince Albert Ier de Monaco), Monaco-Paris 1918.

InvOrl = F.M. Graves, Deux inventaires de la Maison d'Orléans (1389 et 1408), Paris 1926.

InvPailly = Inventaire du château de Pailly, dressé à la mort de la maréchale de Saulx-Tavannes, en 1611, p.p. Édouard de Barthélemy, Revue des Sociétés savantes des départements, 7e série, tome V, Paris 1882, 296–323.

InvPhilBon = Inventaire des joyaux d'or et d'argent de Philippe le Bon, Duc de Bourgogne, p.p. le comte de Laborde, in: LabordeDucs 2, 235–278.

InvRoze = Arnaud d'Agnel, Inventaire après décès du chevalier Roze, Bphhist 1903, 470–479.

InvSPaul = Albert Guigue, Inventaire du mobilier de la chapelle Notre-Dame-de-Grâce à Saint-Paul de Lyon (1519), Bulletin archéologique du Comité des travaux historiques et scientifiques, année 1918, 91–108.

InvTours = Inventaires de mobiliers ecclésiastiques et civils, p.p. M. l'abbé L. Bosseboeuf, Bulletin et Mémoires de la Société archéologique de Touraine, Mémoires 41, 1900, 1–108.

InvValent = Edmond Bonnaffé, Inventaire de la Duchesse de Valentinois Charlotte d'Albret, Paris 1878.

InvVence = Inventaire du mobilier de la cathédrale de Vence (1507), p.p. Edmond Blanc, Revue des Sociétés savantes des départements, 7e série, tome V, Paris 1882, 262-271.

Isamb = Recueil général des anciennes lois françaises, depuis l'an 420 jusqu'à la révolution de 1789, par MM. Jourdan, Decrusy, Isambert, 30 vol., Paris 1822ff.

JCœur = Les affaires de Jacques Cœur. Journal du Procureur Dauvet. Procès-verbaux de séquestre et d'adjudication, éd. M. Mollat (Ecole Pratique des Hautes Etudes – VIe section – Centre de Recherches Historiques – Affaires et Gens d'Affaires 1, 2 bis), 2 vol., Paris 1952–53.

KlugeM = Friedrich Kluge, Etymologisches Wörterbuch der deutschen Sprache, 19. Auflage bearbeitet von Walther Mitzka, Berlin 1963.

LabbéVitré = Yvonne Labbé, Les débuts d'une ville bretonne. Vitré au XVe et au XVIe siècle, Mémoires de la Société d'Histoire et d'Archéologie de Bretagne 24, 1944, 61–146.

LabordeDucs = Le comte de Laborde, Les ducs de Bourgogne. Etudes sur les lettres, les arts et l'industrie pendant le XVe siècle et plus particulièrement dans les Pays-Bas et le Duché de Bourgogne. Seconde Partie, tomes I–III (Preuves), Paris 1849–52.

LacarraArancel = José M.a Lacarra, Un arancel de aduanas del siglo XI, Actas del primer congreso internacional de estudios pirenáicos (San Sebastián 1950), tomo VI, sección V (Historia, arte y derecho), Zaragoza 1952, 21–36.

LAffBerr = Le livre d'affaires d'un marchand berrichon au XVe siècle, par M. Maurice de Bengy-Puyvallée, Mémoires de la Société des Antiquaires du Centre 40, 1921 (Bourges 1922), 225–272.

LaffComm = Barthélemy de Laffemas, La commission, édit et partie des mémoires de l'ordre et establissement du commerce général des manufactures en ce royaume, proposés par B. de Laffemas, Paris 1601, in: ChampFig 4, XIII–XLIV.

LaffRec = Barthélemy Laffemas, Recueil présenté au Roy de ce qui se passe en l'assemblée du Commerce, au Palais, à Paris. Faict par Laffemas, Controlleur

général dudit Commerce, Paris 1604, in: ArchCur 1re série, tome 14e, Paris 1837, 219–245.
LaffRégl = Barthélemy Laffemas, Réglement général pour dresser les manufactures en ce royaume, et couper le cours des draps de soye et autres marchandises qui perdent et ruinent l'Estat, Paris 1597, in: Leber 19, 528–546.
LDrapLyon = P. Meyer et G. Guigue, Fragments du grand livre d'un drapier de Lyon (1320–1323), R 35, 1906, 428–444.
Leber 19 = C. Leber, Collection des meilleurs dissertations, notices et traités particuliers relatifs à l'histoire de France, composée, en grande partie, de pièces rares, ou qui n'ont jamais été publiées séparément; pour servir à compléter toutes les collections de mémoires sur cette matière, tome 19e, Paris 1838.
Leblond = V. Leblond, Documents relatifs à l'histoire économique de Beauvais et du Beauvaisis au XVIe siècle. Extraits des minutes notariales, t. I (1537–1550) (Publications de la Société Académique de l'Oise, Documents, tome X), Paris-Beauvais 1925.
Leclère 1834 = Dictionnaire encyclopédique, présentant par ordre de matières l'explication détaillée des mots techniques en usage dans les sciences, les lettres et les arts, par C.-T. Leclère, Paris 1834.
LefEsp = Joseph Lefèvre, Etude sur le commerce de la Belgique avec l'Espagne au XVIIIe siècle (Académie Royale de Belgique, Classe des Lettres et des Sciences morales et politiques. Mémoires, collection in-8o, 2e série, tome XVI, fasc. III), Bruxelles 1921.
LespMét = René de Lespinasse, Les métiers et corporations de la ville de Paris (Histoire générale de Paris, Collection de documents publiée sous les auspices de l'édilité parisienne), 3 vol., Paris 1886–97.
LevyContr = Raphael Levy, Contribution à la lexicographie française selon d'anciens textes d'origine juive, Syracuse University Press 1960.
Li = É. Littré, Dictionnaire de la langue française, 4 vol., Paris 1863–72 (zur Datierung der Faszikel s. zuletzt André Goosse, Cahiers de Lexicologie 5, 1964, II, 56).
LiS = idem, Supplément, Paris 1877.
LR = V. Lespy et P. Raymond, Dictionnaire béarnais ancien et moderne, 2 vol., Montpellier 1887.
Maçãs s. VidosNoms
Machado = Saavedra Machado, Palavras formadas de nomes de lugar, A Língua Portuguesa 2, 1930–31, 139–148, 184–191.
Mack = Fraser Mackenzie, Les relations de l'Angleterre et de la France d'après le vocabulaire, 2 vol., Paris 1939.
Mahaut = Jules-Marie Richard, Une petite-nièce de Saint-Louis. Mahaut, comtesse d'Artois et de Bourgogne (1302–1329). Etude sur la vie privée, les arts et l'industrie, en Artois et à Paris au commencement du XIVe siècle, Paris 1887.
MaillardCptRoy = Comptes Royaux (1314–1328), p.p. François Maillard, sous la direction de Robert Fawtier (Recueil des historiens de la France, Documents financiers, tome IV), 2 vol., Paris 1961.
MandCh = Mandements et actes divers de Charles V (1364–1380), p.p. Léopold Delisle, Paris 1874 (Coll. de doc. inéd. sur l'hist. de France).
Mant = P. Mantellier, Histoire de la communauté des marchands fréquentant la rivière de Loire et fleuves descendant en icelle, 3 vol., Orléans-Paris 1864–69.

MaugisSaie = E. Maugis, La Saieterie à Amiens, 1480–1587, Sonderabdruck aus der Vierteljahrschrift für Social- und Wirtschaftsgeschichte V, Stuttgart 1907.
MaunyGloss = R. Mauny, Glossaire des expressions et termes locaux employés dans l'Ouest africain (Institut Français d'Afrique Noire, Catalogues, IX), Ifan-Dakar 1952.
MémFlandMar = Mémoires des intendants de la Flandre et du Hainaut français sous Louis XIV, p. p. A. Desplanque, Bulletin de la Commission Historique du Département du Nord, t. XI, Lille 1871, 251–328.
MémFlandWall = id., t. X, Lille 1868, 367–545.
MémGénAmiens = Mémoire sur la généralité d'Amiens ou de Picardie en 1698, HayemMém 1, 1911, 145–206.
MémGénParis = Mémoires des intendants sur l'état des généralités dressés pour l'instruction du duc de Bourgogne, t. I: Mémoire de la généralité de Paris, p. p. A. M. de Boislisle, Paris 1881 (Coll. de doc. inéd. sur l'hist. de France).
MémLyon = Lambert d'Herbigny, Mémoire sur le gouvernement de Lyon (1697), avec une introduction et des notes par M. Chavannes, Revue d'Histoire de Lyon 1, 1902, 61–88, 143–174, 233–253, 313–346.
MémNégHoll = Mémoire touchant le négoce et la navigation des Hollandois, medegedeeld door P. J. Blok, Bijdragen en Mededeelingen van het Historisch Genootschap 24, 1903, 221–342.
MichEt = Francisque Michel, Recherches sur le commerce, la fabrication et l'usage des étoffes de soie, d'or et d'argent et autres tissus précieux en Occident, principalement en France pendant le moyen âge, 2 vol., Paris 1852–54.
Migliorini = Bruno Migliorini, Dal nome proprio al nome comune. Studi semantici sul mutamento dei nomi propri di persona in nomi comuni negl'idiomi romanzi (Biblioteca dell' 'Archivum Romanicum', serie II, Linguistica, vol. 13), Genève 1927.
MitjàCom = Marina Mitjà, El comercio y la industria alemanes en Barcelona de 1410 a 1420, Homenaje a Johannes Vincke para el 11 de mayo 1962, vol. I, Madrid 1962–63, 285–319.
MitjáDif = Marina Mitjá, Dificultades de la industria y comercio alemanes para abrirse paso en Barcelona hasta 1410, Spanische Forschungen der Görresgesellschaft, 1. Reihe, Gesammelte Aufsätze zur Kulturgeschichte Spaniens, Band 13, Münster 1958, 188–228.
MLRGr = Wilhelm Meyer-Lübke, Grammatik der romanischen Sprachen, 4 Bde, Leipzig 1890–1902.
MollatDieppe = Michel Mollat, Comptabilité du port de Dieppe au XVe siècle (Ecole Pratique des Hautes-Etudes – VIe section, Centre de Recherches Historiques – Ports, Routes et Trafics IV), Paris 1951.
MollatDoc = Choix de documents relatifs à la Normandie pour servir à l'histoire du commerce maritime (XVe–XVIe siècles), p. p. Michel Mollat, Mélanges de la Société de l'Histoire de Normandie, 16e série, Rouen-Paris 1958, 109–176.
MollatNorm = Michel Mollat, Le commerce de la Haute Normandie au XVe siècle et au début du XVIe, Thèse principale pour le doctorat ès lettres présentée à la Faculté des Lettres de l'Université de Paris 1950, Paris 1952.
Monin = H. Monin, Essai sur l'histoire administrative du Languedoc pendant l'intendance de Basville (1685–1719), Thèse de doctorat présentée à la Faculté des Lettres de Paris, Paris 1884.
Montchrétien = Antoyne de Montchrétien, Traicté de l'œconomie politique dédié

en 1615 au Roy et à la Reyne Mère du Roy. Avec introduction et notes par Th. Funck-Brentano, Paris 1889.

Montier = A. Montier, Recherches sur le commerce et la fabrication dans le Lieuvin aux XVIIe et XVIIIe siècles des toiles de lin dites rouens – fleurets – blancards d'après des documents inédits, Pont-Audemer 1874.

NégLev = Négociations de la France dans le Levant, ou Correspondances, mémoires et actes diplomatiques des ambassadeurs de France à Constantinople, p.p. E. Charrière, 4 vol., Paris 1848–60 (Coll. de doc. inéd. sur l'hist. de France).

NicolayLyon = Nicolas de Nicolay, Description générale de la ville de Lyon et des anciennes provinces du Lyonnais et du Beaujolais, publiée et annotée par la Société de Topographie historique de Lyon et précédée d'une notice sur N. de Nicolay par M. Victor Advielle, Lyon 1881.

OrdPolGén = Ordonnance du Roy sur le faict de la Police generale de son Royaume, contenant les Articles et Reiglemens que sa Maiesté veult estre inuiolablement gardez, suyuis et observez, tant en la ville de Paris, qu'en toutes les autres de sondict Royaume, Paris 1578, in: ArchCur 1re série, tome 9e, Paris 1836, 177–236.

OxfDict = The Oxford English Dictionary, ed. by James A. H. Murray, Henry Bradley, W. A. Craigie, C. T. Onions; 12 vol. + Suppl., Oxford 1933.

Pasi = Tariffa de i pesi, e misure corrispondenti dal Leuante al Ponente: e da una terra, e luogo allaltro ..., composta per M. Bartholomeo di Pasi da Vinetia, Vinetia 1540.

Pck = G. de Poerck, La draperie médiévale en Flandre et en Artois. Technique et terminologie, 3 vol., Brugge 1951.

Pegolotti = Francesco Balducci Pegolotti, La pratica della mercatura, edited by Allan Evans, Cambridge, Mass. 1936.

Peyer = Hans Conrad Peyer, Leinwandgewerbe und Fernhandel der Stadt St. Gallen von den Anfängen bis 1520 (St. Galler Wirtschaftswissenschaftliche Forschungen Bd. 16), 2 Bde, St. Gallen 1959–60.

PoerckCongr = G. de Poerck, Réflexions sur quelques noms romans de tissus, VII Congreso Internacional de Lingüística Románica, Barcelona, 7–10 abril de 1953, tomo II: Actas y memorias I, 519–528.

PottierDat = Bernard Pottier, La valeur de la datation des mots dans la recherche étymologique, Etymologica. Walther von Wartburg zum siebzigsten Geburtstag, Tübingen 1958, 581–586.

PrixEtBord = Arrêt du Parlement fixant le prix de certaines étoffes, d'effets servant à l'habillement, de leur façon et de diverses denrées, ArchGir 47, 1912, 181–185.

ReadTrade = Conyers Read, English Foreign Trade under Elizabeth, The English Historical Review 29, 1914, 515–524.

RegBay = Registres Gascons (Archives Municipales de Bayonne, Délibérations du Corps de Ville), t. I (1474–1514), p. p. É. Ducéré, P. Yturbide et Ch. Bernadou, Bayonne 1896; t. II (1514–1530), p.p. É. Ducéré, H. Poydenot et Ch. Bernadou, Bayonne 1898.

RegDélib = Registre des délibérations de la commission consultative sur le faict du commerce général et de l'establissement des manufactures dans le royaume, instituée à Paris en l'année 1601, par lettres patentes du roi Henri IV, in: Champ Fig 4, 1–284.

ReglMarch = Nouveau Reglement general sur toutes sortes de marchandises et manufactures qui sont utiles et necessaires dans ce royaume, representé au roy pour le grand bien et profit des villes et autres lieux de la France, par M. le M. de la Gomberdière. A Paris, 1634, in: VarHistLitt 3, 109–124.

RegMerc = Registre des délibérations et ordonnances des marchands merciers de Paris (1596–1696). Manuscrit incendié aux Archives de la Ville le 24 mai 1871, reconstitué avec préface et notes-appendices par Dominique-Gustave Saint-Joanny, Paris 1878.

RegNotAlbi = Extraits de registres de notaires. Documents des XIVe-XVIe siècles concernant principalement le pays albigeois, p.p. Charles Portal (Archives historiques de l'Albigeois, fasc. 7), Albi 1901.

REW = Wilhelm Meyer-Lübke, Romanisches etymologisches Wörterbuch, 3. Aufl., Heidelberg 1935.

Reynolds = R. L. Reynolds, The Market for Northern Textiles in Genoa 1179–1200, Rbelge 8, 1929, 831–851.

Rolin = Gustave Rolin, Documents relatifs à l'histoire du commerce des draps dans la Péninsule Ibérique au XIIIe siècle, Sechsunddreißigster Jahres-Bericht über die Prager Handelsakademie. Erstattet am Schlusse des Studienjahres 1891–1892 von dem Director Dr. Ernst Kaulich, Prag 1892, 3–76.

Roy = Hippolyte Roy, La vie, la mode et le costume au XVIIe siècle, époque Louis XIII. Etude sur la Cour de Lorraine, établie d'après les mémoires des fournisseurs et artisans, Paris 1924.

Ruiz = Henri Lapeyre, Une Famille de Marchands: les Ruiz. Contribution à l'étude du commerce entre la France et l'Espagne au temps de Philippe II (Ecole Pratique des Hautes Etudes – VIe section, Centre de Recherches Historiques – Affaires et Gens d'Affaires 8), Paris 1955.

SagherDoc = Recueil de documents relatifs à l'histoire de l'industrie drapière en Flandre, 2e partie: Le sud-ouest de la Flandre depuis l'époque bourguignonne, par Henri-E. de Sagher, publié par les soins de Johan-H. de Sagher, Hans van Werveke et Carlos Wyffels (Académie Royale des Sciences, Lettres et des Beaux-Arts de Belgique, Commission Royale d'Histoire), t. I, Bruxelles 1951, t. II, Bruxelles 1961.

Sagnac = Ph. Sagnac, L'industrie et le commerce de la draperie en France à la fin du XVIIe siècle et au commencement du XVIIIe, Revue d'histoire moderne et contemporaine 9, 1907–8, 24–40.

Schulte = Aloys Schulte, Geschichte des mittelalterlichen Handels und Verkehrs zwischen Westdeutschland und Italien mit Ausschluß von Venedig, 2 Bde, Leipzig 1900.

SéeBMaine = Henri Sée, Le commerce des toiles du Bas-Maine dans la première moitié du XVIIIe siècle, d'après les papiers de Pousteau-Duplessis, HayemMém 10, 1926, 1–79.

SéeBret = Henri Sée, Le commerce maritime de la Bretagne au XVIIIe siècle, HayemMém 9, 1925, 1–270.

SéeDrap = Henri Sée, Etudes sur l'industrie en Bretagne: I. La draperie au XVIIIe siècle, HayemMém 10, 1926, 81–103.

SéeNotas = Enrique Sée, Notas sobre el comercio francés en Cádiz y particularmente sobre el comercio de las telas bretonas en el siglio XVIII, Anuario de historia del derecho español 2, 1925, 179–195.

Sion = Jules Sion, Les paysans de la Normandie orientale. Etude géographique sur les populations rurales du Caux et du Bray, du Vexin normand et de la vallée de la Seine, Thèse pour le doctorat présentée à la Faculté des Lettres de l'Université de Paris, Paris 1908.

Sobrino 1705 = Dicionario nuevo de las lenguas española y francesa, en dos partes, por Francisco Sobrino, Brusselas 1705.

Sperber = Hans Sperber, Einführung in die Bedeutungslehre, Bonn-Leipzig 1923.

StatRouen = Établissement dans la ville de Rouen des fabricans d'étoffes de soie, de draps d'or et d'argent, etc. en 1531. Statuts et Réglemens de la Communauté, p.p. André Pottier, Rouen 1838, in: André Pottier, Documens inédits pour servir à l'histoire de Rouen et de la Normandie, Revue Rétrospective Normande, Rouen 1842.

SteigerMoz = A. Steiger, Zur Sprache der Mozaraber, in: Sache, Ort und Wort, Jakob Jud zum 60. Geburtstag, RH 20, 1943, 624–714.

Tanguy = Jean Tanguy, Le commerce du port de Nantes au milieu du XVIe siècle, Paris, S.E.V.P.E.N., 1956.

Tarif 1640 = Edict et Declaration du Roy, pour la Subvention generalle du Vingtiéme, sur les Denrées et Marchandises, à prendre et perçeuoir aux Entrées. Ensemble le Tariffe general de l'Estimation faite au Conseil du Roy, desdites Denrées et Marchandises. Verifié en la Cour des Aydes, le 4. et 6. Decembre 1640. et 19. Ianvier 1641, Paris 1641.

Tarif 1664 = Tarif General des Droits des Sorties et Entrées du Royaume, et des Prouinces esquelles les Bureaux ne sont establis, ordonnez estre leuez sur toutes les Marchandises et Denrées. Arresté au Conseil Royal le 18. Septembre 1664, Paris 1664.

TestForez = M. Gonon, La vie familiale en Forez au XIVe siècle et son vocabulaire d'après les testaments (Publications de l'Institut de Linguistique Romane de Lyon, vol. 17), Paris 1961.

TestOffBes = Testaments de l'Officialité de Besançon, 1265–1500, par Ulysse Robert, 2 vol., Paris 1902–7 (Coll. de doc. inéd. sur l'hist. de France).

TestParis = Testaments enregistrés au parlement de Paris sous le règne de Charles VI, p.p. Alexandre Tuetey. Extrait des Documents inédits publiés par les soins du ministère de l'instruction publique, Paris 1880.

Thierry = Augustin Thierry, Recueil des monuments inédits de l'histoire du Tiers État. Première série: Chartes, coutumes, actes municipaux, statuts des corporations d'arts et métiers des villes et communes de France, Région du Nord, 4 vol., Paris 1850–70 (Coll. de doc. inéd. sur l'hist. de France).

Tibierge = Extrait du Journal du sieur Tibierge principal commis de la Compagnie de Guinée sur le vaisseau 'Le Pont d'Or' au voyage en l'année 1692, in: EtIssiny 49–69.

TL = Tobler-Lommatzsch, Altfranzösisches Wörterbuch. Adolf Toblers nachgelassene Materialien, bearbeitet und herausgegeben von Erhard Lommatzsch, Berlin-Wiesbaden seit 1915.

Trocmé = Étienne Trocmé et Marcel Delafosse, Le commerce rochelais de la fin du XVe siècle au début du XVIIe (Ecole Pratique des Hautes-Etudes – VIe section, Centre de Recherches Historiques – Ports-Routes-Trafics V), Paris 1952.

Ullmann = Stephen Ullmann, The Principles of Semantics, 2nd edition, Glasgow-Oxford 1957.

Vanhaeck = Maurice Vanhaeck, Histoire de la sayetterie à Lille, Thèse pour le doctorat, Université de Caen – Faculté de Droit, 2 vol., Lille 1910.
VarHistLitt = Variétés historiques et littéraires. Recueil de pièces volantes rares et curieuses en prose et en vers. Revues et annotées par M. Édouard Fournier, 10 vol., Paris 1855–63.
VerlContr = Charles Verlinden, Contribution à l'étude de l'expansion commerciale de la draperie flamande dans la Péninsule Ibérique au XIIIe siècle, Revue du Nord 22, 1936, 5–20.
VerwVerd = E. Verwijs-J. Verdam, Middelnederlandsch Woordenboek, 's-Gravenhage 1882–1929.
VidalPrix = Aug. Vidal, Le prix des choses à Albi en 1368–1369, AM 10, 1898, 46–84.
VidosEmprunt = B. E. Vidos, Les problèmes de l'emprunt et les relations qui ont existé entre la Péninsule Ibérique et les Pays-Bas (Flandre et Hollande), RPFil 6, 1954, 235–273.
VidosMots = B. E. Vidos, Mots créés, mots empruntés et curiosités lexicologiques, RPFil 4 (II), 1951, 269–309.
VidosNoms = B. E Vidos, Noms de villes et provinces flamands et néerlandais devenus noms communs dans les langues romanes, Estudios dedicados a Menéndez Pidal, t. I, Madrid 1950, 165–194. [S. dazu Rez. Delmira Maçãs, BolFil 12, 1951, 202–206].
VidosOnderzoekingen = B. E. Vidos, Nieuwe onderzoekingen over Nederlandsche woorden in Romaansche talen. Methode – Resultaten, Nijmegen-Utrecht 1947.
ViePrivBay = Ed. Ducéré, Etudes sur la vie privée bayonnaise au commencement du XVIe siècle, Revue de Béarn, Navarre et Lannes 3, 1885, 221–242, 245–292, 368–408.
Wellander = Erik Wellander, Studien zum Bedeutungswandel im Deutschen, Teil I-III, Uppsala 1917–28.
WGask = Materialien aus Kurt Baldinger, Wörterbuch der altgaskognischen Urkundensprache mit Berücksichtigung der mittellateinischen und regionalfranzösischen Quellen, in Vorbereitung.
Willemsen = G. Willemsen, Contribution à l'histoire de l'industrie linière en Flandre au XVIIIe siècle, Annales de la Société d'histoire et d'archéologie de Gand 7, 1906–7, 223–340.
Wolff = Philippe Wolff, Commerces et marchands de Toulouse (vers 1350 – vers 1450), Paris 1954.
Yver = Georges Yver, Le commerce et les marchands dans l'Italie méridionale au XIIIe et au XIVe siècle (Bibliothèque des écoles françaises d'Athènes et de Rome, fasc. 88), Paris 1903.
Zangg = Kurt Zangger, Contribution à la terminologie des tissus en ancien français attestés dans des textes français, provençaux, italiens, espagnols, allemands et latins, Bienne 1945.

ORTSNAMENREGISTER*

* In den folgenden Registern sind nur die wichtigsten graphischen Varianten berücksichtigt.

WORTREGISTER

Galloromanisch

Romanisch (außer Galloromanisch)

Nichtromanisch

FSC
www.fsc.org
MIX
Papier | Fördert
gute Waldnutzung
FSC® C083411

Kolibri 360 GmbH
Ferdinand-Jühlke-Straße 7
99095 Erfurt, Deutschland
produktsicherheit@kolibri360.de